从事结合实际科学问题应用数学研究的体会

刘曾荣 著

上海大学出版社
·上 海·

开 场 白

在我少年时代，我就知道中国有“三钱”，分别是钱学森、钱伟长和钱三强。他们都是著名科学家，也是我心中的偶像。

想不到的是我一生从事研究工作的方向就是钱伟长先生早期开创的研究方向。30 多年的工作使我对这个研究方向深有感情，也有些体会，为此写下此书。

谨以此书纪念钱伟长老校长！

序　　言

我一生从事结合实际科学问题的应用数学研究，对这个研究方向是有感情的，也是深有体会的。基于以下几个原因，我想写一本书来谈这个研究方向。

原因之一是我国老一辈科学家在这个研究方向上是有贡献的，其中钱学森、钱伟长和郭永怀三位院士都是杰出代表。我是 1984 年去无锡参加钱伟长先生主持召开的 MMM 会议（现代数学和力学会议）的时候，首次见到钱先生。1998 年调入钱先生为校长的上海大学工作直至退休，所以深受这个研究方向的影响。退休之后，我觉得有必要把老一辈倡导的研究方向进行宣传。

原因之二是在从事这个方向的研究中得到了许多老科学家和相关领导的支持。其中最重要的是我的导师许政范教授，他把我引进了这个研究方向。北京大学力学系朱照宣教授、中科院理论物理所郝柏林院士、北京大学数学系钱敏教授、中科院生化所徐京华教授在工作中给了我很大帮助。苏州大学原校长姜礼尚教授和上海大学原常务副校长周哲玮教授对我的工作给予了极大支持。我想利用这个机会对他们表示感谢。

原因之三是这个研究方向所倡导的研究思路与创新性研究有着重大关系。创新研究最主要的是研究工作是原创的，所谓原创就是第一个提出来的新观点，不能把某些对已经提出的原始看法进行的修补作为创新。但是新观点的提出仅仅是第一步，只有经过科学论证的观点才能算得上是创新的观点。我个人认为科学上的论证包含有以合理逻辑进行论证这重要一步。研究方向就是主张对一个实际问题的科学性用数学逻辑思维方法来回答实际问题科学性所需要的论证，这种做法在本质上与创新理论的科学论证是吻合的。所以希望对有志于从事创新研究工作的年轻人有所启发。

在本书中，依据我对研究方向的体会，把研究方向的工作分成三个阶段：① 研究方向的第一阶段——弱非线性系统阶段。该阶段主要的应用数学方法为奇异摄动理论。② 研究方向的第二阶段——低维非线性系统阶段。该阶段主要的应用数学方法为非线性动力系统理论和数值分析的方法。③ 研究方向的第三阶段——高维非线性系统阶段。这个阶段目前正在进行中，还未提出成熟的应用数学方法。本人猜测这阶段可能会产生与前两阶段完全不同的思路。这样的划分仅仅是我个人的看法,仅供参考。

本书分五章。第一章是讲述自 20 世纪三四十年代以来,结合实际科学问题的应用数学研究方向所走过的历程。上述三个阶段的划分是我个人的体会,我就是按照这个想法来写这一章的。第二章是以我的研究经历来写我是如何逐步理解这个研究方向的。第三章是介绍我现在对这个研究方向的理解并提出如何发展这个研究方向的几个问题。科学素质和数学基础是对从事这个研究方向的研究人员提出的两个不可或缺的基本要求,我想这一点极为重要,对刚踏入这个研究方向的研究人员往往需要根据自己的情况进行补课。第四章是根据我退休前几年做的一些工作所积累的一些具体研究问题,我个人认为这些问题有可能对这个研究方向做出创新工作,所以写出来供大家参考。最后一章是日常工作和生活中产生的一些想法。

事实上,我 30 多年的研究生涯的大部分时间就是在摸索如何做好的科研工作。对于一个科研工作者来说,这是一件极为重要的事。我个人认为社会上对这个问题的认识是有不同看法的,在这里我把自己的认识写出来是希望能对我国从科技大国向科技强国的转化起到一点微薄的作用。

刘曾荣

2020 年 12 月

目　　录

第一章　研究方向的回顾

在这一章中我就以钱伟长先生为代表的我国老一辈科学家所倡导的“结合实际科学问题的应用数学研究方法”做一个回顾。回顾包括了这个研究方法从 20 世纪三四十年代以来所走过的 80 多年历程。

按照我的理解把这个研究方向归结为三个阶段：第一阶段是以解决实际科学问题的弱非线性现象为主，所用的数学方法主要是奇异摄动法；第二阶段主要解决实际问题所建模型维数不高系统的非线性现象，所用数学方法主要是非线性动力系统定性分析和数值分析；第三阶段是目前正在广泛研究的由实际问题所建的高维非线性系统模型，它的方法尚在建立之中。

为此在本章就这三个阶段各写一节，另外写了两节我国老一辈科学家在这个研究方向上的开创性贡献。

第一节　弱非线性阶段的回顾

这里所说的研究方法是指结合实际科学问题的应用数学方法。从历史上看，我国一批老科学家是一贯坚持和提倡这个研究方法的。

实际科学问题往往是我们在实际问题中观察到的，为了解释发现的现象先要对这个问题建模，这个模型在大多数情况下为微分方程，在更广泛意义上称为动力系统或演化系统。在研究中需要通过求系统的解来解释科学问题，求出系统的解和研究解的性质也成为数学上要研究的一个重要问题。经过科学家的努力，人们对线性系统（比如线性常微分方程）的解有了很好的认识，也有了普适的求解方法，这样可以认为对模型为线性的系统的解析研究基本上是可解决的。

事实上，考虑了实际问题的相互作用，研究的数学模型一般都是非线性的。非线性微分方程极大部分都不存在精确解。这样，对于从事实际科学问题研究的应用数学家就提出一个挑战性任务：如何在不能找到精确解的前提下，找到有合理数学意义的近似解，然后可以对实际问题进行科学和技术分析。由于在 20 世纪三四十年代还缺乏强有力的计算工具，所以对研究方向提出上述要求并加上了方法必须是可人工操作的要求。在探索过程中，人们发现对不少实际问题的非线性模型进行科学研究中所需的无量纲化处理后，模型中常常含有小参数的特点，而且这些小参数又往往出现在非线性项或高阶导数项前。针对这种特点，应用数学家自然想到可把小参数看成对小参数不存在时的系统的某种扰动。把扰动去掉后,原模型成为线性模型,它是完全可解的。因而原模型的解可看成线性解加上一个小的修正。于是数学家把这样的模型称为具有弱非线性性质,对这类问题可通过一个可解线性系统的小修正来建立研究方法。现在通称带小参数的微分方程的各类求解的方法为奇异摄动法。所以研究方法的第一阶段的成就主要是体现在20世纪40年代发展起来的处理弱非线性系统的奇异摄动方法。

奇异摄动法在20世纪40—50年代得到快速发展。由于无量纲化的科学思想最早主要来源于力学,加上力学与数学在历史上形成的紧密关系,所以奇异摄动方法在力学科学中体现得最完美。在实际问题中,由于模型不同特点,可以采用不同的扰动展开级数的形式,结果得到了不同方法,比较著名的有PL方法、匹配法、WKB方法以及多重尺度法等等。奇异摄动方法的数学基础是扰动展开级数解的渐近性,在方法发展的同时这类级数展开的渐近性、收敛性和误差估计都有了许多成果,有些证明方式也比较成熟了。现在来看,奇异摄动法已经成为一门数学上成熟的并且显示出强大科学生命力的应用数学方法。中国科学家和海外华人科学家在这个方法建立上做出了不少贡献,钱伟长先生就是其中的杰出代表。

进一步,我们以钱伟长先生的工作来说明研究方法在弱非线性阶段的工作。钱伟长先生毕业于清华大学物理系,后在加拿大得到应用数学的博士学位。在求学期间,他在数学基础和科学素质两方面为从事此方向的研究打下了扎实基础。钱先生研究的实际科学问题是板壳问题。对这样一个实际科学问题,力学和工程技术上最关心的是板壳在负载作用下发生的应变与负载之间的具体关系。事实上,只有明白了这种关系,才能使板壳在工程上得到应用。他通过对所建模型的无量纲化处理,发现这是一个带小参数的微分方程。于是,可以用数学上渐近展开的观点对这个问题做数学处理,也就是通常所说的奇异摄动方法。但从具体实施上可以有两种不同方案:一种是考虑渐近展开级数的收敛性和有限项的误差估计;另一种是根据模型的具体形式找出一种有效的渐近展开形式,并找到它的解的前几项表达式。显然,这是这个实际科学问题的两个方面,理论上两者都是重要的,都应解决。但从这个实际问题的力学和工程需要来看,对后一个要求是更为迫切。尤其是在所得前几项的表达式可用其他科学方法论证(比如实验方法)时,更是把后一个看得更为重要,因为作为科学研究得到所需要的结论是第一位的,用什么方式实现这一条显得不那么重要。于是,钱先生用了后一种方法,想出了一种展开方式,使所求出的展开式的有限项表达式满足数学上的渐近要求,并用实验验证了所得解析表达式中负载和应变关系,也就是从科学意义上证实了结果的科学性,同时也确保其在工程技术上的可操作性。这样的结果自然获得力学界的一致认可,表达式也就被称为钱氏公式,从而确定了他在力学上的地位。反之,如果先花了很多时间去证明钱先生所主张的渐近展开的级数是收敛的,这样可以从严格数学上说明所得解为合理的,但并不知各个量之间的关系,在力学和工程技术上不能发挥作用,在科学上的价值自然不可同等而言。所以这里所述的解决实际科学问题的应用数学的研究方法在国际上是通行的。

在本节的最后我还想就这种研究方式说些看法:一是要指出这种方法是解决实际科学

问题的方法，这里特别强调实际。如果没有了实际，仅仅提出一个数学问题，解决提出的问题自然是要求数学上严格。但作为实际问题，只要是用科学上认同的方法加以解决，都是可行的。这种可行性一般包含解析理论、数值分析和实验。这样就使得我们可以用合理的数学方法得到结论，再用其他手段加以确认，也可证实结论的科学性。在科学发展史上，采用这种方法的例子是非常多的，早期从天体运动到大量力学问题都是如此，故这类研究在硬科学的研究上是得到充分认可的。二是从历史上看，这种研究方式对于纯数学的发展也起到过很大作用。从实际需要解决的问题入手，发现了一些新现象，为了科学处理它们就有可能提出一些合理但从纯数学上看尚不严格的概念和方法。随着数学的发展，这些尚不严格的概念和方法逐步严格化，最终可以形成一门纯数学的基础理论。比如，由在力学和电学上发现了 Van der Pol 一类振子，提出了一些处理方法，以后就成为微分方程和动力系统理论很重要的基础；又比如在电磁场理论中，为了理解如何由点电荷产生电场，物理学家引进了"点"函数，开始在数学上是不严格的，但对解释物理现象却极有效，然后经过深入探索，最终建立了纯数学性质的广义函数理论；再比如量子力学告诉我们基本粒子波粒二象性的行为可由薛定谔方程来描述，这是一个与空间和时间有关的方程，对于这类方程解的研究是必要的，数学家们就从这中间抽取出相关的数学概念，这些对于泛函分析这门学科的形成也起了重大作用。

第二节　研究方向的杰出代表——林家翘院士

在研究方向第一阶段——弱非线性阶段，有一群华人科学家做出过重要贡献，其中有代表性是中科院院士钱学森教授、中科院院士钱伟长教授、中科院院士郭永怀教授和美国国家科学院院士林家翘教授。在这里我们以林家翘教授为例来说明结合实际科学问题的应用数学研究方法在科研工作中的重要性。

美国国家科学院院士林家翘教授是国际上负有盛名的应用数学大师。在他诞辰 100 周年时，有一篇纪念他的文章《百年林家翘》（详见附录一）。在这儿，我们结合此文就他从事的结合实际科学问题的应用数学研究方向做个回顾。

纪念文章开头第一句话就是"今年的 7 月 7 日是一位杰出的华人数学家 100 周岁的诞辰。他的名字叫林家翘（1916 年 7 月 7 日—2013 年 1 月 13 日）。"也就是说林家翘院士是一个国际公认的数学家，而且我们要特别强调指出他是一位结合实际科学问题的应用数学家，是本书所讨论的科学研究方法最杰出应用数学家的代表。

林先生毕业于清华大学物理系，在加拿大多伦多大学获得应用数学硕士和博士学位，从而具备了很好的数学基础和科学素质，为从事结合实际科学问题的应用数学研究打下了扎实基础。在求学道路上，他与两位师兄——同样从事这个研究方向的钱伟长院士和郭永怀院士——走了相同的道路，都是先学物理再学数学，在数学和科学素质两方面打好基础。

根据《百年林家翘》所述，林先生在学术上的贡献主要是用应用数学方法在流体力学和天体力学中所做的工作。具体来说，用该文提供的内容可以归纳为几部分：①“林家翘加盟麻省理工学院，可以说是该校应用数学研究的起点。他发展了解析特征线法和 WKBJ 方法，解决了关于微分方程渐近解理论的一个长期未决问题。”②“他在应用数学方面的最大成就之一当属流体力学，其主要贡献包括：平行剪切流和边界层的稳定性理论、与冯·卡门共同提出的各向同性湍流的谱理论及冯·卡门相似性理论的发展，以至于被国际同行戏谑为‘不稳定性先生’，引领了一代人的探索与研究。”③“林家翘具有跨越学科的分析能力和想象天赋。他推导出的理论是：盘状星系中看到的旋臂不是一种物质结构，而是一组波，并且这种波是长期存在的。林家翘和学生徐遐生用这个理论解释了某些盘状星系的哈勃图和盘星系的其他性质，如星系 M51。他们最初的合作文章‘盘状星系的螺旋结构’1964 年刊登在《天体物理杂志》上，迄今已被引用 1 000 次。”关于其学术上贡献的详细介绍可参见附录一。

林先生上述两个结合实际问题的科学工作主要都是用数学上渐近方法解决流体力学和天体力学的问题。在这一点上与我们在本章第一节介绍的钱伟长先生相类似，也就是在 20 世纪 40 年代本研究方向主要结合以力学为代表的硬科学进行，所用的数学方法主要是渐近理论。

由于林家翘先生在应用数学上的卓越贡献，他曾担任过美国数学学会应用数学委员会的主任，也当过两年美国工业与应用数学协会(SIAM)的会长，任期是 1972—1974 年，是这个学术组织(2013 年时已有超过 14 000 个会员)自 1951 年创立后迄今为止唯一的华人会长，也是唯一的亚裔会长。他在 35 岁成了美国国家艺术和科学院院士，46 岁当上美国国家科学院院士，1994 年当选为中国科学院的第一批外籍院士。50 岁成为麻省理工学院最高档次的学院教授(Institute Professor)。林家翘一生中获得的几个主要奖项有：1973 年美国物理学会的第二届奥托·拉波特(Otto Laporte)奖(此奖 2004 年合并到流体力学奖)、1975 年美国机械工程师学会的铁木辛柯(Timoshenko)奖(这个应用力学领域公认的最高奖表彰他“对流体力学特别是流动稳定性、湍流、超流氦、空气动力学和星系结构的杰出贡献”)、1976 年美国国家科学院的应用数学及数值分析奖、1979 年美国物理学会的首届流体力学奖。他的一生所取得的巨大荣誉和成就证明了用应用数学方法对结合实际科学问题进行研究是取得重大科研成就的一条可行之路。

林先生用结合实际科学问题的应用数学研究取得了巨大的成功，不仅获得美国国家科学院院士称号，也得到了美国数学学会的认可，曾担任过与应用数学相关组织的主要负责人。他所结合的两个具体问题的研究结果都得到了相关领域的最高奖励。他的工作有力地证明了这个研究方法是一个极有生命力的科学研究方法，值得推广。

林先生作为这个方向的资深研究者，一直关心研究方向的发展。随着 20 世纪七八十年代非线性科学的发展，可以发现科学由处理弱非线性时代进入了处理非线性时代。由这种发展趋势，应用数学研究方法上比较多的应用非线性动力系统理论和方法，所解决的实际问题的重点也逐步转到生物、信息和软科学上。林先生也及时做出调整，他晚年回清华工作后，主要研究方向是用数学方法处理蛋白质折叠。林先生的做法也表明在结合实际科学问题的应用数学研究方向上,数学方法与实际问题都是随科学发展与时俱进的。

作为一个终生从事应用数学研究的科学家,林家翘在其职业生涯中始终不遗余力地宣传“应用数学”的宗旨、意义和方法论,始终如一地为之擂鼓助威,并且越老越起劲,因为他不幸地看到这四个字常被曲解,常会误导,就像气象学家被等同于气象预报员或统计学家被视为车间统计员一样。数学一般分为两大类:纯粹数学和应用数学,随着计算机科学的快速发展,后者现在也分出一块叫作计算数学,并且被誉为与实验和理论并驾齐驱的第三种科学方法。在美国研究型大学的数学系,纯粹数学与应用数学的教授们一般都能友好相处,教授的学术地位只看成就,不管专业。但在中国情况可能有些不同,附录一中写道“一位美国华裔数学教授访问国内名校,闲聊中顺便问了该校的数学教授一个非数学问题:在中国大陆,是否第一流的做纯数学,第二流的做应用数学,第三流的做计算数学?回答是大致如此。”真正的应用数学,在林家翘的眼里,则是一门独立的专业学科,通过数学来揭示自然界的规律,注重的是主动提出研究对象中的科学问题,通过问题的解决加深对研究对象的认识,或创造出新的知识,最终解决科学问题。这实质上就是本书所提倡的结合实际科学问题的应用数学研究方法。2002年,带着“我要提高应用数学的水平”的美好愿望,林家翘以86岁的高龄回到了祖国,扎根于他的母校清华大学周培源应用数学中心,开展了相关的应用数学研究。林家翘先生是怎样评价国内的“应用数学”的呢?“现状堪忧”四个字概括了他的整体看法。即便在清华大学这所中国最好的高等学府,在他生命的最后十年,也招不到几个在他眼目中“全面发展”的博士生或博士后。对他而言,一个应用数学家的全面发展就是:强大的数学分析与计算能力、能承担一个系统进行完整的工作、对所研究的应用学科某一领域有全面整体的了解、能熟练使用英文撰写学术论文并能用英文同国际同行交流。这些高标准的综合要求,使得培养一个好的应用数学家比纯粹数学家要难得多!他担心的是“应用数学的薄弱对整个科学的发展非常不利,非常不利。”他发现问题的本质在于,我们的学校对纯粹数学与应用数学各自的特点混淆不清,把应用数学也只看成是论证定理的逻辑推导或模拟计算的实现过程。纯粹数学与应用数学都促进数学的发展,但后者更关注数学与科学的相互依赖。在一次公众演讲中,他给出了应用数学家的信仰:“自然界的事物基本上都很简单,所有的基础原理及主要问题都可以用数学方式表达。”基于这种信念,他不仅仅局限做这种启蒙性的宣传工作,也身体力行地从事他一生中的最后探索——生物学,致力于这个新世纪最热门领域的应用数学研究,撰写了一篇关于蛋白质结构问题和细胞凋亡问题的学术论文。对此,他展望道:“将数学应用到生物科学的研究具有长远的前途,充满了机会。我预期15年以后,这类研究的成果会成为生物学及应用数学两科中的主流,成为本科生教育的一个主要部分。”这种看法同我们在后面所叙述的本研究方向的第三阶段是完全一致的。

林家翘在美国生活了一个甲子,帮助那个国家“使应用数学从不受重视的学科成为令人尊敬的学科”。18年前,86岁的他带着这个雄心壮志回到祖国。7年前,他壮志未酬,带着深深的遗憾驾鹤西去。但是,他报效祖国的拳拳之心、他敞开心扉的苦口良药,已经在学术界引起了共鸣。12年前,中国国家自然科学基金委员会设立了“问题驱动的应用数学研究”专项基金,紧接着中国科学院数学与系统科学研究院也成立了交叉学科研究中心。近来得知国家自然科学基金又成立了数学与信息科学交叉研究的课题。我们可以相信林家翘所期待的中国应用数学家的新生一代很快也一定会一批批地涌现。

有关的更详细的内容可参见附录一。

第三节　近代低维非线性系统研究

研究方法的第一阶段主要处理的是具有弱非线性的系统，提出的主要方法是奇异摄动法。这个方法和思想应该说取得了很有影响的成功，引起了大家的重视。记得在我年轻时，大学的数学系都是注重结合实际科学问题的应用数学研究方法，从它们的系名可以看出这一点，北京大学称为数学力学系，复旦大学也称为数学力学系，南京大学称为数学天文系。在大学的数学系的应用数学专业也普遍地开设相关课程。这是真实地反映了当时的现实，重视应用数学的研究，并把这种研究与硬科学（力学、天文学和物理学等）的实际问题相结合。事实上，从事纯数学研究工作的难度很大，极大部分人的智力达不到在纯数学上做出有意义工作的水平，最终能在纯数学领域做出像张益唐教授这样杰出贡献的人是极少数。所以，大部分毕业于数学系从事科学研究的工作者最终也选择了从事与实际问题有关的应用数学工作。

但是经过几十年的努力以解决弱非线性的科学问题的奇异摄动法得到了充分发展，这种研究方法在学术界得到了广泛推广。在硬科学领域，由于研究者的数学水平比较高，一般都能比较熟练地应用这类方法。他们对所得结果的收敛性、渐近性和误差估计不十分关心，因为他们可以用实验方法加以论证来替代上述要求。另一方面，对数学工作者而言，大多数数学工作者认为纯粹停留在仅做所展开级数解的收敛性、渐近性和误差估计似乎是很难接受。由于上述两种因素，本书所提倡的应用数学研究方向似乎受到了某种冷落。其明显的表现是，高等院校在发展过程中逐步地把这个特色放弃了，大学都把数学学科改名为清一色的数学系。数学系的学生进校后完全以纯数学的思维方式来培养学生，其必然结果是学生除了数学思维方式外很少接受其他的科学思维方式。在这种思维方式长期影响下，自然产生了做数学工作就是要用严格数学这一套标准来衡量，对于其他方式的研究方式就逐步不能接受，干脆用一句“这不是数学工作”进行推斥。同时，由于数学严格思维方式与其他科学思维方式存在比较大的差异，就使得有志于从事实际科学问题研究的数学工作者，很难在这方面做出合乎科学性要求的工作，应用数学在他们眼中就是前言中加上几句应用的话，然后还是按照他们认定的格式展开，至于是否与实际问题相吻合是无关紧要的。

事实上，任何一门科学发展都是有曲折过程的，出现低潮是正常现象，往往在这个过程中会培育新的发展机遇。就本书的研究方向而言，也是遵循这个规律，在其处于低潮阶段时，正在培育新的阶段——非线性系统研究阶段，也就是希望在非线性行为的研究提出可行的应用数学方法。由于这个问题的复杂性，我们认为实际问题所描述的低维和高维非线性系统有本质不同，所以用的数学方法也不同。故我们把低维非线性系统研究作为研究的第二阶段来处理。

随着科学的发展，人们当然开始不满足处理弱非线性系统，也希望能处理非线性系统。早期力学和电学研究，发现可以存在一种由非线性作用引起的周期运动，比较典型是 Van der Pol 方程和 Duffing 方程，由此逐步开始了微分方程的定性理论研究。一系列的数学研究表明可以用它来解释若干非线性现象，但仍缺乏比较完整的数学处理方法。比较典型的例子是超导问题。超导现象发现后，人们从理论上建立 Josephson 结模型来描述它。这个模型是一个典型的低维非线性系统，但很难用模型得到的解析结果对实验发现结果进行比较全面的解释。为此，科学家们一直坚持探索有效的数学方法。直到 20 世纪 60—70 年代，普利高津提出的耗散结构理论以及汤姆建立的灾变论都明确地告诉我们非线性系统由于环境变化(相应于模型中是参数变化)会产生各种不同行为响应。受此启发，在 70—80 年代就掀起了非线性科学研究高潮，逐步形成了比较成熟的方法来处理低维非线性系统的性质。

这个方法的第一部分是非线性动力系统理论。那是经过几十年的研究已经建立以定性分析、稳定性理论、分叉理论和吸引子理论为核心的处理非线性问题的数学工具。它的关键想法是把低维非线性系统已经研究成熟的四种吸引子作为低维非线性系统可能响应的状态，然后用非线性动力系统理论进行分析，根据问题研究需要进行研究。围绕着这些理论也给出了不少具体分析方法，并且也给出了一些定量概念来描述这些吸引子。这些方法和定量描述的确是可以用来分析各种吸引子，但是我们也可发现用这些方法所得的数学结论往往是定性的，即使对于那些定量概念，比如 Lyupnov 特征指数谱和拓扑熵，几乎都是不可能人工操作给出定量表达式。因而这样的数学结果对于实际问题的科学解释显然是不够的。就我们提出的研究方法还必须设法给出研究科学问题的定量关系，这一点对于科学性是极为重要的。

这个方法的第二部分是数值分析。在弱非线性阶段，我们还是基于解析解的近似表达来进行科学性的分析，仅是指出这样做是因为有精确解是很困难的。到了这个阶段我们就明白了以前的做法是不可能的，以四种吸引子中一种——奇怪吸引子为例，很显然看出这种形式的解想用解析表达式或近似解析表达式来表示是不可能的。同时由分叉理论可知，非线性系统在不同参数条件下有不同吸引子，这样也使得参数与行为关系的解析式的定量研究几乎是不可能的。如何解决这个实际需要与解析表达之间的瓶颈问题呢？随着实际工作经验的积累和计算机计算能力大幅度的提高，人们自然想到能否通过计算机的数值分析来实现关于科学性的定量分析。注意到计算机科学和计算数学得到迅速发展，一方面根据众多实际科学问题所建立的数学模型的计算要求提出了各种算法，并对这些算法在数学上的可靠性，比如算法的计算精度和计算误差做了理论研究，以保证数值计算在科学上的合理性。另一方面也对数据样本的选取做了分析，给出了一系列的统计学的方法判定，所得结论是符合科学要求的。在上述基础上，人们自然有理由认为计算机的数值分析可以用来作为一种科学论证方法，尤其是定量方面的要求。事实上，在计算机进行数值分析出现之前，实际问题的科学论证主要是依靠实验和模型的解析分析，现在多了一种科学研究手段。按照本研究方向的理念，考虑到数值分析结果的数学基础已经在很广泛问题上得到确保，这样我们自然可以把计算机模拟和数值分析作为结合实际科学问题应用数学方法中的解决科学上定量分析要求的方法。

综上所述,结合实际科学问题的应用数学研究在第二阶段的方法是:非线性动力系统理论和数值分析。这个方法主要适用于可用低维非线性数学模型描述的实际问题。方法是伴随着非线性科学发展起来,其高潮出现于20世纪70—80年代,目前已经比较成熟。我们可以发现从事实际科学问题研究的应用数学工作者和在物理、力学等硬科学领域的研究工作者在有关问题的理论研究部分基本上都采用了此方法。一般都是先对实际问题建立一个数学模型,然后对这个数学模型进行分析。分析中主要采用非线性动力系统理论和数值分析,重点是定性分析、稳定性分析和分叉分析,处理过程是理论证明和数值分析相结合,尤其要注意数值分析过程要与实际问题有关的结论联系起来。

在这个过程中,在当时的历史条件下老一辈的从事结合实际问题的应用数学研究科学家仍继续发挥了领路人的作用。钱学森教授长期坚持办讨论班,提出了与研究方向有关的新思想,详细内容放在下节介绍。由于众所周知的原因,钱伟长先生有一段时间可能没从事研究。直到1984年,钱先生南下到上海工作后,担任了上海工业大学校长。从学术上考虑,他主持成立了上海市应用数学和力学研究所。研究所始终坚持了结合实际科学问题的应用数学研究方向,并引进了一批人才,同时培养了一批年轻人。到上海时,钱伟长先生已经是70多岁的老人了,他敏感地觉察到非线性科学这个重大的发展趋势,及时成立了上海市非线性科学研究中心和上海大学非线性科学研究中心,鼓励人们开展这方面的研究,为研究方向的第二阶段在中国的发展起了有益的作用。

第四节　高维非线性系统研究的分析

研究方向在前两个阶段所总结方法到20世纪末和21世纪初已经基本成为成熟的研究方法,这些方法在解决实际科学问题中已经得到普遍应用。这些方法的共同点是处理实际问题中由于相互作用而在数学模型中产生的非线性效应。另一个比较显著的特点是实际问题多数与硬科学有关,硬科学的特点是因果关系比较简单和明确,因而所得模型维数往往不会很高。

从数学上看,下一步自然要进入高维非线性系统研究。显然,从实际问题来看要产生这样的系统必须有众多基本单元存在众多相互作用的系统,众多相互作用反映了复杂的因果关系。这样自然想到决定生命现象中的生物分子之间的相互作用、社会问题中众多 agents 之间的复杂关系和信息交流中由人操作的通信部件之间的各种作用。换句话说,所涉及学科从以硬科学为主转到了生物、信息和社会科学。这种转变就意味着对本文讨论的方向提出了研究高维非线性系统的应用数学方向。

为了探索这个方法,首先要明确这类系统行为的确定的主要方式。我们注意研究方法的前两个阶段主要利用因果关系,故数学模型是确定性的。但在现在讨论问题中似乎是有所不同，比如生物分子，如果去掉生物两个字，大量分子运动是用随机性布朗运动来描述，因而实际生物分子是在随机运动背景下由生物功能起作用的运动。又比如社会问题中的agents，我们以朋友关系，如果不考虑个人的特性和社会环境，每个人都是同等的，相互接触的结果应该是等价，所以他们在社会上的活动而产生接触应该也看成是随机的，只有考虑个人的特性和社会环境因素才能产生有特征的朋友关系。对通信之间的信息交流也会有类似特征。由此可见，在建立实际系统的数学模型中应该是反映这两种性质，即数学模型既反映其由复杂因果关系引起的确定性部分，也反映其内在随机性。

在这样认识的基础上，我们开始考虑数学建模。通过比较时间的探索，人们对这个问题有了进展。把众多的生物分子、个体看成节点，把这些节点之间的作用看成连线，这样就构建了一个网络。在这样的思想指导下，把由实际问题构成网络的结构与数学理论研究的随机网络有很大不同，比如小世界性质和无标度性质，这两个特性正是确定性和随机性混合的体现。现在把这种建模得到的模型称为复杂网络建模。然后把有连线部分按照其相互作用的因果关系用数学方式写出来，这样就成为复杂网络上的动力系统。目前，人们寄希望用这样的模型来处理实际的科学问题。

在目前处理中，先是根据实际科学问题的数据来建立网络模型中节点之间连线的分布。然后根据连线之间的因果关系建立相互作用的数学表达式，这样就从一张网络图化成为一个非线性动力系统。当然由于节点数目众多，所以该系统一般就是一个高维非线性动力系统。然后选择一些参数，用本研究方向在第二阶段提出的方法进行研究。这样的处理过程与第二阶段基本类似，不过处理的数值计算量大幅度增加，但从描述过程来看似乎仍是一个确定性过程，没有见到随机性的背景。现在我用基因调控网络来做进一步解释。事实上，我们先假定网络中所有连线不存在，也就是不存在调控作用，那么节点所代表的生物分子被看成一个弹性球，作布朗运动。在这个运动过程中，任意两个生物分子都会发生弹性碰撞，这种碰撞发生在任意两个分子之间都看成等价的。如果把连线加上，分子仍作类似的无序运动，但一旦发生碰撞，等价效应就消失了。如果两个分子之间没有连线，那碰撞效应就如上所述。如果两个分子的碰撞发生在有连线处，那就完全不同，此时要发生相应的调控效应。所以我们上面讲到作为一个动力系统处理方式是仅仅把因果关系加以描述，至于我们提到的随机背景加以省略了。我个人看法是这种省略是不可取的。

那么如何反映有随机性背景的事实呢？采用否定上述网络模型还是修正网络模型取决于实验。我们仍以生物分子网络为例来分析。据说有文章报道，有人把与某一相关基因调控网络的200多种生物分子，按照目前对这些分子结构的了解组成相应的分子模型，然后把它们以布朗运动方式做数值模拟，发现有调控关系的分子有聚集趋向，说明网络中的生物分子随机背景下运动会影响其调控过程。虽然这方面的实验不多，但从生物进化论的角度可以相信这方面的结论是会成立的。所以现在的任务是如何把这种影响在我们的模型中反映出来，调控的规则是中心法则，这是确定的、不会变的。而随机的影响是复杂的，要详细描述是办不到的。但我们能否把随机影响通过描述中心法则规律的方法体现出来呢？如果能做到这一点，我们就可通过修正网络模型来实现。从实际工作中，我们常常说网络上动力学模型的参数太多，用以前思想产生的想法是参数不好确定，过去的做法失效。但如果我们换个角度考虑，为什么不能认为参数的不可控性才造成随机背景并对调控过程带来复杂影响，也就是说如果考虑参数的复杂变化就有可能把随机背景的作用描述出来。所以我们认为通过网络模型的参数合适描述方法有可能解决这个困难。

参数的问题早在20世纪70年代就有人关注。1975年生物学家May在*Nature*上发表了一篇文章，内容是讨论生态系统中物种共存的条件。他明白这个科学问题在数学上要讨论生态系统存在非平凡的稳定平衡点。在工作中，他们发现生态系统一般都很大，也就是维数很高，这样系统参数数量巨大，为了确定稳定平衡点存在，先要对参数做出选择。然后，关于参数的数据量是海量的，在当时没有有效处理方法的情况下，就制定了一个方案，这个方案就是把参数看成一个随机分布，根据大量数据来给出分布的均值和方差。随后就依据这个假设用数值方法来研究系统的稳定平衡点。由于数值分析中参数是服从假设的随机分布的，所以所得分析结果必须是独立意义上的。这种想法在当时得到广泛认可，而且在一段时间内大家也采用这种方法解决高维非线性系统研究中的困境。

现在关键是这样处理是否合适？首先要肯定这类系统的因果关系很复杂，所以要以固定所有的因素而改变某一个因素做实验方式来确定因果关系是比较困难的。现有海量的实验数据是在随机背景下的复杂因果关系的体现，显然把这些数据看成纯随机的结果是不完全的，上面提到的数值模拟结果说明了这个问题。另一方面海量数据来源的条件都可能有差别，很难直接做判断。举生态系统为例，物种之间可能有合作、互利、竞争和无关四种关系，一个物种由于环境变化导致其他与其有作用物种描述子系统系数变化。对于无关物种，虽不能发生直接影响，但通过其他物种也可能发生间接影响。近年来，*Nature*对于这些问题都有讨论。所以我个人认为用独立随机方式来判定系数分布是不恰当的，这是一个待解决的问题。我个人相信大数据方法给这个问题的解决带来了希望。

我对大数据的方法不熟悉，所以讲不出多少东西。但是根据大量的报道，大数据可以解决许多问题，比如脸谱的识别，可以根据每一个人的脸部特征来判别。操作过程是把脸部特征数字化，然后从这些数据来识别。这也就是说人类脸的细微特征都可以通过数据的分析找到。对于我们所研究的系统，一般都存在有海量数据，应该有能力通过对这些海量数据的处理逐步找到如何合理判断选择参数的方法，比如可以通过判断哪些参数是正关联以及相关属性和判断哪些参数是负关联以及相关属性等等。通过不断总结发现的结果，我想最终应当有可能为所研究系统的参数合理选取的方法提供科学性的依据。

综上所述，我们可以看到本研究方向的重点已经转到高维非线性系统。经过十多年努力也明白可以用网络思想建立网络上的动力系统作为研究数学模型。由于维数很高，实际问题用非线性动力学理论分析的方法直接得到相关结论的可能性很小。目前在数值分析中对参数选取仍是采用确定性和随机性两个极端。我个人的认识是这两种极端方式不一定合适，建议用正在迅速发展的大数据方法对实际的海量数据进行分析，找到参数选择的科学方法。这样看来，结合实际科学问题的应用数学研究方法的第三阶段工作还没有成形，应该讲还在发展之中。在这儿我要指出老一辈科学家，比如钱学森、钱伟长和林家翘都关心研究方法的发展。林家翘先生直接投入到生物学研究中去。关于钱学森先生如何直接指导这方面工作，我将在下一节介绍。至于钱伟长先生作为上海大学校长，行政工作繁忙，还时刻关心研究方向的进展。我在实际工作中体会到要进入高维非线性系统，当时还不清楚如何研究，斗胆向他写了报告，希望以实际的生物系统作为突破口，得到他的全力支持。他过世后，在周哲玮常务副校长的支持下终于开展了这方面的研究，才使我现在有此认识。

我个人的猜测第三阶段方法应包含非线性动力学分析、数值分析和参数选择分析。更重要的是得到结果不是轨道之类的概念，由于参数选择方法引进而得系统结论的不确定性，很可能引进量子力学对系统不确定的描述方法。在这里我要强调一点，这些仅仅是我个人从工作中得到的体会。

第五节　钱学森院士和巨系统概念

钱学森院士是我国最有影响的科学家之一，为我国的科技事业的发展做出了卓越的贡献。生前他提出了有名的钱学森之问，此问的关键是如何培养创新人才。我们想他的经验总结应该有对这个问题的解答的答案，为此我们查阅了一些资料，找到他写的一篇文章《中国大学为何创新不足》。我们拜读了这篇文章，文章的内容回忆了他的一些经历，这些经历说明他的求学和科研生涯中基本上是遵循了结合实际科学问题进行应用数学方法研究。这也从一个方面说明这种研究方法对于创新研究的重要性，为此我们把此文作为附录二放在本书后。另外，我们结合该文的内容来谈一下对本书所涉及的一些问题的看法。

钱学森院士从上海交大毕业后，到美国加州理工攻读博士学位，做的是应用力学方面的工作。讲到这件事时，他是这样说的："那时，我们这些搞应用力学的，就是用数学计算来解决工程上的复杂问题。所以人家又管我们叫应用数学家。"也就是说，他虽然是从事力学工作，但主要是用数学工具解决力学的实践问题，所以也是一个应用数学家，在科学理念上是与本研究方向完全一致的。再联系到文中提到郭永怀院士曾与其在一个办公室工作。而郭永怀院士与钱伟长院士、林家翘院士都是应用数学博士毕业从事与力学结合工作，是本研究方向第一阶段的代表性科学家。郭永怀院士在奇异摄动的方法上也有过贡献。可以相信钱学森先生也是以应用数学方法进行结合力学中的实际科学问题的研究。

钱学森先生的文章就 20 世纪 30—40 年代时这种研究方式在美国发展过程作了介绍，文章中说："可是数学系的那些搞纯粹数学的人偏偏瞧不起我们这些搞工程数学的。两个学派常常在一起辩论。有一次，数学系的权威在学校布告栏里贴出了一个海报，说他在什么时间什么地点讲理论数学，欢迎大家听讲。我的老师冯·卡门一看，也马上贴出一个海报，说在同一时间他在什么地方讲工程数学，也欢迎大家去听。结果两个讲座都大受欢迎。这就是加州理工学院的学术风气，民主而又活跃。"相类似的描述也可以在关于林家翘先生的附录一中见到。由此可见，经过老一辈从事结合实际科学问题研究的应用数学家的努力，本书提倡的研究方法已经成为得到国际公认的一种数学研究学派，而且具有与纯数学研究不相上下的地位。

本书的一个重要观点是进行结合实际问题的研究的应用数学家需要有广泛的数学基础知识和很强的科学素质，并指出这种科学素质的培养是造新这个研究方向的一个重要特色。我们在本章第二节介绍林家翘先生成就时给出了附录一，这个附录中也提到了林家翘先生对这个问题的看法，实质上与这个想法是不谋而合的。在钱学森先生的文章中也有这方面的表述。他写道："我本来是航空系的研究生，我的老师鼓励我学习各种有用的知识。我到物理系去听课，讲的是物理学的前沿，原子、原子核理论、核技术，连原子弹都提到了。生物系有摩根这个大权威，讲遗传学，我们中国的遗传学家谈家桢就是摩根的学生。化学系的课我也去听，化学系主任 L.鲍林讲结构化学，也是化学的前沿。他在结构化学上的工作还获得诺贝尔化学奖。以前我们科学院的院长卢嘉锡就在加州理工学院化学系进修过。L.鲍林对于我这个航空系的研究生去听他的课、参加化学系的学术讨论会，一点也不排斥。他比我大十几岁，我们后来成为好朋友。"这一段讲的是钱先生的导师在培养研究生过程中采取的措施，要求学生尽可能地拓宽知识面。我个人以为这样做的目的是，要求研究生通过学习，理解各门学科是如何处理和想问题的，其实质就是提高研究生的科学素质。这一点正是从事本研究方向所需要的能力。说到这儿，我也想就钱学森之问谈一个见解。我认为任何有原创性工作的产生与研究人员的科学素质有极大关系。缺乏科学素质的研究工作者往往看不到问题本质，而只能就细微或非本质问题做些讨论，这样自然做不出有重要意义的工作。从钱先生文章中介绍的培养学生的科学素质方式来对比一下我们现在的培养学生的方式，可以发现差距之大，这也许是我们培养不出大师级人物的原因之一。

我们在书中第三章强调用结合实际科学问题的应用数学研究方向做出创新工作的关键为 new idea。这个 new idea 在这儿一般是指实际问题的科学含义而不是数学上一些条件的改进。New idea 形成过程与工作的其他部分比较起来，new idea 形成绝对是第一位的。在钱学森院士的文章中谈到与创新工作有关问题时，强调了 good idea 的重要性，我个人相信两者的含义是基本相同的。下面是钱院士在文章中的有关论述："这里的创新还不能是一般的，迈小步可不行，你很快就会被别人超过。你所想的、做的，要比别人高出一大截才行。那里的学术气氛非常浓厚，学术讨论会十分活跃，互相启发，互相促进。我们现在倒好，一些技术和学术讨论会还互相保密，互相封锁，这不是发展科学的学风。你真的有本事，就不怕别人赶上来。我记得在一次学术讨论会上，我的老师冯·卡门讲了一个非常好的学术思想，美国人叫'good idea'，这在科学工作中是很重要的。有没有创新，首先就取决于你有没有一个'good idea'。所以马上就有人说：'卡门教授，你把这么好的思想都讲出来了，就不怕别人超过你？'卡门说：'我不怕，等他赶上我这个想法，我又跑到前面老远去了。'"结合现状，在我们学术讨论中缺乏讨论，尤其是极少有提出不同见解。在我们讨论中往往也仅集中于一些细节问题，这些都是导致钱学森之问产生的原因。

结合钱学森院士在科学上取得的重要贡献，我们从钱学森院士的文章中可以看出在钱学森先生早期研究工作是遵循了用数学方法研究实际科学问题的方法，也可以看出这种科学研究思想是在国际上得到认可的研究方法。从事这项研究的人应该有好的数学基础以及科学素质。用这种方法在 good idea(new idea)的指导下完全可以做出创新工作。

事实上，钱学森先生一生对这种研究方式是极为关心的。大家都知道钱学森院士在谈到科学技术问题时，认为科学和技术代表不同含义，他主张在科学和工程技术中间要加上工程科学这个层次。我们都知道工程中解决问题的办法往往是经验性的，似乎不太关心解决问题的科学性。而钱先生认为工程问题解决的科学性非常重要，只有解决了为什么这样处理在科学上是合理的，才能得到信服，也只有这样才能把认识上升到理性，为进一步做出创新工作创造条件。要做到这一点就要用科学思维来分析工程技术上的问题，所以钱先生提出了工程科学问题，希望广大工程技术人员提高科学素质，以适应高技术研究的需要。我们都知道科学性研究中很重要的一条是以符合数学逻辑方式来解释遇到的问题，所以这项要求是对从事工程技术研究学者提出结合实际工程问题的应用数学研究方法。依据这种想法，钱学森先生组织了中科院戴汝为院士、北京大学力学系朱照宣教授和于景元等学者，组织了一个讨论班，进行了艰巨的探索，最终形成了系统科学的框架。按照他们提出的框架，系统科学主要是研究巨系统，研究方法是系统分析和集成以及动力系统理论。我们可以看到这些观点与本研究方向第三阶段是很相似的。所谓巨系统从数学理论来看就是第三阶段提出的高维非线性系统，研究方法中动力系统理论与第三阶段建议的非线性动力系统理论是一致的，系统分析和集成与第三阶段提出的数值分析与参数的大数据分析也有不少类同之处。

总结起来，钱学森院士一生活跃在结合实际科学问题的应用数学研究方法上，不仅做出了很大贡献，而且时刻关心着此方法的发展。我想他这样做的一个重要原因是他认为这种研究方式是极有利于创新研究工作的产生。

第二章　我的科研经历和研究方向

在这一章中主要通过自己的科研经历来谈结合实际科学问题的应用数学研究方向。

我是“文革”结束后的第一届研究生。在导师的影响下，30多年的科研工作坚持了结合实际科学问题的应用数学研究方向。我的科研工作的内容涉及研究方向的三个阶段所要研究的对象。其中大部分工作时间是做研究方向第二阶段提出的低维非线性系统。对于第一阶段弱非线性系统工作主要是在研究生期间与刚踏上工作岗位前几年所做的。在工作积累的基础上，感到第三阶段所提工作的重要性，并利用退休前做了一些起步工作。这部分的内容包含在第四节到第七节。第二节也含有一些内容。

为了整个经历介绍的完整性，我把求学经历写在第一和第二节，退休后的相关工作也包含在内，第三节简单回顾“文革”十年的中学教师经历，最后一节谈了些体会。

第一节　中、小学的求学经历

我1943年出生于上海一个极普通的店员家庭。父亲初中毕业就到参行当学徒工，以后就在参行当店员。母亲只有小学文化程度，一直是个家庭妇女。出生在这样一个普通家庭，当然就称不上出生于书香门第。很自然地我基本上没有得到启蒙教育，从来就没有上过托儿所和幼儿园。

1949年我开始上小学。我就读的小学是上海市教诚小学，该校离我家很近，只有200米左右距离。该校后来曾先后改名为上海市茂名南路第二小学和上海市卢湾区第二中心小学。现在因为卢湾区合并到了黄浦区，所以称为上海市黄浦区卢湾第二中心小学。对小学我没有太多的值得记忆的地方，但对当时老师对我们严格要求的情况还是有记忆的，这种严格要求主要体现在做人品德要求上。小学期间学习任务不重，每天放学后就与同学们一起玩，基本上享受了童年的乐趣，从来没有输在起跑线上的感觉。可以讲是在玩的中间完成了小学学业，学习上没有突出表现，但在老师教育下对做事要认真这一条是有体会的。此外，还担任了中队长职务，还曾获得卢湾区小学运动会跳远第一名和60米跑第二名的成绩。总之在小学阶段我是一个普通的小学生，没有那种输在起跑线上的感觉。

1955年我小学毕业。由于当时还未进行公私合营的社会主义改造，中学有公立和私立之分，招生实行先由公立学校经过考试录取后，私立学校再招。我当时什么也不懂，与几个发小(记得是王宗阳、严瑷和沈迪)结伴一起去考了卢湾区内最好的中学——向明中学。经过考试，被上海市重点中学——向明中学录取。现在想起来，初中期间有两件事对我的一生是有重要影响的。其一是初二时学的“平面几何”。在学习此门课之前我不懂得什么是逻辑思维。通过学习这门课我理解了什么叫逻辑思维，不知为什么特别喜欢这种思维方式。通过老师讲解几何题的逻辑证明过程，我明白了世上发生的许多事可以通过这样或那样的方式合理地推导得来，这个过程中的每一步都是有理由的，整个推导过程是一种美的享受。自然我也希望自己能学会用这种理性方法通过逻辑推理来得到结论，于是我与我的同学们常常在下课后找树枝在地上画出几何图形，然后寻找逻辑推理方法，直到最近我们初中同学聚会时还会回忆起这种情境。慢慢地这种思维方式在我的头脑中扎根。另一方面，从老师授课中也得知一种结论可以用不同逻辑推理得到，对此我感到非常好奇，常常问自己有没有不同方式来说明同一件事，这种换一个思路进行逻辑推理的想法也成为我日常思考的方法。后来，在初中物理的学习中更进一步理解了这种合乎逻辑推理在正确理解事物规律上的重要性，比如在理解阿基米德浮力定理上。总之，通过这些课程的学习大大激发了我用逻辑推理来探索事物的好奇心，促使我去阅读更多书籍，从更广泛意义上学习和理解这种思维方式。其二是由于家庭居住条件和经济条件的限制，家中无经济能力提供我买更多课外书，也不能专门给我提供安静做作业和阅读的地方，后来我终于发现可到图书馆找到阅读的书和做作业。那个年代上海市人民图书馆规定初三以上的学生才能进，所以从初三开始，我就成为上海市人民图书馆（现为上海市文化广场）的常客，几乎天天去，那里的工作人员几乎都认识我。当时，我懂得的科学知识还很少，但在图书馆发现原来世界上有如此多的事情等我们去了解。于是在做完作业后，我尽量去借那些我看得懂的科普读物以及有关自然现象的书籍，我几乎阅读了图书馆中能找到的所有适合我的科普读物，阅读中我特别关注书中是如何用合理的符合逻辑的方式来讲科学故事，结果一方面大大地激发了我的求知欲，了解到自然界有许多现象是可以用理性方式去解释，比如苹果从树上落下来可用万有引力解释，又比如人类可以用物种进化原理来解释；另一方面，这种探索的欲望就逐步养成我坚持学习的良好习惯。这种去图书馆看书吸收养分的习惯在高中和大学得到了巩固，随着学习的东西的增多，对理性求索未知的愿望也越来越强烈。所以初中三年对我是非常关键的。我也讲不出多少道理来说明我这样做的原因，反正不知不觉地慢慢喜欢上逻辑思维方法，也开始养成了自觉看书的习惯。我想一旦喜欢上就会去追求，这是很自然的事，可这样做的客观效果是影响了我一辈子。顺便说一下，整个初中三年过得很愉快。记得每天下午 2 节课后就是自由活动，和小伙伴相处得很好。我曾担任过班长，还代表向明中学参加了上海市青年社会主义积极分子表彰大会。

1958 年我初中毕业，由于在初中形成的好学习惯，我的自然选择应当是升高中。但是，就在此时家庭发生巨变，我父亲由于私人之间债务纠纷不知为何由民事调解变为刑事处理，结果被判处三年有期徒刑。这件事对我们全家造成的影响是巨大的，这一点对任何从那个时候过来的人都能体会。对于我个人来说，由于家庭失去了主要收入来源，生活遇到难以想象的困难，在这种情况下作为长子的我自然想到要为家庭承担责任，我考虑放弃考高中改考中专以便尽早参加工作、减轻母亲压力。可个人总希望做自己有兴趣的事，希望继续学习去探索未知世界。当时我处于矛盾之中，有几次从排队报名的队伍中半途退出。

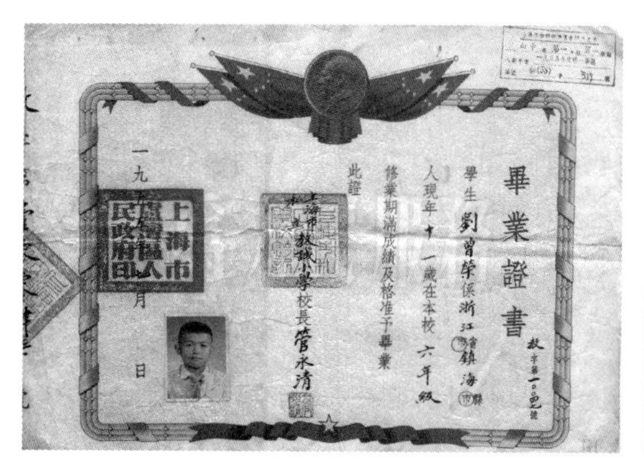
畢業證書

學生劉曾榮係浙江省鎮海縣人現年十一歲在本校六年級修業期滿成績及格准予畢業

此證

上海市私立教職小學校長管永清

一九　年　月　日

刘曾荣小学毕业证书

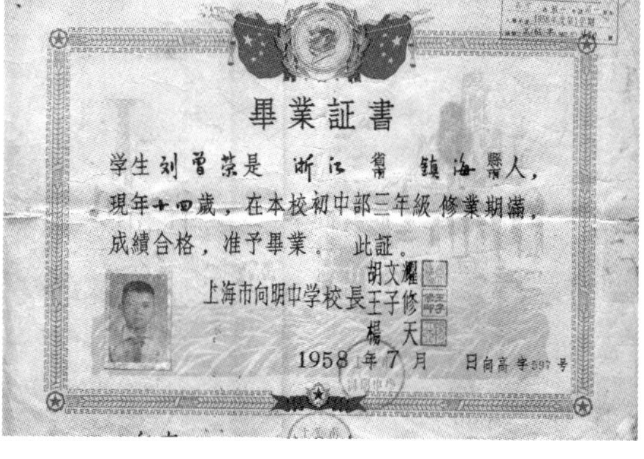
畢業証書

学生刘曾荣是浙江省镇海縣人，現年十四歲，在本校初中部三年級修業期滿，成績合格，准予畢業。此証。

胡文耀
上海市向明中学校長王子修
楊天

1958年7月　日向高字597号

刘曾荣中学毕业证书

在这个关键时候，只有小学文化程度的母亲给了我巨大的支持。她说：七个孩子都是我生的，我会尽责把你们培养成人，你不需考虑其他因素，喜欢的话就上高中。在她的全力支持下，我最终报了名，通过考试我又继续在向明中学上高中。面对全家失去了基本生活来源，当时，我母亲一个人要抚养我们七个未成年的小孩，我是老大也只有15岁。为了养活我们，她老人家不知吃了多少苦。她曾先后在街道工厂做各种小工，做工后的工余时间还要到街道生产组接绣绒线活，每天清晨三四点钟起来当里弄的送奶工。此外，还在里弄传呼电话站当传话员、由街道派出去做看管自行车的服务员。总之，为了养活我们，她做了能找到的一切活计。为了挣到生活的费用，她一个人要做几份工，每天从早忙到晚。白天不是看自行车就是传呼电话站传呼电话。下班回来后还要绣绒线，一直做到晚上10点。清晨三四点又要起来给客户送牛奶。这种艰苦的生活，她整整坚持了近20年，这些是我一辈子受到的最深刻的教育。母亲的所作所为我都看在眼里，我不仅感受到母爱的伟大，而且从我母亲身上也看到作为人应该有的一种精神：一个人要敢于面对困难，不要害怕困难，在任何困难情况下都要相信自己有力量克服困难，做成自己想做的事。这种精神使我终生受益，这种精神财富是不能用金钱来衡量的。整个高中期间，我也是一边上学一边坚持学做女孩子做的绣绒线的活来尽我做子女的责任，为家庭增加一些收入。同时，我也应该感谢向明中学，在高中三年求学期间给了我最高助学金。我也曾得到我的一些发小(比如王宗阳同学)的关心和支持。我就是在这样的情况下完成高中学业的，这一段的生活对我一辈子产生了巨大影响，母亲教会了我如何做人和如何对待困难。在此期间还发生了一件事，在高一上学期下乡劳动时，不知为什么我突然受到了走白专道路和有资产阶级情调的批判。在我内心中实在想不通，几个月前还是班长和上海市青年社会主义积极分子的我几个月后突然成了一个被批判的对象。在我吃饭都成问题的现实情况下，我如何又成为有资产阶级生活情调的青年人。后来我也曾提出过入团要求，但一直没有被批准，理由是我不能与父亲划清界限。这件事发生后，我的性格有了变化，我感到有时间还是多做做自己喜欢的事或帮母亲干些挣钱的活。这儿顺便说一下，父亲被释放后，只知留厂就业，具体身份一直不清楚。直到退休后，他才给我们看了他的退休证。受到此事影响，过来人都会明白我们兄弟几个二十来年的处境，这些就不再讲了。

虽然受到一些不公平的待遇，但对于兴趣方面的追求我没有丝毫放松。学习的习惯已养成，所以课堂上的学习对我不是一件难事，我自然还是自觉从课外书本上吸取养分，我在高中三年中几乎读完了上海市人民图书馆中与中学生有关的数学和自然科学的书籍。当然由于兴趣与经济条件的限制，在学习上也出现了一些偏差，主要表现在两个方面：其一，不喜欢要死记硬背的科目，主要是在学习这些科目时，体会不到那种逻辑推理给我带来的快乐。但在考试中，我的成绩也还可以，我可以毫不夸张地讲，每次考试我几乎可以把教材内容从头到尾背出来。这样做的客观结果是增强了我的记忆力，有利于我对有兴趣的知识在理解基础上记住。其二，我也缺乏动手能力的训练，这主要是经济条件决定的。我很清楚地记得在自学了矿石收音机原理后是多么渴望能自己动手做一个，但面对家庭经济现实，我实在开不了这个口。这样，高中三年进一步发展了我逻辑思维能力，这方面提高也很大，但也显示了不足的一面，这就决定了我今后发展的走向。

高中阶段我母亲面对困难的态度和精神对我的影响比什么都重要，这是我一辈子最重要的财富。当时我发誓只要有可能我一定要对得起我母亲。每当我在学习和工作中遇到困难时，我都会想起母亲会如何对待这种困难的，这样我就都能挺过来，才能一直坚持以我喜欢的方式做我自己的科研工作。

第二节　本科、研究生求学经历

1961 年 7 月，我从向明中学高中毕业，面临考大学关键选择。在选择志愿时我有两方面考虑：我个人的爱好和家庭的现实条件。由于几年来在上海市人民图书馆阅读了大量的科普读物，大大地激发了我的求知欲，对用理性和逻辑推理的方式去解释自然界的现象特别有兴趣，因而从兴趣出发可选择的对象是理工科。考虑到我动手能力差，自然就放弃了工科。注意到我当时的知识面，认为化学与生物与我感兴趣的逻辑推导有距离，因而数学和物理成为我的选择。最终我选择了物理，我觉得物理是讲事物发展规律，在高中学习和阅读时就感到物理涉及面广、大有学习内容，学习这种有普适意义的理论的物理学科是最适合于我的要求的，因而选择物理作为我的志愿。至于考什么学校，我想要么就进顶级大学，要么就是选能减轻母亲负担的学校，所以第一志愿选了北京大学物理系，第二志愿选了华东师范大学物理系，目的就是要么着眼将来报答母亲，要么马上实现吃饭不再花家中钱的好处。结果被华东师范大学物理系录取。对我来说这是一个相当不错结果，我父亲被判过刑，我又曾受到过走白专道路的批判，在高中三年不断提交入团申请中得到的是不能与父亲划清界限的告知，应该明白在当时形势下我的政审是好不到什么地方的。（这种政审的存在在最近复旦大学葛剑雄教授所写的“我经历过的学生政审”一文中得到确认。）

我是 1961 年上的大学，当时恰遇国家进行政策上调整，要求高校加强“三基”教育，高校中的名教授都被要求担任低年级的基础课主讲老师。在这种形势下，我的普通物理中所有课程都由华师大的著名教授亲自给我们授课。其中力学、电磁学和光学都是由二级教授姚启钧先生亲自给我们授课。他讲课的基本特点是把有关物理本质讲清楚，比如力学的科学性反映在三大定律，基本概念是力、惯性、速度和加速度、作用体和受作用体，具体处理中是如何用合理方法进行模型化简化，比如将物体抽象为质点、刚体。通过模型结合基本概念就可处理各类问题。姚先生告诉我们，如果你能在学完某课程后，能抽象出其中的精华，把一本厚书变成了薄书，那就真正学到了东西。在这种方式的教育下，每学完一门课我就要进行总结。正如姚先生所说，我发现每门学科都有其自身的科学规律，这些规律往往不会太多，但掌握和理解这些规律是最重要的。同时我也发现在用这些规律处理具体科学问题时要抽象为模型，模型必须反映问题的科学本质和具体特点。我个人的体会是，在普通物理阶段，掌握这些是最重要的。从二年级下学期开始进入了四大力学的学习，主要是讲物理上处理事物发生和发展过程的理论思想和方法。基本上懂得了如何用物理思想来考虑问题的科学性和逻辑性如何进行论证。相对于普通物理它们更强调理论性和逻辑性。当然现在发现这种论证还都是有局限性的，这一点是后来才明白的。通过这阶段的学习基本了解了任何一个物理问题的解决都应通过模型的数学逻辑加以论证的科学思路。但是也要指出，在大学求学的后期社会上越来越强调阶级斗争，我们也参与了近一年的“四清”运动，所以对于以量子力学为代表的近代物理的一些理论相对学得不深刻，理解上很肤浅。至于专业课，虽分了专业，但基本没上专业课。可相对来说，我们还是比较幸运的，比较完整地学完了大学的基础课程。临近毕业时，爆发了“文化大革命”。1967 年，在“文革”中匆匆办理了大学毕业手续，我走上了中学教师的工作岗位。

“文革”结束后，国家把科技工作的重要性提到了空前高度，并采取了一系列政策，恢复研究生招生就是其中一项。这项政策的执行，使我感到投入到探索新现象的梦想有了实现的可能。报考研究生是我实现愿望的一个机会，但有两个现实问题也要考虑：其一，我当时工作所在地山西大同没有大学，最高学府是中等专业学校，加上当时社会环境，工作十年我找不到提高知识水平的教材，最多只能把原来在本科学过的东西再看看，而且随着时间的推移这种重温的热情也在下降，因而担心马上应考的话，可能在专业上准备不足。其二，对于已经结婚的我也必须考虑对家庭的责任。事实上，“文革”一结束，我就联系了我爱人工作单位所在地安徽省霍邱县附近的淮北煤矿师范学院，对方同意接收我。由于淮北煤矿师范学院是高等院校，对我报考研究生有一定影响。可 1978 年休完春节探亲假回大同后得知，市里规定高中教师一律不能调动。这样就使我抛弃了一切不坚定想法，走上考研道路，因为我觉得如果我放弃了这样的机会——对我这样的底层百姓也许是唯一机会——可能会后悔一辈子。接下来对我最重要的是决定考什么方向。我对自己情况做了实事求是的分析。我喜欢从事探索新现象和找出内在机理的工作，要做好这件事的关键要有两种能力：一是具有找出现象发生的科学性并建立合适的模型的能力；二是进行符合科学的逻辑推理并给出解释和预测的能力。两者相比下来，由于读大学本科时，已在物理系受到了系统训练，所以第一种能力强于第二种能力，对我来说加强逻辑推理能力的训练显得更为重要。逻辑推理中最重要的手段是数学。我在大学期间学的数学只是为了解决物理问题，相比较而言逻辑思维训练显得薄弱，处理问题的数学方法不多。因此，在研究生阶段我更倾向于加强逻辑思维训练和数学方法的学习。经查询，安徽大学数学系招收研究生考的三门专业课为数学分析、普通物理和数学物理方法，明显地倾向于培养用数学方法解决科学问题的人才。同时，我也上门拜访了导师许政范教授，他告诉我他就是想探索培养有好的数学修养、能从事交叉研究的人才的路子。基于上述原因，从自己兴趣出发，最终我就选择了报考安徽大学。实事求是来讲，选择安徽大学的另一个原因是我爱人在安徽工作，希望通过这种方式能解决夫妻分居所带来的生活不便和困难。于是我报考了安徽大学数学系研究生，通过考核我被安徽大学数学系录取了。

1975 年刘曾荣结婚照

在三年学习期间，我努力克服各种困难，拼命学习。当时主要困难来自经济上的压力，我与我爱人工资都不高，全家三人分住三个地方，我在合肥，爱人在安徽省霍邱县，小孩则放在上海我母亲处，分居三地开销自然大了。好在我爱人能理解我的愿望，毫无保留地支持我。经过三年努力学习，我取得了优异成绩。在专业课学习时，老师派我到中科院力学所与中科院研究生一起学习由美国布朗大学应用数学系丁汝教授主讲的“奇异摄动方法”，最后考试我名列前茅，成绩为“A”。在此期间还利用假期到清华大学听了林家翘院士的“渐近方法引论”。这些是我个人最早接触到的结合实际科学问题的应用数学方法相关课程。同时考虑到交叉研究的需要，我还尽量拓阔自己的知识面，利用一切可能方式去听取各种讲座和学习尽可能多学科的专门知识，以加强自己如何从问题中发现科学性的能力。

在同届的九个同学中，由于勤奋，我是最早完成学位论文和毕业答辩的。由谷超豪教授和叶开沅教授（钱伟长先生的大弟子）为首的答辩委员会给予了很高评价。经过三年学习，我研究生毕业并获得理学硕士学位。

三年研究生的学习生活对我后来的科研教学工作有着极大的影响。首先，通过研究生的学习我明白了报考研究生时的想法是符合交叉科学的研究的。我的导师许政范教授“文革”前是复旦大学数学系教师，从事偏微分方程的研究，偏重于数学理论。由于其爱人为安徽大学教师，“文革”中调到了安徽大学工作。许老师的父亲许国宝教授是华师大物理系二级教授，从事理论物理的研究。许老师非常清楚物理中凡是涉及“场”的科学问题其数学模型都属于偏微分方程，进入量子领域后其数学模型更是离不开偏微分方程。这种环境促使许老师非常想创建出一些用数

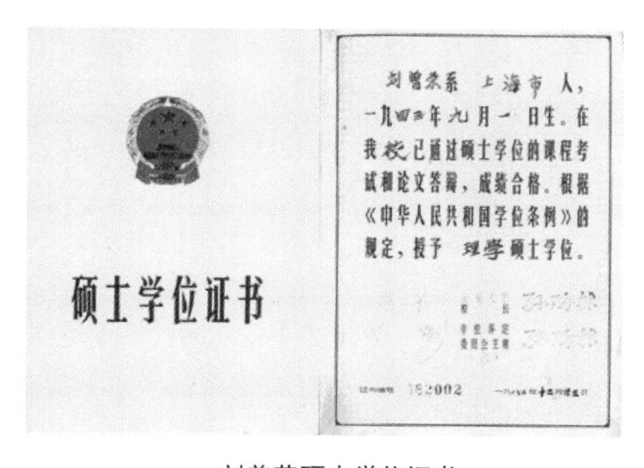

硕士学位证书

刘曾荣系　上海市　人，
一九四三年九月一　日生。在
我校已通过硕士学位的课程考
试和论文答辩，成绩合格。根据
《中华人民共和国学位条例》的
规定，授予　理学硕士学位。

152002

刘曾荣硕士学位证书

刘曾荣与导师许政范(左)合影

学方法从事交叉研究的方法(当时主要考虑是物理和力学),他"文革"后收了我们第一批学生就是基于这种考虑,他招生研究生的考试科目充分体现了这一想法。进校后,他反复同我们讲他的这种想法,希望能通过对我们的培养开辟一条有利于出交叉研究人才的新路。他同我们讲这是他毕生的心愿,为此他身体力行做出榜样,他主动与钱伟长先生联系,邀请冯康院士等有物理背景的数学前辈给我们谈体会,并鼓励我们根据自己的基础进行发展。比如对于我,在当时条件下让我到中科院力学所专门去学习了半年奇异摄动的专业课程,体会如何用数学方法处理力学问题。从实践中,我发现老师要培养我们从事应用数学的研究方法是遵循了这样一条道路:从实际问题提炼出科学想法,进一步再通过建模给出合理模型,最后用逻辑分析导出结论和预测。简单地说就是本书所说的结合实际科学问题的应用数学方法。考虑到我的经历,这种想法对我很有吸引力,通过三年的学习生活我接受了这种观点,所以决定听从导师的教诲,走上这条研究道路。因此我走上这条路是与导师许政范教授的培养分不开的。后来,我发现钱伟长这些大科学家也是通过类似的路走上科学研究的。他们开始是学物理的,然后在读博士研究生期间都改学应用数学,最后在力学的具体科学问题上做出了卓越的贡献。类似情况我在中科院力学所上课与兼职时也听到不少,比较著名的有钱伟长先生的师弟、美国科学院院士林家翘教授,他先是清华大学物理系毕业,又到国外攻读应用数学博士学位,最终也是以数学为工具解决了许多科学问题。原力学所副所长、中科院学部委员(1993 年后改称院士)郭永怀教授与林家翘先生和钱伟长先生都有相似学习经历。我与他们的学习经历相似,虽然学得没有他们好,但相似学习经历应该是有利于我走此条科研道路的,这样更坚定了我以此思路从事研究的决心。在这类研究中,必然要涉及除数学外的别的学科,所以一般也就简单称其为用应用数学方法研究其他学科提出的科学问题,或简称为从事交叉科学研究。其次,为了从事好这种研究,在老师的不断教育、引导下,我逐步懂得为了更好地找到实际问题中的科学性必须重视扩大知识面,因为在提炼科学问题时必定要涉及具体的学科,各门学科有其自身特点和提炼科学问题的思路,通过对不同学科的学习和交流可以大大提高从实际问题中提炼科学性的本领。因而在抓紧学好研究生课程外,我感到还要通过扩大知识面更多学习数学逻辑思考方法以及从实际问题中提炼科学性的本领。在三年硕士研究生求学期间,我利用安徽大学离中国科技大学近的特点,主动去中科大,结识了不少中科大的教授,其中有数学、物理、力学和传热学等多个领域里的专家,比如有物理领域的吴杭生院士,我参与他组织的讨论班,学习超导理论。同时,我也尽可能去听各种专业课和参加不同讨论班以不断地吸取营养。这对于提高我的科研素质有极大帮助，我学会了从不同学科的思维方式中如何找科学性。我发现只要掌握不同学科的基本处理问题的思维方式，可以看到各门学科背后的最基本科学性问题往往有不少类同之处。另外，我也觉得通过各种交流，可以找到新现象、发现新的课题，这对新事物有好奇心的研究人员是非常重要的。比如，我早期科研工作的领域是混沌，这个概念最早是从中科大力学系邀请美国布朗大学应用数学教授谢定裕的报告中听到的，由好奇心去进一步查阅文献，最终打开了我第一个有意义的研究方向。

总之，整个硕士研究生求学阶段我从精神上和学业上为自己今后的科研工作做了准备。一方面，母亲的不畏艰难的品质有助于我养成不怕困难去坚持做我觉得应该做的事；另一方面，在许老师的教导下，摸索到了适合我从事科研的方向，也就是结合实际科学问题的应用数学研究方向。我相信只要沿着这条路走下去，不怕困难，不断学习和提高，一定能为国家做一些有益的事。

第三节　大 同 十 年

我本应在 1966 年六七月份大学本科毕业分配工作，那时恰遇“文革”爆发，我们就按当时的规定，留校参加运动。直到 1967 年 9 月才重新启动我们这一届学生的毕业分配。

新公布的分配方案中有 30%左右留沪的名额，几乎所有同学都想留沪，因而争取留沪成为同学们的最重要目标。老实讲，我也想留沪，但反复权衡可能性，觉得我的愿望不会得到当时掌权的造反派的同情，家庭里已有两个弟弟中学毕业在上海工作，因而留上海的可能性几乎为零。在这种情况下，我觉得如果提出留上海工作的要求，可能遭到造反派的报复，把我分配到无人愿去的地方。鉴于此种考虑，我还不如自己找一个可能会有利于我学习的地方，城市应该总比农村强，在中学地理书上大同还有些名气，是我国著名煤都。所以我就填了大同。结果被分配到大同市教育局报到。当然，在当时位列山西省第二大城市的大同没有一所高等院校，给我后来报考研究生带来些麻烦，这是后话。

由于对未来还抱有希望，所以在准备赴大同时，做了一件也许对我一生起了重要作用的事，即把我大学五年来所有学习的课本、讲义、笔记本和作业本全部托运到大同。如果没有这些资料，我在 1978 年报考研究生的可能性就不存在了。因为当时在大同没有大学，图书馆也不可能有相关的专业书，我自然做不了无米之炊。同时我也做好了不可能回上海的准备。在当时我个人回不回上海已经不重要了，我想得更多的是对母亲尽孝，如何不负母亲对我的养育之恩。记得离沪那天火车是下午出发，上午我把留沪的两个弟弟以及尚在沪求学的小弟弟叫到身边，和他们一起步行到人民广场。在那儿我同他们讲了心里话，告诉他们我有可能一辈子回不了上海，希望他们好好照顾母亲，我会尽我所能帮助家里。

我记得我是 1967 年 12 月到大同报到的。在教育局报到后，他们把我分配到大同师范学校的附属红卫中学。大同师范学校是当时大同市最高学府，红卫中学是其附属初中部。

我去报到后才知实质上两校是一个学校。学校位于大同市西街。大约在1971年，进入了复课闹革命，师范学校要恢复招生，市里决定把大同师范的校名与位于大同郊区水泊池的大同一中的校名交换了一下，估计是把师范生放在郊区方便管理。于是我就成为大同一中教师，就一直在一中工作，也就是说在大同期间一直在同一单位工作。考上研究生后，我于1978年10月2日离开大同，至此，我在大同工作了十年多。

在大同工作的十年多，大部分时间处于“文革”时期。头两年尚未完全复课闹革命，学校处于参与“文革”中各项政治运动状态。以后几年中，由于学校复课，所以处于边上课边参加“文革”的状态，上课很不正常，停课是常有的事。我曾经先后教过工基（物理）、农基（化学）、数学、外语。由于读书无用论的泛滥，学生不想学，所以工作的很重要一部分是做学生工作，动员他们好好上学。最后几年，我主动要求去校办工厂当工人，在校办工厂做了几年工人。离开大同前的最后一段时间又回到教学岗位。所以从对我学业成长角度来看没有多少关系。细想起来，有几件事可能与学习文化有关。那一段时间，我记忆最深的是受“文化大革命”的冲击，家长与学生受“读书无用论”的影响很深，每当周末休息时我都要家访十多家，苦口婆心地劝说和动员学生要来上课，但效果不佳。学生和家长认为反正毕业后是上山下乡，学不学无所谓，他们都把精力放在找工作上或找对象上，一旦有了工作或找上对象就不再来学校。家长把学校看成孩子找到出路前暂时落脚的地方。当时中学为五年制，毕业时为16、17岁，我估计大约有50%学生在中途退学，也就是大约在15、16岁都去做工或过门（指未到法定年龄不能正式领结婚证）。作为教师的我，只能凭良心做事，说服学生回校学习。感到欣慰的是对个别学生和家长的宣传还是起到了效果，对这样的学生我在力所能及的范围给予辅导。“文革”结束后，恢复了高考，这些学生就有了优势。1977年下半年在北大提前恢复高考招生时，一个学生以在校生的身份考上了北大物理系，本科毕业后又到中科院上海技术物理研究所做了研究生。1978年全国恢复本科招生后，另一个学生考上了清华大学。还有些学生考上了一些地方院校。现在回想起来，也许这就是我在当时形势下所能做到的，也是我在大同一中工作中值得回忆的地方。

就我个人学业来说，由于在大同找不到我想进一步提高专业水平的书籍，所以只能依靠托运来的大学资料不时复习一些学过的东西，有时也背背英语单词。随着时间的流逝，面对不知何时能结束的“文化大革命”，内心的愿望和理想也在逐渐地减弱，这种学习的劲头也逐步在下降。但另一方面我也还是利用回上海探亲的机会，充分享受了在图书馆看我新接触知识的快乐。我记得原来上海市人民图书馆已改为文化广场，在原址不远处的一幢洋房中建了新馆，后来它改名为卢湾区图书馆。回沪探亲的事很多，我基本上两天去一次。在那儿自学了常微分方程教材，对定性和稳定性理论有了了解，这为我后来研究混沌而自学动力系统理论打下了基础。同时，也明白了数学上的极限环就是物理上周期运动的数学描述，这个事实也告诉我，虽然在物理系学了不少科学思想，但所学的逻辑推导方法是极为有限的，这种认识对我在后来选择报考研究生的专业方向产生了影响。此外，在图书馆阅读中，我还是很关心科学发展的动态，希望自己能尽可能多了解一些新知识。记得20世纪70年代初曾在图书馆看到了有关半导体的科普读本，一看其中有介绍新出版的理论方面的书，就想尽办法去采购一套关于半导体的书，然后带回大同去学习。在大同十年间，由于当时总体环境和现实条件的限制，自学的劲头呈现逐步下降的趋势，但还是得到某种保留。但也正是这种保留下来的精神才使我有可能选择报考研究生来实现理想。

1978年春节探亲假后，我向学校提出调动工作要求，得到答复是，市里新政策：高中教员一律不放。于是我下定决心报考研究生。选好专业和报考单位，然后正式报名时，时间已经是3月下旬，距离研究生考试仅有一个多月时间。当时报考的专业课为数学分析、普通物理和数学物理方程三门。数学分析要求是数学系教材，我没有，只能借助于物理系一、二年级上的高等数学和高等代数教材。普通物理包括力学、热力学和分子物理学、电磁学、光学和原子物理学。数学物理方程考的是物理系用的教材。内容是很多的，而且必须要复习大量的习题和记忆尽可能多的英语单词，时间很紧。我做了合理安排。利用我以前常看、学过东西的基础，对课本基本内容不做过多复习，主要精力放在重做过去做过习题上，要求每题重做一篇。每天早上抽1—2小时记忆外语单词。另外，利用每天饭后时间阅读报纸，了解时事和国家政策。在时间上要求每天晚上学习到午夜12—1时，清晨5时起床，白天除了上课就是复习。在当时大同一中总支书记雷明庭同志的支持下，经过短短一个月的复习，基本实现原先的要求，顺利地通过了研究生入学考试。

我一生的黄金年龄段(25—35岁)是在大同度过的。在人生的这个阶段如果能按照自己兴趣做自己喜欢的事，我想对人生会有重大影响的。很遗憾，在人生这一段我没有做到这一点，现在回想起来是与当时处于“文化大革命”的大环境有关，也与当时所处地域找不到要学的书籍有关，但这些都是客观因素。从主观因素来讲，还是自己缺乏毅力，对兴趣的投入没有到十分入迷的程度。想想自己十年走过历程，正如上面所述，逐步走过了一段看书学习时间越来越少的过程，这本身表明兴趣度在越来越降低。好在这种读书和学习的兴趣尚未完全消失，不时地复习使我对学过的东西留下较深的记忆，才能保证我通过较短时间的集中复习，具有了考上研究生的能力。这个教训我要牢记，对自己兴趣要有着迷程度，不要受外界影响。结论是我要坚持一辈子做我感兴趣的事，后来通过研究生阶段学习确定这个兴趣就是结合实际科学问题的应用数学研究，而不必去计较社会上认可与不认可的问题。

第四节　研究方向上的初探：混沌研究

从1978年10月到1988年11月我工作和学习在安徽大学，前三年主要是攻读硕士学位，明确了研究方向是从事结合实际科学问题的应用数学研究。

研究生毕业后，经过许政范导师的努力在安徽大学成立了进行交叉研究的数学物理研究所，应该讲这对于一个刚毕业的学生应是比较理想的从事研究工作的单位。我与其他三位同学留在安徽大学数学物理研究所工作。当时的工作主要是从事科研工作和协助导师培养研究生。

1980 年刘曾荣(后排右一)在安徽大学与导师许政范教授(前排左二)及师兄弟合影

工作初期我是按照读研究生时所学专业做研究。在研究生期间,我的专业课是在北京中科院力学所学的,所以自然就是做奇异摄动方向的研究工作。奇异摄动是应用数学的一种方法,当时有三种研究方式:第一种是提出新的奇异摄动求解方法;第二种侧重于从数学上证明用这种方法所求得解的收敛性;第三种是用现有奇异摄动方法来研究一些有实际背景的问题并做出科学解释。从方向上来说是符合我所追求的研究方向,这个方向从本质上来讲是开辟本研究方向的老一辈科学家开创的。我在上述的第一种和第三种上面做过一些工作,工作大部分发表于 20 世纪 80 年代的初中期。经过认真调研,我发现到 20 世纪 70 年代末和 80 年代初,奇异摄动方法已经经历了半个世纪左右发展,我国的钱伟长教授和力学所老所长郭永怀教授都曾在这个方向上做出过开创性工作。几十年的发展使得奇异摄动的理论和方法都相对比较成熟了,要进一步做出开创性的工作是有难度的。根据我确定的研究方向,除了少数第一种工作外,我当时主要也是做些属于第三种的工作,即在实际问题中寻找有小参数背景的科学问题,然后用奇异摄动方法处理,最后对所得解给以科学解释。我利用自己知识面广的特点,曾结合超导、加速器、传热和催化反应问题用奇异摄动方法做了些工作,其中有些是与别人合作的。工作发表于《物理学报》《力学学报》《数学物理学报》《应用数学和力学》《低温物理》《原子能科学和技术》等杂志。现在看来,我上述工作属于上一章提到的研究方向第一阶段,即处理弱非线性。这种工作做得多了,产生了一种不满足的感觉,感觉到这样做下去缺乏新意和深度。对于想做新现象探索性研究工作的我显然有闯出去的愿望,因而产生了应该如何办的想法,希望能找到有新意的研究内容,做更有意义的研究工作。这些想法代表了我已经感到把研究方向局限于第一阶段的方法是不行的,要大胆探索研究方向的新的动力。

就在这个时候,我得知中国科技大学力学系聘请的美国布朗大学应用数学专家谢定裕教授来做学术报告,谢教授是结合实际科学问题进行应用数学研究的著名学者(他后来受林家翘院士的邀请担任林院士组建的清华大学周培源应用数学研究中心的首任主任),所以我非常有兴趣去听了他的讲座。在讲座中,我第一次听到了“混沌”这个科学上的新词。实质上,混沌代表动力系统存在有非周期有界解,与我在常微分方程中所了解的定态解和周期解不同,它是一种过去没有研究过的新类型的解。这种解在力学、生物学的数学模型中最早发现,然后又在各个学科中发现,显然是一种实际问题中的新的科学问题。对于这种科学上发现的新现象自然地引起了我的关注。从文献中,我认识到这种解在相图上与以前所认识的解是截然不同的,这些奇怪的相图似乎表现出某种规律,这样自然吸引了追求探索新现象的人们。于是我进一步开展了调研,发现这种新解是在 70 年代中后期才引起国际上的关注,并发现这种解在物理、力学和工程各种领域都普遍存在。从文献中可发现关于这方面工作的报道的数量呈指数型增长。更有意思的是人们发现这类新解的相图上存在有非常有意义的特性，这就说明中间存在有科学上的机理。考虑到混沌既是全新的科学现象，且又属于多领域具有的共性，应该是从事实际科学问题应用数学研究感兴趣的问题，我们可以用应用数学的方法对其开展交叉研究。于是，我认为这是一个符合我研究方向的新课题，应该可以考虑加入。但是在具体实行中，发现这种调整意味着我从奇异摄动的研究转到了非线性现象研究（当时仅知道混沌是非线性系统行为，对非线性科学还知道得很少），更大的困难是混沌研究需要数学上动力系统基础，这对仅懂一些常微分方程知识的我来说就要面临从头学习动力系统知识。面对这样一个抉择，我经过反复考虑，坚信这是符合我选择研究方向的有意义的工作，也是为了兴趣和爱好，最终选择了放弃相对来说已经成熟的奇异摄动的研究，改为从事混沌研究。

与谢定裕教授（中）、戴世强教授（左）合影

为此，首先要学习动力系统理论以及相关的混沌知识。我找了几本应用数学专业的动力系统的基础教材，用几个月时间先了解了有关的基本理论和思考方法。然后我与我的合作者组成一个小组，很快设法复印到国外最新出版的与混沌有关的动力系统教材，几个人分工合作，每个人结合自己的特长介绍相关内容以及体会，每天工作 16 小时以上，最终花了三个月时间学完这本书。同时，我们几个人也查阅了在当时条件下几乎能查到的所有与混沌有关的重要文献。在此基础上，经过我们认真的讨论和分析，确定一些可研究的题目，并很快投入到研究中去。这些研究成果比较快地在《科学通报》等一批国内公认较好杂志上发表。

我们的工作引起了国内专家的注意，国内最早从事混沌研究的学者、中科院理论物理所所长郝柏林院士，曾先后两次邀请我以访问学者名义访问该所由他领导的混沌研究课题组，就共同有兴趣的问题开展讨论。中科院力学所为适应混沌研究发展的需要成立了非线性力学开放实验室，在北京大学力学系朱照宣教授的帮助下，从一开始我每年被邀请参加他们的讨论。通过这些活动，我的认识从混沌拓宽到非线性科学，明白了理解非线性系统的行为以及建立研究数学方法是当前科学研究的热点，也逐渐地理解了我所从事的研究方向由弱非线性系统转为非线性系统的必然性。在郝柏林院士、北京大学数学系钱敏教授、北京大学力学系朱照宣教授（他们三位是国内公认的从事混沌研究的专家，后来是国内首批攀登计划“非线性科学”的专家组成员）推荐下，我在 1985 年桂林召开的第一届全国混沌研究的学术会议上做了大会报告。同时，我们的学术论文开始陆续在《科学通报》《物理学报》《力学学报》《应用数学学报》和《数学物理学报》等国内一流杂志上得到发表。应该说这次初探基本上是成功的。在坚持自己科学研究方向的前提下，我懂得做科研就要做到与时俱进，做自己喜欢并有科学意义的工作，只有这样才能发挥自己的潜能，努力做好工作。

当时由于国家政策是暂时冻结职称评定工作，所以我一直是一个无职称的大学教师。大约在1984—1985年期间，安徽大学为了申报物理学科的硕士点，调查后认为我的工作是适合申报的，所以想把我作为硕士生导师上报。但是国家相关文件规定是要有副教授职称的教师才有资格申报为硕士点的硕士生导师。经过学校讨论后，同意我破格以副教授名义申报为安徽大学物理硕士点的硕士生导师，此事得到省教委的认同。这种做法本身也表明安徽省教委和安徽大学对我的科研工作是持正面肯定态度的，这也从另一个角度表明了我在坚持研究方向的前提下及时转向的决定是正确的。我由此也体会到作为一个科研工作者要不断地去发现有意义的科学问题并及时进行调整，这是在从事创新研究中获得成绩的一个很重要因素。另外，要做到这一点，需要有好的科学素质，看准了就要下决心。同时，在具体实施中也要小心，要及时地、踏实地补上开展工作所必需的知识。

总之，在探索这一个阶段，我在坚持研究方向的前提下，大胆放弃了原有研究弱非线性的奇异摄动方法，改为从事当时热门的研究课题——非线性科学中的混沌现象，从而进一步明确了我从事结合实际科学问题的应用数学研究方法开始进入20世纪70、80年代发展起来的非线性科学的研究中去。如何开展研究，我当时的认识是用非线性动力学的方法。

能够看到国际上的混沌研究的开创性工作主要发表在1975—1979年，但那时我国还处于"文革"后期和打倒"四人帮"的初期，科研工作所需的信息相对还比较闭塞。关于混沌研究直到1979年和80年代初才逐步引起国内学者重视，所以在这个研究领域我国学者相对来说进入得还比较早，但与国际上仍有时间差。具体到我个人，这个时间差就更长了，因而关于混沌研究的一些创新的科学观点，比如重整化群理论、分形几何理论、通向混沌的道路等方面的内容，在我进入这个领域时都已经基本提出来了，所以给我们留下的做创新的工作机会不多。当时我能力有限，基本可用的数学工具是动力系统理论，故只能在遗留下的问题中找为我相当熟悉的部分做些工作，比如，Melinkov方法的高阶推广、奇怪吸引子的几何结构、实际系统中混沌性质的判定。这些工作从创新观点来要求还是有距离的，但在当时的历史背景下，能够独立做出这些工作成果还是相当不错的。另一方面，在这一段工作期间，我基本上学习了从事非线性科学研究所需的各种知识，也认识到数值分析在科学研究中的重要性。这一段经历对于我今后如何结合自己研究方向找准有重大意义的工作是有很大帮助的。

在这里我要感谢安徽大学和导师许政范教授把我从一个科研门外汉引进到科学研究的殿堂，并学会了如何结合爱好选择正确的科研方向，使我的科研工作迈出了扎实而又有特色的一步。

在取得成绩的同时，我也有烦恼。主要是我的职称，由于国家在政策上冻结了职称评审，我们一批人就属于无职称的教师。由于大同十年的经验，我觉得无论在什么情况下，我都要坚持做我喜欢的科研工作。在仅有一间由库房改为临时宿舍的条件下，我一心扑在科研上，在国内一流杂志上发表了不少文章。大约在1985年，国家组织新一轮博士点和硕士点的申报，安徽大学决定报物理硕士点，提出要用我的材料上报。当时征求我的意见时，我提出国家文件要求上报硕士导师必须有副教授以上职称，我不合要求。后经安大领导研究，省教委同意，让我以副教授身份上报，结果该硕士点获国家学位委员会批准。1987 年，职称评定工作冻结解除，开始评定职称时，我如果申报副教授是属于文件所说的破格晋升，但根据我的实际情况，直接申报副教授应该是理所当然的事。没有想到最后结果是我没评上副教授，这件事成了我的心病，直到几十年后的现在我也想不通是什么原因会给出这个结果。在这以后几年中，学习母亲为我树立的对待困难的态度并秉持对自己喜欢的工作要着迷的信念，我仍以一个无职称的教师身份，坚持我的科研工作。当然，尽快解决这个问题也成为我必须要考虑的问题。后来的事实证明我这样的做法是明智的，凭着自己工作成果实现了工作单位的更换。

第五节　研究方向上的深化：非线性科学和复杂性研究

就在我为职称烦恼时，我的导师许政范教授于 1987 年调离安徽大学，随之他所创建的安徽大学数学物理研究所也就不存在了，我也就失去了原先认为可以工作的平台。这样，无论从哪个角度考虑都到了我应该离开安徽大学的时候了。对于我没有评上副教授之事，我没有去与学校领导争职称，只是同校领导讲清楚，希望在我找到要我的单位后能放我就行了。我的想法是如果去争职称必然要花很长时间和很多精力，而且很可能也争不上，结果还是要等下一次。耗费时间去做这件事，为此减缓学术上的成长，对我的发展不一定是有利的。如果采用不影响学术上的发展，利用这个机会换一个有利于我发展的单位，也许对我今后的发展更有利，我始终相信只要真正做出好的工作总会得到承认的。于是我在坚持不放松科研的前提下，开始考虑工作调动。但我对困难的估计是不足的，在当时社会环境下，一般情况下接收单位是要根据你提供的材料决定是否要你。当时，我已经是快 45 岁的人了，我提供的材料只能是一个没有职称的普通教师，这样任何单位都会问：为什么会没有职称？这个人到底是否有水平？所以，只有愿意听我和熟悉我的人做出的情况说明，并愿做调查核实是否属实的单位才有可能要我，能这样做的单位领导必定是爱才的。偶然机会，我得知北京大学数学系姜礼尚教授已经调入新成立的苏州大学（前身为江苏师范学院），任学校学术委员会主任（后担任苏州大学校长），他很爱才，在为苏州大学数学系招聘研究人才。我就向他讲了我的情况，并请许政范老师做了详细说明，然后苏州大学又派人去安徽大学做了全面调查，确认了我讲的是事实，并看了我是在何等艰苦的条件下从事研究的。最后经过研究和讨论，同意把我引进到苏州大学。考虑到我新进入苏州大学，了解我情况的人很少，所以他们同时建议安徽大学在下次职称评定时确认我的副教授职称，以解除我从事科研的后顾之忧。苏州大学还按照副教授人才引进的标准分配给我两室一厅的新居，这为我继续从事研究创造了很好条件。

我于 1988 年 11 月正式调入苏州大学。在首次见面时，姜礼尚校长就苏州大学成立数

1990 年苏州大学非线性科学研究中心成立暨第一届学术报告会合影(刘曾荣三排右一)

学物理研究所的事征求我的意见。根据我当时的研究工作,同时考虑到以混沌、孤立子和分形为代表的非线性科学已发展为国内外的研究主流,国家也在积极筹备把非线性科学作为国家攀登计划立项的形势下,我向姜礼尚校长建议也许成立非线性科学研究中心比成立数学物理研究所更为合适。最终学校决定成立了苏州大学非线性科学研究中心。我在苏州大学的工作主要也是围绕这个中心进行的。现在看来,我从此开始了研究方向第二阶段非线性系统的工作。这个工作分成两部分:一部分是组建苏州大学非线性科学研究中心的工作,另一部分是围绕非线性系统展开的科研工作。

我们在姜礼尚校长的领导下,积极开展了中心筹备工作,成功召开了苏州大学非线性科学研究中心成立大会,邀请了以谷超豪院士为代表的国内主要从事非线性科学研究的专家参加。在会上积极介绍了苏州大学在这方面的工作,使得苏州大学非线性科学研究中心成为国内有一定知名度的非线性科学研究的实体。同时,还通过邀请国内外专家交流和加强自身的工作,使得国内同行认可苏州大学在非线性科学方面所取得的成果。最终使得苏州大学成为国家攀登计划"非线性科学"的 8 个参与单位之一。值得指出的是,苏州大学是 8 个参与单位中唯一的一所地方院校,其他 7 个单位都是中国科学院所属的研究所及国内最著名几所大学。应该说,在整个申报工作中我是出了力的,这个成果也有我的一份功劳。事实上,整个攀登计划的具体组织工作是由北京大学力学系朱照宣教授在负责。在筹建过程中间,为了推广非线性科学理念和组织研究队伍,他曾几次带我跑了国内几个地方,应该讲在这中间我也出过一些力,当然这是微不足道的。

当然我的本职工作还是科研,无论是在顺境中还是在逆境中,我都会坚持搞科研不动摇。在安徽大学后期和苏州大学初期,我也一直在一线从事非线性科学中的混沌研究工作。到 20 世纪 90 年代初,我已经在《中国科学》《科学通报》《数学学报》《物理学报》《力学学报》《应用数学学报》和《数学物理学报》等国内最重要刊物上发表了相关学术论文。同时,除 *Physics Letter A* 外,也已经在国际上为混沌研究所新建的刊物 *Chaos*, *Solitons and Fractals* 和 *International Journal Bifurcation and Chaos* 上发表文章,这些文章可能是我国学者较早在这些杂志上发表的文章。这一时期主要是用动力系统理论研究混沌吸引子的结构,从一些典型实例出发,利用理论和数值相结合的方法,论证了混沌吸引子的结构与嵌入

1993年攀登计划项目成果报告会合影(刘曾荣三排右九)

其中间的鞍型不动点和周期点的不稳定流形关系。同时提出用高阶方法处理次谐分叉轨道。

从20世纪90年代初,我的视野更多地由国内逐步转向国际。在阅读了国际杂志的大量文献后,逐渐发现混沌的研究热潮开始下降,面对这个形势我该如何办?一方面,我们在混沌方面有些工作也不见得比别人差,国外同行也逐渐接受了我们,局面正在打开。如果我在这个方向上继续做下去也是可以的。但从我的性格来看,自然不能满足于现状,应该找有意义的方向做新工作。于是,我认真分析了科研形势,发现混沌本质上是低维非线性系统发生的新的动力学现象,经过这一段时间研究后,它的属性已经比较清楚了。另一方面,从科学上来讲,自然会从低维非线性系统进入到高维非线性系统去进行研究,希望挖掘新的研究热点,所以,我就及时调整了研究内容。在从事低维非线性系统有关行为研究的同时,开展了高维非线性系统动力学的研究。经过努力,在20世纪90年代中、后期以及21世纪初,在数学、物理、力学和信息科学等领域近20种国际杂志上发表了学术论文,其中包括 *Phys. Rev. Lett*; *Physica D*; *Commun. Math. Phys*; *Phys. Rev. E*; *Nonlinearity*; *Chaos*; *Physica A*; *Networks*; *Phys. Lett. A*; *Sound and Vibration*; *Nonlinear Dynamics*; *Proc. Amer. Math. Soc*; *Chaos, Solitons and Fractals*; *International Journal Bifurcation and Chaos* 等杂志。这说明在相关领域得到了国际同行的认可。

在上述低维非线性系统的研究中,我越来越感觉到数值分析在这种研究中的重要性。在动力系统的分叉理论和通向混沌道路的学习时,已经了解到低维非线性动力系统在参数变化时会发生行为的本质变化。从我们研究方向来看,这种系统行为的本质变化正是实际问题中关于科学机理讨论的核心问题，是要我们详细分析的。而动力系统理论仅对特殊系统的个别行为转换给出明确表达式。这样在研究工作中只能依靠数值分析，这一点我通过上述研究工作有了越来越深刻的理解。所以我把研究方向在第二阶段关于低维非线性系统研究应用数方法归结为非线性动力系统理论和数值分析这两点。

为什么我们能在不太长的时间内做出不少工作呢？首先，科研成为我的爱好，我几乎每天都看文献资料，对国际上的发展趋势很清楚。一旦混沌研究热潮开始下降，就能感觉到，并及时进行调整，此时国际同行基本上处于同我们相同的情况，不会出现我们在混沌研究上比国际同行晚的情况。其次，由于已经有了一定科研基础，懂得如何找新的有意义的问题。我当时分析后得出两点看法：一是由于混沌这种行为在自然界的存在相当广泛，因而必有其存在的合理性，也就是说一定会有科学家关心其潜在的应用，这是一个可能的方向；二是从数学角度看，混沌解是低维非线性动力系统所表示的性质，那么高维非线性动力系统所表示的属性一定会成为关心的热点。事实证明了我的分析是正确的，我们正是在这两个方向上努力工作，才能保持我们在科研工作上的强势。

由于此时研究起点高，在研究中已经不满足于对国际同行们已有的工作修修补补或做一些延伸，已经开始重视自己提出有科学依据的新观点来研究问题，也就是开始有创新意识了。所以在此期间也做出一些接近创新的工作，在这里我把它称为有新意工作。为了说明这一点，我举出一个工作来加以阐述。这个工作是关于高维非线性动力系统性质。国际上最早是在数值计算中发现了高维非线性系统存在不同于混沌行为的新的动力学行为，现在通称这些缺乏理解的行为为复杂行为。由混沌研究的启发自然想到：能否找到描述这种复杂行为的度量？在当时情况下，由于这些复杂行为都是由计算模拟得到的，所以这种描述的度量自然也要从数据入手，当然所用的数据又必须是大家相信应当是复杂的。我与已过世的原中国生物物理学会会长徐京华教授一起提出了描述数据复杂程度的新度量并设计了一个测试脑电波的实验，然后用这个度量分析所得数据，给出有生物意义的科学解释。此文 1998 年发表于 *Physica D*。从最近收集的信息反馈，该文已经有生物、信息和物理二十多种 SCI 杂志引用百余次，最近的引用都与信息数据处理有关，在大数据时代此工作还是体现其可能的应用价值。在这个工作中，我们不仅给出了新的复杂性的观点，而且也设计了相关实验，并用实验结果来证实新观点的科学性，这就基本具有了创新工作的要素。正因为是有创新成分，所以才会有各领域学者的关心和广泛的引用。

刘曾荣与徐京华教授(右)合影

在高维非线性系统研究中，我还采用一种惯性流形的概念。这个概念的基本想法是把一个涉及空间效应的无穷维的动力系统行为约化到一个有限维的惯性流形上来描述。我们现有非线性动力系统理论一般都是针对有限维的，这样就意味着可用非线性动力系统直接处理无限维的问题，也间接证明高维非线性动力学模型所得结果可以合理解释时空动力学行为。但实际工作表明，无穷维经过约化后所得的惯性流行的维数是非常高的，这就说明在处理涉及空间效应的实际行为时必须是高维非线性模型，采用研究方向第二阶段的低维非线性系统是不合适的，这就促使我考虑应发展出第三阶段。

这一阶段工作总的来说是比较顺利的。从工作实际中，我对科研工作的理解更为深刻，逐步明白了什么是当前本研究方向的科研主流，如何把握它，在这个基础上如何做好的科研工作。因而我的工作也逐步开始向高档次工作发展，也做出了一些有分量的工作。这些都为我进一步开展创新研究工作打下了扎实基础。

由于这一时期的工作所取得的较显著成绩，1993 年年初在我任副教授不满 5 年的情况下，苏州大学破格提升我为教授（文件规定正常晋升要 5 年）。然后，学校申报我为应用数学博士生导师，上报国务院学位评定委员会审批。事后，我得知在通讯评议中我是通过专家评议的，在最后专家组评议时由于规定当年提升的教授不能评而未获通过。第二年博士生导师审批权下放省里，我就成为苏州大学应用数学博士点的博导。在这里我特别应该感谢苏州大学姜礼尚教授对我的支持。如果没有他给我创造如此好的条件，我是不可能做成这些事的，并取得这些成果。

同年，钱伟长先生所创刊的《应用数学和力学》（*Applied Mathematics and Mechanics*）进行编委会改组，我越过编委直接被提拔为常务编委，从中我也就体会到钱伟长先生对我从事的结合实际科学问题的应用数学研究的认可，从而更坚定了从事此研究方向的决心。

第六节　研究方向上创新的尝试：复杂系统与系统生物学

总体来说，在苏州大学工作的这一段时间我的心情是愉快的，工作是有成绩的。个人认为最大的收获是通过工作，逐步明白了应该结合研究方向的特色去从事前沿研究工作中有科学意义的问题，也就是希望做一些有创新意义的工作。可是就在我积极向这个方向努力时，又发生了一件使我不得不重新做出安排的事，苏州大学校长姜礼尚教授在任职期满卸任校长后不到两个月中就提出调离苏州大学的要求，并很快于 1997 年初调往上海同济大学，随后由他创办的苏州大学非线性科学研究中心也就成了空壳子。上文已经讲清我在苏州大学的工作主要围绕非线性科学研究中心。失去了中心，对我而言就是失去了做创新研究工作的平台，也就是我的想法实现遇到了巨大阻力。

冷静下来后，我做了仔细分析。虽然苏大在各方面对我是很支持的，我为苏州大学也做了不少事，所以我留在苏州在个人生活上也会很安逸。我是一个实实在在喜欢做学问的人，现在又有了新的想法，实现这种想法的欲望是非常强烈的。明知自己年龄不小，要想做创新的事就会面临巨大挑战，而且这种挑战的结局是未知的，但个人喜欢探索新现象的好奇心决定了我去接受这种挑战。于是，出于在科研上做创新工作的愿望，我就又决定选择新单位，对此的唯一要求是新单位能创造条件保障我在科研上有进一步发展。

我回想自己能走上结合实际科学问题的应用数学研究的路，其中一个重要因素是受到老一辈科学家的影响，具体地讲，我的研究思想的形成是与钱伟长先生有较大关系。回忆起在导师许政范教授带领下，从 20 世纪 80 年代开始我们积极参与钱先生创导的结合实际科学问题的应用数学研究工作，我们一直坚持参加钱伟长先生所倡导的 MMM（现代数学和力学）学术会议，与钱先生和他的主要助手有不少接触，他们应该对我们有所了解。尤其是 1993 年在《应用数学和力学》编委会改组时，钱先生直接把我提拔为常务编委，更说明钱先生对我从事结合实际科学问题的应用数学方向以及取得的成绩是认可的。考虑到希望调入一个能用自己想法开展应用数学的创新研究这个主要因素，应该讲如果能调进上海大学在钱先生指导下进一步开展实际科学问题和应用数学的交叉研究是首选。经过调查和了解，听说上海地区对 55 岁以上的博导基本上都不再引进了，考虑到我当时已经是 54 岁的现实情况，觉得可能有一定难度，但又不想放弃，因此我只能抱着试试看的想法同上海大学理学院张连生院长进行联系。想不到张连生院长热情地接待了我，也很快同意我调入上海大学工作。

2012 年《应用数学和力学》编委会合影（刘曾荣后排左五）

这样，经过一年多努力，克服了苏州大学不放我的障碍，1998 年 3 月我终于正式调入上海大学工作。报到后不久，校党委书记方明伦教授专门同我谈了一次话。他告诉我，应用数学在上大是薄弱环节，调我来的目的是希望我为发展上海大学的应用数学做贡献。这个要求与我个人的愿望是一致的，于是我很愉快地投入到工作中去。

从调入上海大学到2013年10月退休，一共在上海大学工作15年。回想起来在这15年中主要做了两件事：第一件事是为创建有上海大学特色的应用数学所做的一些工作；第二件事是为创建有上海大学特色的高层次创新研究工作做了努力。

先来谈第一件事。学校引进我的一个目的是发展学校的应用数学研究工作，可在调我进校时首先面临的是另一个急待解决的问题，即恢复数学系运筹学与控制论的二级学科博士点。在我进入上海大学之前，数学系有两个二级学科博士点：它们分别是由郭本瑜教授为首创立的计算数学博士点和以郑权教授为首创立的运筹学与控制论博士点。由于郑权教授已定居国外多年，使得运筹学与控制论博士点较长时间处于无导师状况。根据这个现实情况，国务院学位办给予上海大学运筹学与控制论博士点以黄牌警告处分，要求限期进行整改。所以数学系当时面临的一个最紧迫的任务是重建运筹学与控制论的队伍达到撤销处分和恢复博士点的正常工作。在重新组织这支队伍时，系里发现合格人选只有张连生院长以及史定华教授，而上报材料需要三个教授在三个不同研究方向各带领一个团队开展工作。张连生院长和史定华教授基本上属于运筹学方向，缺少的主要是控制论方向。考虑到我在混沌控制方面做过一些工作，而且发表文章级别也比较高，就把我作为控制论方向的博士生导师上报。最终以张与史作为运筹学方向、我作为控制论方向上报国务院学位办，申请撤销黄牌警告，恢复该博士点的招生资格。上报后，经国务院学位办批准同意恢复博士点招生。这样，就我个人来说运筹学与控制论方向就成为我由正式机构批准的第二个方向的博士生导师。

在此同时，我一方面努力开展应用数学的研究工作，另一方面利用我的人脉积极引进应用数学的人才，组织、创建应用数学团队。先后引进四川大学博士生导师周盛凡教授和从英国回国的傅新楚教授，并留下了我在上大招收的第一个博士生黄德斌教授（由于他的突出成绩，他35岁前就被破格提拔为教授），努力准备申报应用数学博士点。在几年停止博士点的审批工作后，国家对博士点的申请做了重新规定，也就是只能以一级学科名义申报博士点，不再审批二级学科博士点。执行此政策时，我已年过60岁，所以在一级学科博士点的申报时我就没有直接作为主要申请人参与申报，但上面提到的三位教授以及我引进的运筹学方向的康丽英教授都作为数学一级学科主要成员参与了申报。经有关部门审批上海大学数学一级学科博士点获得通过。就我个人来说，很自然回到应用数学方向工作。上述就是我在学科发展上做的一些工作。

接下来再谈在应用数学方面所取得的成果。几年的努力工作很快见成效，大约在2004年左右，张连生院长通过查询有关资料得知我成为国内应用数学界在当年SCI杂志发表文章最多学者之一。当时正值国内提倡用SCI作为评估科研成果标准之际，能够在SCI发表文章的人并不像现在那么多，因而在当时这是一项相当不错的成果，为此学校在当年教师节表彰大会上叫我代表全校教师做了发言。我、周盛凡、傅新楚和黄德斌主要都从事动力系统方向的研究，在具体研究内容上各人的侧重点不同，经过我们共同努力，加上陈登运教授和张大军课题组在孤立子理论上的出色工作，终于使上海大学的应用数学研究取得重大进展，开始进入国际学术界的视野。上海大学在2009年委托汤森路透科技与医疗集团对上海大学的科研现状做了一个调查，最终给出了调查报告“上海大学科研成果全景分析：1984年至今”。调查报告结论是上海大学当时有三个学科进入世界前1%的研究机构，它们是物理学、工程学、材料科学。由于我们课题组与陈老师课题所发表的学术论文中有一半以上发表的国际杂志在属于应用数学的同时也属于物理类，应该讲物理学科能进入世界前1%也有我们从事应用数学研究的研究者的一份贡献。虽然，应用数学在调查报告中没进入前1%范畴，但是调查报告又指出上海大学发展前景最好的领域，除上述三个学科外，当属应用数学。同时调查报告也列出了上海大学有代表性的科研人物，一共15位，其中有两位是属于应用数学的，就是我与陈登远老师，其中我排第七位，陈老师排第十一位。回想起1998年我进上大时，上海大学的应用数学是数学中的薄弱的方向，经过十年努力，应该讲我们工作取得了巨大成绩，作为我个人来说也是尽了力的。但有一点我要指出，2009年的时候我已经66岁了，陈登远老师也已经70多岁了，我们已经完成了自己的历史使命，上海大学今后如何发展其在应用数学上的特色是后人应该考虑的事了。最近听说傅新楚教授作为合作方的主要负责人参与了国家自然科学基金会的重点项目，这个项目继承了我们的研究风格，希望通过项目的研究能取得更大的成功。我衷心地希望上海大学的应用数学能取得越来越大的成绩。

现在再讲第二件事，即做研究方向上有意义的创新工作。钱伟长先生把上海大学定位为国际上有影响的研究型大学，要做到这一点的重要标志是有特色、在国际上产生影响的科研工作。当然这要求也是我的心愿，所以我一直没有放松，我知道随着年龄的增大，直接做的可能性越来越小，但我不想放弃，总想在力所能及的范围内做出我的贡献。

在上大工作的前期我也做出过一些有创新意义的特色工作。比如，当国际上提出混沌控制创新观点时，我立即分析了它的主要想法，发现新想法本质上还是利用系统原来存在的稳定性一面，我们认为在控制应用上必须具备稳定性作为先决条件是有些牵强的，为此我们提出一种新概念，即不需要稳定性存在的控制，而系统在完全不稳定的环境中实行定态控制。此工作2001年发表于 *Physical Review Letters*（*PRL*），这是一本科技界公认的顶级杂志。文章发表以来已经被引用近百次，说明工作是受到了关注。当然，我们要强调这个工作讨论的对象还是属于低维非线性系统，即研究方向的第二阶段的工作。值得一提的是，当初我们提出此观点是创新的，但是给不出实际背景，从而在科学性的解释上有所欠缺。最近，发现2013年诺贝尔化学奖的工作主要就是实验发现细胞中的小孢囊可以实现对生物分子的定时和定点控制(参见附录三)。这样一来，我们的工作在科学性上有了强有力的实验基础，说明我们提出的问题是有科学背景的。另一方面，人工智能的基础理论涉及一致性理论的核心是有效可操作的通信协议的建立，而我们研究这个问题可看成一种特殊情况下的通信协议。如果考虑到结合上述两个实际问题来进行应用数学研究，我们就要进入到高维非线性系统，也就成了研究方向第三阶段的工作。从这件事上，使我相信我们有能力独立找到研究方向上有创新意义的工作。但也体会到如果要把工作做好做彻底，最好要有从事有特色的创新工作的相应团队和建立相应的支持工作的研究平台，从开始把问题找到后，就利用团队力量把各方面问题想清楚，从各个方面加以论证，最终实现对问题的科学性的论证。

在思考这个问题的过程中，我记起周哲玮常务副校长曾经问过我对钱先生把上海大学办成国际上有影响的研究型大学设想的看法。我从科研角度谈了我的想法。新的上海大学是 1994 年组建的，历史比较短，在学科的整体结构上是不能同一些有几十年甚至上百年历史的大学相比，如果我们把有限资源平均地使用效果不会太好，也较难体现上海大学的影响。尤其是最常见的普通的学科，不少学校有长期积累，基础比我们强多了。如果我们在这些方面直接与它们竞争，要体现上海大学的特色的难度会很大。假如我们换一个思路，老学校的不少教师有积累是有利一面，但同时又容易由此而产生惯性，即不太愿意改变自己已经熟悉的研究领域，那么我们能否改为从一些新的又有发展前途的方向出发来做上海大学特色工作呢？我认为这是有可能的成功之路。因为对于新领域的知识方面，大家都处在同一起跑线上，而我们又不会受老框框的约束，这样有可能更易出成果。当然，这中间面临一个如何选择合适的研究方向的问题。考虑到上海大学的资源有限，所以我向周哲玮常务副校长建议经过充分调研，选择几个新的有意义的方向进行突破，这样也许更有利于上海大学实现自己的定位目标。

根据我个人的经验，这种新的方向也可以用结合实际科学问题的应用数学方法进行的交叉研究中去找。我认为要想在交叉学科中做出有影响工作，必须对交叉的对象有科学的了解。从应用数学思路出发，现在想从事与信息科学的交叉研究，就必须了解信息科学的基本概念、思路和科学论证方法。有了这些还不够，还必须了解具体研究问题的思路和科学性以及如何用我具有的数学知识来描述和处理具体研究问题。这中间有一个重新学习的问题。我个人见到的情况是大多数人不一定能很好处理此事，尤其是在原先研究方向上已经取得一些成绩的人。所以我认为上海大学想通过几个交叉研究方向实现自我定位，在选择方向的同时也应该挑选具有一些基础并真心实意从事交叉研究的科研人员组成团队，那么实现钱校长定位的可能性是完全存在的。

具体到自身如何为做有上海大学特色的高层次工作做出贡献的问题，我想首先要总结好前阶段的经验和教训，然后找出方向。我在苏州大学的研究经历是以非线性动力学为主要工具，结合数值分析，对低维非线性系统的分叉和混沌行为进行了研究。在此基础上，逐渐开始关心高维非线性系统行为的研究。在对高维非线性系统的探索中深信这类系统具有尚不能理解的复杂行为，这显然是一个有创新点可研究问题。研究中与国际同行一样，也感觉到用现有动力系统习惯使用的方法和手段似乎很难处理，采用对混沌使用的从普遍性质入手的方法来处理复杂行为也不是一条正确的路径。进一步应该如何做，这是值得我认真思考的问题。我想数学上的高维非线性系统，在实际中太多了，比如生命系统、神经系统、技术系统、经济系统和社会系统，这些系统对于人类是太重要了，所以如果能通过研究找到一些解决这些系统行为的普适思路自然是具有革命性的意义，这显然也是对我们在本书提倡的研究方向的挑战。但在较长时间内，人类对这类系统不知如何入手，其处理上的困难在于这些系统从科学上来说涉及大量单元相互作用。这样，如果不了解不同系统相互作用的自身特色，也就不可能从应用数学的理论上找出描述这些特性所具有的可能通有性质，这也就是想直接从通有性入手来分析复杂行为产生机理所碰到困难的原因。国际顶级杂志

2006 年 12 月刘曾荣与陈关荣教授(左)合影

Science 1998 年出了一份专辑《复杂系统和复杂性》,对如何研究复杂行为这个问题进行公开讨论,它们得出的结论是,在缺乏对复杂系统中各种相互作用机制的了解的情况下,就直接想出一套普适方法描述复杂行为是不现实的,所以在目前阶段符合科学的想法是对这些称为复杂系统(数学上就是高维非线性系统)的实际系统进行深入分析,了解各种实际系统中作用的特征,理解局部与整体行为的关系,逐步积累相关知识。按照上述报道,我们就可明白应该从我们强调结合实际科学问题的特长出发,结合某一类实际复杂系统进行复杂系统的行为的研究,这就是我们可能为上海大学做出有特色工作所应该采取的方案。

有了方案之后,就要在知识结构上做准备。从上面分析来看,研究应主要集中对实际复杂系统入手。由应用数学的思路,当然首先解决复杂系统的数学建模,然后进行动力学分析。科学家们总结了大量复杂系统建模实例,发现了复杂系统可以用目前已经认识到部分特性以及还存在未认识特性的网络来描述,现在把这种模型称为复杂网络。从应用数学角度来看,从事复杂行为研究所需要非线性动力系统理论应该包含复杂网络的内容。我以前所熟悉的非线性动力系统理论和方法显然没有包含复杂网络的部分。经过对复杂网络调研发现,用复杂网络对实际复杂系统建模和行为分析是国际研究的新趋势。事实上,统计发现国际顶级杂志 *Nature*、*Science* 以不同寻常的比例发表这方面文章,在这样级别的杂志上以如此高频率出现复杂网络这个数学概念的文章是罕见的,在过去是不可想象的。*Science* 杂志 2009 年还出专辑《复杂系统与复杂网络》,总结了复杂系统的建模工作,得出复杂网络是复杂系统动力学建模的有效工具。我们是国内最早注意到 *Nature* 和 *Science* 于 1998 年和 1999 年发表的关于复杂网络研究报道的学者之一。2002 年左右,我利用在香港城市大学访问的机会,与该校陈关荣教授、中科院原子能研究所方锦清教授和上海交大汪小凡教授经过认真讨论,共同向国家基金会提出开展复杂网络重点项目研究的建议,并在全国发起网络研究的学术会议。所以在这方面的认识我们基本上与国际上是同步开展的。在复杂网络的研究中,我采用的研究思路与不少人的习惯做法不同,把主要精力放在网络的建模以及网络结构与系统行为之间关系的分析上。做这些工作为我从事有上大特色工作做了完善非线性动力系统理论的知识准备。

另一个准备工作是找哪一类具体的复杂系统作为突破口,比较引起关注的复杂系统是社会系统和生命系统。既然要结合实际做,就要考虑实验的可能性与数据来源的可靠性,调研后发现全世界生物学实验的数据是向全球公开的,这样数据处理的结果易被科学家接受。同时据我调研得知,当时出现的系统生物学热,从数学观点看就是用网络和动力系统理论处

2012 年 10 月在苏州大学召开复杂网络动力学与控制研究进展研讨会，刘曾荣(前排右八)与参会人员及其培养的学生合影

理生物问题。当然，我也明白，如果要做这件事，我必须学习生物知识，同时考虑如何把从事此类研究的平台建设好。这就要花费我大量精力，从我的年龄来看，就必然要影响个人在科研上的投入，但我认为还是值得试一试。于是我就倾向于把生物系统作为突破口。形成想法后，就必须考虑如何学习生物知识，使我有能力去做此事。根据我的经验，要搞好与生物学的交叉，自己必须懂得生物学的基础知识与思维方式。几十年前我做学生时学的生物学就是植物学和动物学，主要集中在动、植物的分类，与现在的生物学有巨大差别。对于我这个不具有现代生物学的最基本观点的入门者，如果要从头开始补生物学知识时间上不允许，于是向上海大学生命科学学院的文铁桥教授请教：是否有办法能比较快地掌握现代生物学基础与思维方式。他建议我找一本《细胞学》和一本《分子生物学》教材自学一下。他认为学好这两门课后，就能了解现代生物学的基本概念和思维方式。考虑到在上海时，要处理的事务太多，不可能静下心来学习。我就与香港合作者陈关荣教授进行了沟通，希望由他出面邀请我，让我在香港静下心来好好学习这两门课程。在香港合作者的帮助下，我有了几个月的自学机会。虽然我当时已经五十八九岁了，但还是克服了记忆力下降的困难，苦读了有关的教材，终于让我对现代生物学的基本概念与思维方式有了了解。现代生物学革命性的观点来自分子生物学。自 DNA 双螺旋结构发现后，人类明白了有关生命的信息都蕴含在 DNA 序列的基因中。基因以及与生命现象有密切相关的蛋白质之间的关系是服从生物学的中心法则的。所谓中心法则就是反映了如下过程：DNA 双螺旋结构被打开后，其中基因被转录为 RNA，然后 RNA 被翻译为蛋白质，蛋白质既可以与其他蛋白质发生相互作用，也可能用来调控各种基因的表达。一旦有基因被表达了,上述过程就会重复进行,生命过程也就在这样反复进行的过程中完成。由此,生物学家的实验就集中寻找有关生命过程中相关的基因和蛋白质表达以及蛋白质—基因调控、蛋白质—蛋白质作用上。从应用数学的观点来看,这种转录、翻译、调控和作用都反映了生物分子的相互作用,因而可以理解为一张网络。进一步,如果把这些作用关系用数学式子写出,就构成一个网络描述动力系统。很幸运,这种分子之间的反应本质上是化学反应,所以原则上可用化学动力学方法把这些反应所表达的数学形式写出来。这样,从原则上来说一个生命过程是可以用网络形式的动力系统来建模。当然我也意识到这样的网络模型有可能出现由于实验上不完备所带来的不完整的问题或者由于网络规模太大所带来的处理困难的问题,总之要建立一个生命现象的完整模型还有许多问题要处理,但我们可以用其他学科的研究思路得到经验来帮助处理,在实践过程中逐步解决科学上提出的问题。通过学习生物学知识,提高了我对做系统生物学研究的信心。

接下来就要建设平台和组织队伍。为此我直接给钱伟长校长写了一封信。信中谈了我的观点,希望以结合实际科学问题的应用数学研究理念从事数学与生物学交叉研究的观点能得到他与学校的支持。事后,钱校长的秘书刘晓明告诉我说钱校长非常重视此事,收到信的当天就给出了批示。批示下来后,方明伦书记组织生命科学学院的老师以及数学系有进行此类交叉研究想法的老师共同开了座谈会。会上有两种意见:一种是从事生物信息学研究,一种是从事系统生物学研究。我个人倾向后者,因为我个人觉得生物信息学已经有近30—40年历史,考虑到实际的基础,是比较难做出有上海大学特色的工作。而系统生物学是在新高度重新被科学界提出才几年,大家起点相差不多,相对而言做出有上海大学特色工作的希望大。当时学校引进的生命科学学院院长许教授主张搞生物信息学,所以我的想法暂时没有机会实现。事后,我与志同道合的文铁桥教授进行了沟通,我们觉得应该先做起来,不能再浪费时间。我们就我们的看法向周哲玮副校长做了详细汇报,周副校长鼓励我们,如果你们认为走的是正确的研究方向就应该坚持下去,他特别鼓励我们俩相互吸取对方长处共同进行交叉研究。考虑到当时国内的现实情况,我想如果能物色到一个海外学者来领导这项工作,可能更有利于促成事情的成功。老实讲,这件事花费了我不少精力,一个偶然的机会我的一个在云南工作的博士生向我介绍了一位在日本大阪置业大学当教授的陈洛南先生。我看了他的材料,认为是一个合适候选人。然后,通过交流加强了彼此的了解,他同意到上大进行这项开创性的工作。在这个基础上,我把陈洛南介绍给学校领导,由学校和他沟通,这中间的详细过程我不了解,听说周哲玮副校长(此时,他已是上海大学常务副校长,在钱校长生病期间由他主持日常工作)对他进行了考察,最后同他达成协议:由学校花五年

2006年4月刘曾荣与陈洛南教授(左)合影

投资2 000万元成立上海大学系统生物技术研究所，由他来负责研究所工作，首期签约三年。同时，学校又组织了一个国际性的关于系统生物研究所的评估会，邀请了五位国际专家和五位国内专家进行评议。从我们事后得到的信息是，五位国际专家普遍看好这个方向，认为是一个站在国际前沿有意义的研究方向；而国内专家看法是认为有些超前。学校经过研究后决定成立上海大学系统生物技术研究所。

上海大学系统生物技术研究所正式成立于2006年11月9日。学校拨下的第一笔启动经费560万元。在我的记忆中这笔钱主要用于建计算机工作站、一个生物实验室和购买一些微机设备。研究所的装修是学校另外拨款。学校领导告诉我，所内一切大事由陈洛南教授决定，他不在时，我可以处理日常事务。我完全按此规定办事。我个人的兴趣是做研究工作，感到幸运的是在钱校长和周哲玮常务副校长的支持下有了一个做上海大学特色工作的平台。在这期间我的主要研究精力是组织申请以生物网络的建模和行为分析的国家基金重点项目。在这一阶段我为所里引进了两个年轻人，他们都有很出色的工作，根据上海大学的条例他们在五年不到时间内都达到申报破格升正教授的条件，记得当年能符合上海大学破格条件的全校只有四个人，虽然申报后这两个年轻人在学校职称评审委员会投票中没通过，但从这一点说明当时引进人才的质量还是可以的。另外，这期间陈洛南受Springer出版社邀请，在Springer出版社出版了以上海大学为第一单位署名的专著，专著内容是有关基因调控网络的研究。在此期间，学校发现陈洛南教授有去其他单位的意向，因而从第二年开始学校停拨了原计划资助的研究经费。所以研究所除行政经费外，所有的科研经费都来自研究所研究人员申请到的经费(我记得仅有学科办以学科建设的名义资助过20万元左右)。

三年期满后，陈洛南教授于2009年到中国科学院上海生命科学研究院工作。他的离去，使得研究所的工作阻力更大，周哲玮常务副校长要我在不被任命为所长的情况下，把工作担当起来。对“做官”我本来就无兴趣，任命与否无所谓，但我明白身上的责任，我相信只有做出有上海大学特色的工作才能让人信服。我认为可以两方面入手：一个是我申请的国家自然科学基金会的重点项目获批准，这是一个证明机会，但要四年后结题时才能见效。另一个是要从引进人才来寻找工作的可能突破口。我先从中国科学院上海交叉学科研究中心引进一位博导，他有丰富的研究经验，来所后他带领一些学生发了不少有高引用率的文章(记忆中称为ESI)。据校图书馆统计，他们发现我们所的文章占上海大学全部高引用率文章总数的三分之一。当时他们要找我们所核对，他们都不知这个所在哪里。最后找到我们时，他们还不相信这样一个小小部门会有如此多ESI文章。另外一个比较重要的决定是我从中国科学院上海应用物理技术研究所引进了一个博士，他的博士论文发表于*PNAS*，已经有做高层次论文的基础。同其交谈后，得知他主要研究水分子在生命现象中的作用，与我们的工作有一定交集。我进一步发现他的研究特色是在分子层次上结合考虑物理特性来讨论生命现象，相比我们仅简单地把生物分子考虑为一个质点而不去考虑物理上其余性质，显然是进了一步。我以为如果能考虑这些性质，比如由于化学键分布而产生电偶极的性质，应该在生命过程中会有表现，也就有可能找到新的突破点。对于他的引进，周哲玮常务副校长也专门问过我，我讲了我的考虑，同时也强调了与物理交叉的重要性。周哲玮常务副校长是一个非常强调交叉研究并有很强科学敏感力的领导，他同意了我的引进要求。涂育松博士进所后，我同他进行了交流，希望他全身心投入科研，能代表所做出有特色工作，并向他表示我会全力支持他。对于其爱人的问题，我也说了等他在 *Nature*、*Science*、*PNAS* 发表论文后我会全力争取。他进所后不久，提出要到美国科学院院士 H. Eugene Stanley 那里去访问，说有一个设想已达到可做 *PNAS* 级别的工作。他刚工作没有科研经费，而所里研究经费已经停拨，最后我决定用我自己的基金经费资助他去工作。原先打算去三个月，最后去了六个月，也发了文章，但不是发在 *PNAS* 上。在这种情况下，我仍鼓励他。经过几年努力，直到 2013 年 3、4 月间，我们才有了发表有上海大学特色工作的信心。基本相信可能会有重大突破的工作发表，但没有正式公布前，我们一直不敢声张。在 7 月份放暑假前，论文正式发表，是首篇以上海大学为第一完成单位在影响因子高达 33 以上的刊物 *Nature Nanotechnology* 正式发表的文章。这个消息使我兴奋万分，终于在我 2013 年 9 月底正式退休前完成了做出有上海大学特色的顶级工作。工作属于国际首创。在工作发表前，一般认为细胞膜的破裂是由于生物分子之间化学作用而产生，即细胞膜的破裂被认为是化学原因。涂育松的工作是世界上首次从理论分析、生物实验和数值实验三个方面的论证给出了细胞膜也可以用物理方式加以破坏，这个工作无疑属于国际首创。工作发表后，国际上有关组织曾采访过我，对此的认识基本上是得到肯定。此工作主要是涂博士做的，我仅参与了很少工作，但我仍万分激动，因为只有我自己知道为实现这个目标我们所花费的心血。文章一发表，我立即向罗宏杰校长做了汇报，罗校长立即给了很高评价。另一个与上海大学特色有关的工作是我主持的重点项目，经过四年的努力，2012 年底我赴基金会做结题报告，专家组给出评价为：A。过了几个月后，基金会又通知我要专门写我工作的特色。直到基金会公布了“2013 年度研究成果汇报”后，我收到基金会寄来的材料才知道我的工作被基金会收录为“2013 年度研究成果汇报”中所收集的 19 项“成果汇报”之首位。我的工作涉及两个内容：一个是生物网络的建模，另一个是含有 microRNA 生物系统的分析。生物网络建模工作发表于国际上非线性界为系统生物学创办的专辑，专家们认为这是开创了非线性科学的新方向。至于 microRNA 的分析更是领先的，因为生物实验中发现 microRNA 有生物功能也仅有十年时间，为此 *Science* 杂志两次评价此项工作为国际上最重要的科学发现，目前国际上的研究主要还停留在生物实验上，敢做它的行为分析的人更是稀少。所以工作发表后，多位美国和英国科学院院士在 *Nature Methods*、*Nature Communication*、*Nature Physics*、*Physics Reports* 和 *PNAS* 上引用我们的工作。Springer 出版社得知我们工作后，主动联系我们，要求我们出版此方向专著。我们也把基金会的评价写出报道，最初学校在上大网页的科技新闻上报道，后来又改在重大新闻中加以报道，可见学校也认同了此工作的特色。但我也看到做特色创新工作是一个长期过程，在上海大学的工作只是做了些尝试。这些尝试使我开始对如何做创新工作有了些切身体会。更重要的一点是我理解到高维非线性系统的研究是对结合实际科学问题应用数学研究方法的挑战，我把它称为研究方向的第三阶段，至于如何应对这种挑战还要在现有工作的基础上探索。

在上海大学工作了 15 年，这一段对我一生极为重要，工作中尝尽了酸甜苦辣，但对最后结果我还是满意的，因为我基本上开始了用研究方向的思维做有创新特色工作的愿望，也为做有上海大学特色的工作尽了力。当然在执行进行过程出现波折，使得不少人对我们所主张的事情有不同看法。周哲玮常务副校长顶着压力支持了我们。罗宏杰校长在经过充分调研后也肯定了我们的工作。这段经历已经由《畔池倾听——上海大学口述实录》作了记录，并由上海大学档案馆作为永久档案加以保留。

当然，我要十分感谢钱伟长校长、周哲玮常务副校长和罗宏杰校长在不同时期对我的支持。钱伟长校长首先表达了对我提出的科研观点的支持，为我实现愿望创造了条件；然后，周哲玮常务副校长为我构建了实现愿望的平台，并在日常工作中，无论是顺境还是逆境中，都给了我强有力的支持；最后，罗宏杰校长给予我的支持和鼓励使我永生不忘，对我们的工作做出评价，为我们的工作画上了圆满的句号。

第七节　传播研究方向的思想：发挥余热

2013年9月我年满70周岁了，10月正式退休了。离开了原来所建的工作平台，也不再继续带研究生了，我知道要继续由自己主导做有上海大学特色工作已经是不可能的了。但要我马上脱离从事了一辈子的科研工作，尤其是放弃一辈子积累的经验似乎还有些舍不得。那么我还能做些什么呢？30余年科学研究的生涯最宝贵的一条是探索如何从事结合实际科学问题的应用数学研究，经过30多年积累，我逐步走上了在这个方向上从事有创新意义的研究工作。虽然探索这个过程花费了很多精力，但也逐渐积累了丰富的科研工作的经验并提高了创新能力。到上大后，由于上大各届领导的大力支持为我的研究工作创造了优越的条件，在以前20余年的积累的基础上，在我退休前终于取得可喜的成果，得到了多方的肯定。可以说我多少掌握了用应用数学来从事交叉学科创新研究的思路与方法。当然，我这样年龄的人直接再到一线去从事科学研究工作是不合适的。另一方面，从自身的经历中，我体会到这些经验对年轻人，尤其是打算终身从事科研事业的年轻人，是有益的。所以，我希望能把这些经验和教训传授给从事研究工作的年轻人，能为他们从事结合实际科学问题的应用数学的创新研究工作起些有益作用，这在客观上也为实现我国成为科技强国的梦想能起些作用。我想这是我在退休开始一段时间内可以发挥余热的用武之处。

此外，在上海大学工作后期，我已经感觉到结合实际科学问题的应用数学的研究进入了新的阶段。在高维非线性系统阶段，除了在低维非线性系统阶段提出的非线性动力系统理论和数值分析外，应当还有本质上不同的方法补充。但在工作期间，我一直没有想清楚，所以也希望在发挥余热的过程中，在这个问题上能取得进展。

为了做好传播研究方向的思想这件事，我首先花了不少时间进行总结，写了一篇文章《挑战》，在此文中我根据自己30多年的经历，阐述了我们这代人的科研历程，指出了在当时客观条件下我们做了应做的事，终于使我国成为国际公认的科技大国。在此基础上，提出我国正处于从科技大国向科技强国的转换时期，为此希望年轻人能明白自己的历史责任，要勇于接受挑战并敢于去做创新性的工作。此文还结合自己的专业对一些具体问题发表了看法，提到了我们在实际工作中的体会——做创新性工作应有的一些素质和研究方法，希望能在年轻一代实现我国成为科技强国的梦想中起到有益作用。

当然，在讲清从事的创新研究背景外，还得结合具体科研工作来发挥余热。我想对我来说既要考虑发挥我的特长，又要考虑我的年龄。比较现实的做法是根据经验，从本人所从事的专业中选取有可能发展出原创性工作的研究方向作为切入点。所以，我在发挥余热中遵循如下原则：我只能在我熟悉的非线性动力系统理论研究领域，尤其是结合研究方向的第三阶段的高维非线性系统的典型代表——复杂生物系统和复杂网络理论方面，有可能培育的出创新工作方面做些介绍；把听众对象放在应用数学领域中从事与实际问题进行交叉研究工作的研究者，尤其是对用非线性动力系统理论进行实际科学问题交叉研究有兴趣的年轻人。这样做的目的是让有兴趣的听讲者受到启发，从而对年轻人，特别是从事创新工作的年轻人能起到一些帮助作用。

我主要利用我在应用数学，尤其是非线性动力系统理论方面的专长来开展工作。从应用数学角度来说，这个领域在 20 世纪引起轰动的原因就在于建立了以分叉和混沌为代表的有关非线性研究的创新概念和理论，而这个创新概念最早是在力学模型和生物模型中发现的，主要应用于低维非线性系统的分析上。我的责任是设法通过演讲来说明在这个方向上有可能会出现许多新的未知的重大问题，根据我在工作岗位上最后一阶段的工作体会，应当是在高维动力系统中以复杂网络为模型对复杂行为进行研究中出现，尤其是有关的生物系统，只有如此才能吸引年轻研究者的注意力。考虑传播的对象是结合实践科学问题的应用数学工作者，所以我的讲演内容不是从数学杂志获取，而是从 *Nature* 和 *Science* 这两本国际上公认创新性非常强的顶级杂志上去找。我个人认为这两本杂志发表的工作体现了创新性，在文章正文中往往不太多介绍论证的细节，而是提出一个科学问题，并且给出了解释这个科学问题的论证框架以及结果。因而通过学习可以懂得如何找科学问题和如何给出科学上论证。我个人认为从现实情况来看从事我们提倡的研究方向的工作者最缺乏的是这种科学精神。这几年，我阅读了这两本杂志上有关用复杂网络研究复杂行为的相关工作，做了阅读笔记。到 2017 年 10 月，阅读的文章有：

[1] Austin B. Benson, David F. Gleich, Jure Leskovec："Higher-order organization of complex networks", Science, Vol. 353, pp.163－166, (2016).

[2] Jacopo Crilli, Gyorgy Barabas, Matthew J. Michalska Smith and Stefano Allesina："Higher-order interactions stablilize dynamics in competitive network models", Nature, DOI: 10.1038/nature23273, (2017).

[3] Luis J. Gilarranz, Bronwyn Rayfield, Gustavo Linao-Cembrano, Jordi Bascompte, Andrew Gonzalez："Effects of network modularity the spread of perturbation impact in experimental metapopulatios", Science, Vol. 357, pp.199－201, (2017).

[4] Marta Sales-pardo："The importance of being modular", Science, Vol. 357, pp.128－129, (2017).

[5] Jianxi Gao, Baruch Barzel and Albert-Laszlo Barabasi："Universal resilience pattern in complex networks", Nature, Vol. 530, pp.307－312, (2016).

[6] Yang-Yu Liu, Jean-Jacques Slotine, Albert-Laszle Barabasi: "Controllability of complex networks", Nature, Vol. 473, pp.167 - 173, (2011).
[7] Anje-Margriet Neutel, Johan A. P. Heesterbeek, Peter C. de Ruiter: "Stability in real food webs: weak links in long loops", Science, Vol. 296, pp.1120 - 1123, (2002).
[8] Anthony R. Lves and Stephen R. Carpenter: "Stability and diversity of ecosystems", Science, Vol. 317, pp.58 - 62, (2007).
[9] Ugo Bastolla, Miguel A. Fortune, Alberto Pascual-Garcia, Antonio Ferrera, Bartolo Luque and Jordi Bascompte: "The architecture of mutualistic networks minimizes competition and increases biodiversity", Nature, Vol. 458, pp.1018 - 1021, (2009).
[10] Elisa Thebault and Colin Fontaine: "Stability of ecological communities and the architecture of mutualistic and trophic networks", Science, Vol. 329, pp.853 - 856, (2010).
[11] Stefano Allesina and Si Tang: "Stability criteria for complex ecosystems", Nature, Vol. 483, pp.205 - 208, (2012).
[12] Alex James, Jonathan W. Pitchford and Michael J. Plank: "Disentangling nestedness from model of ecological complexity", Nature, Vol.487, pp.227 - 230, (2012).
[13] Serguel Saavedra and Daniel B. Stouffer: "'Disentangling nestedness' disentangled", Nature, Vol. 500, DOI: 10.1038/nature12380, (2013).
[14] Samir Suweis, Filippo Simini, Jayanth R. Banavar and Amos Maritan: "Emergence of structural and dynamical properties of ecological mutualistic networks", Nature, Vol. 500, pp.449 - 452, (2013).
[15] Rudolf Rohr, Serguei Saavedra, Jordi Bascompte: "On the structural stability of mutualistic systems", Science, Vol. 345, pp. 416 - 425, (2014).

上述文章我在做报告时都准备了PPT。为了让报告起作用，我强调了以下几点：第一，*Nature*和*Science*这类国际顶级杂志，它们发表文章基本上有原创性，在以往的报道中与数学有关问题不多，但近年来在用非线性动力学方法进行高维非线性系统的复杂行为的研究发表了相当多的学术论文，每年都有，这是一个极为重要的信息，告诉我们从事用非线性动力系统理论和方法研究高维非线性系统的复杂行为是应该有可能发现创新性结果的。这一点说明了这样研究的可行性。第二，在报告中重点突出每一篇文章从非线性动力学的观点来看哪些是新的或者是过去忽略的应当重视的动力学行为，也强调在实际问题中如何体现出这些行为的科学意义。由于网络模型在数学上存在一个拓扑结构，这自然就产生一个新问题，即这种结构是否会影响系统行为。从直观上看，这是显然的，要引起特别的关注，因为这是过去没有碰到过的，也是研究方向进入高维非线性系统在非线性动力系统理论方面要建立和发展的内容。这方面已经有不少进展，比如在生态互联网络中，网络结构的nestedness性质是有利于物种共存；又比如在许多物种竞争网络中，物种之间存在三种或三种以上竞争会更有利于系统的动力学的稳定；再比如网络中，除了已经发表的由hub节点、度分布所产生的初级结构会影响系统行为，又发现由网络的motifs组建的网络高阶结构也会对系统行为产生影响。由于这是全新的课题，一旦发现后能做出科学解释，就很可能做出创新工作。这一点在报告中也作为重要科学问题来介绍。第三，尽可能找到与*Nature*和*Science*文章相类似的发表于其他相对比较高级的杂志上的文章，并进行比较。分析发表于不同层次杂志上的原因，可以看出最主要是问题的科学背景，含糊不清或泛泛而谈是不行的，在解析论证和计算模拟论证手段上虽然相近，可在实证上就有明显差别，*Nature* 和 *Science* 文章论证模型是有实际背景的，而另一类文章往往是人为构造、缺乏实际背景的。这一点是强调在现阶段论证中要注意的地方。我想这三条应该对进行原创性研究中的一些想法的解决是有益的。

从上述所列文献可以看出我对生态网络做了较多关心，这里我以生态问题为例来做进一步的分析。生态问题是与物种生存相关的。数学家很早就关心这个问题，20 世纪六七十年代之前，生物数学家提出了捕食—被捕食的模型，这是早期生物数学模型，模型是研究存在捕食与被捕食关系的两个物种，数学上是一个两维 ODE，从生态观点看，如果这个两维 ODE 存在稳定平衡点就说明这两个物种可共存。对于生物学家，他们由这个模型认识到生态问题是可以用数学模型描述，但他们更关心的是自然界许多物种共存科学问题。有些关心数学性质的数学工作者就把兴趣集中在两维的数学性质，主要是与极限环相关的问题。这两种工作都可以做，但显然与数学关系最密切的问题是结合真实生态系统来讨论与物种共存有关的平衡点问题。在复杂系统理论提出前，就进行了广泛的研究，比如为了稳定平衡点有生物意义提出了平衡点的 feasible 性质，又比如由实验数据与因物种太多所形成参数过多，无法与实验数据匹配而提出合理的随机分布选取方法。从生物学角度来看，这些稳定的解的科学本质是物种共存的相关的平衡点的稳定性。自从复杂网络建模方法提出后，围绕着物种共存的相关的平衡点的稳定性开展了许多有意义的研究，我个人看到的有以下几条：一是物种共存与网络结构的关系。研究表明物种之间存在三种作用形式，讨论这些作用下网络结构与共存关系，比较典型的是网络结构有利于互利作用物种共存。二是物种共存从生物学中不仅要求稳定平稳点存在，还要求一旦偏离能较快恢复到稳定状态。在现实上非常缓慢的恢复是不合适的，由此出发对稳定平衡点概念提出了多种补充和修正，这明显是与动力系统暂态过程有关。三是研究在现实扰动下生态系统崩溃的可能性，这里是指大部分物种灭绝少量物种存活，而少量物种灭绝是允许的，这样的讨论在动力学中还没有现存方法。由于物种共存的重大科学意义，上述三个涉及动力学问题的研究不仅在动力学上创新，而且对解决重大科学问题也是极为重要的。这里要指出在所有的研究中提出的观点和结论都是用自然界客观存在的实测得到的生态网络进行验证。我个人认为这种结合实际问题，从分析高水平研究入手，提出非线性动力学和复杂系统中相关问题，这样的做法也许对于年轻人进入高层次的研究能起到抛砖引玉的作用。

除了上述之外，我会结合自己曾经做过的工作，尤其是关于生物系统的工作，谈一下我认为有可能通过高维动力系统讨论在非线性动力系统的概念与理论上有创新的工作，供听者参考。大约有如下几个方面：一是目前控制论都是以现有动力系统稳定性为基础，即使混沌控制也是以鞍型不动点的稳定流形为出发点。在实际问题中，对这类不能以现有稳定性为基础的控制问题如何用非线性动力学方法来处理？我们曾在 *PRL* 上发文研究过此类控制，有较好反映。特别要指出的是 2013 年诺贝尔化学奖授予细胞中胞囊和生物分子的定时定向控制的实验研究，使得研究这个实际科学问题的非线性行为的动力学机制的意义更为突出。二是我曾带过博士生用网络观点研究 SCN 中大量细胞如何实现生物节律。我们认为这个节律的形成与细胞内的基因调控、SCN中细胞所形成的网络结构以及外界环境有关。工作处于起步阶段，有些成果，但进展不大。但这个问题的基因调控机制的研究获2017年生理学或医学诺贝尔奖，就使我感到有必要从网络角度上用非线性动力学理论做更深刻的研究。三是生物系统的行为往往会表现出适应性，我初步探索表明这种性质与动力系统中的吸引子有关，用目前系统的稳定性或鲁棒性是不足以描述系统吸引子适应性的性质，我个人猜测现有非线性动力系统概念和理论要结合这个实际问题加以拓宽和发展，为此应当提出创新性工作。四是生物系统还表现出敏感性特征，我认为这是与动力系统的暂态行为有关。近年来在多个包含调控机制的生物实验中都表现出加速生物功能的实现的现象，这也是一种动力系统的暂态行为。许多结果都表明了暂态行为研究显得越来越重要，我相信这个极困难的课题会伴随新思想的产生而得到发展，并结合实际问题给出有科学意义的解释。上述这些问题我将在另一章详细介绍。

退休几年来，我已经先后在十多所大学就上面所述的内容做过介绍。当然，我明白这样做的效果不是短期能显示出来的。我相信听我演讲的一些老师和研究生都是从事非线性动力学的研究人员，其中不少是数学出身从事应用数学研究的科研人员，我相信他们对我所讲的内容的重要性是可以接受的。但在实际工作中，他们还会面临一些具体问题。首先，这样的研究交叉性很强，如果有团队在一个共有的平台上开展合作效果会更好。可我几十年的经验告诉我，要形成这样一个团队绝不是一件容易的事。即使他们有了这个愿望，要达到同心协力的程度也有很长的路要走。其次，做这样的研究要花费很大精力，搞不好几年也出不了成果。在目前考核体制下，要实现这种做法困难重重。可我相信做高层次创新研究是时代对他们的要求，从同他们的接触中我已经感到他们中有不少人在逐步体会到这种冲击的存在，他们也在考虑这样做。有了这两点，我相信我现在做的发挥余热的工作是会起作用的，但是要个过程。

最后，我想谈一下在发挥余热的过程中对研究方向进入第三阶段后的一些体会。除了上面提到的对非线性动力系统理论要求研究结构和动力学关系外，我想更重要的是关于系统参数选择带来的挑战。网络代表的高维非线性系统研究，由于维数高而爆发参数数量更大的增长，如何结合实际问题选择参数是一个挑战性问题。在低维非线性系统中，针对实际问题建模往往是单因果关系，所以碰到的参数少，在实验中也是可控的，故研究中采用的办法是通过变化有意义的参数、固定其他参数来进行。在高维非线性系统中，网络建模是多因果关系，涉及参数很多，在实验中很难有效控制，所以采用低维非线性系统的研究方法在科学上可信度是有疑问的。早在20世纪70年代，*Nature*发文提出一种随机分布选取法。它的想法是参数是服从一种独立随机分布，通过总结大量实测数据来确定此随机分布的均值和方差，研究中就以此随机分布来选取参数，数值研究就需要足够的多样本来支撑结果。现在的网络模型表明是多因果关系，即参数之间并非独立可能存在关系，大数据理论就是通过统计方法来探索这种关系。我个人认为这种探索会带来高维系统参数的选取的应用数学新方法。这种方法是否可能带来量子力学中的多态的问题也应加以关注。如果可能，应如何从应用数学角度来处理。这种研究模式是我的猜想，是否可能只能由历史来判断。我把它作为我发挥余热的一个成果，作为研究方向第三阶段要解决的一个问题提出。

第八节　几点启示

在前七节中，介绍了我的求学和研究经历。从1978年读研究生开始，我开始走上了科研道路，从一个对科研毫无感觉的初入者，经过不断的磨炼，成为一个对科研有所理解的科学工作者。30多年来，我一直坚持从事结合实际科学问题的应用数学研究。由于实践问题往往产生于其他学科，所以这个研究方向中不仅涉及数学方法，而且也涉及其他学科，因此有时也把这种研究称为交叉学科的研究思路。这个研究思路是我国不少老一辈著名科学家所创导的，并且他们已经用他们卓越的工作证明了可以用此思路开展科研工作并对世界科学事业做出贡献。我就是在他们开创的研究方法的基础上，结合科学发展的现实提出了一些看法，做了些工作，希望有益于发扬老一辈科学家开创的这种研究思路。

从我的经历来看，对于这个研究思路可以有下列几条启示：

第一，我不是一个完美的人，知识结构不完善，缺乏艺术类的细胞，对文科的兴趣也不大，能坚持这个研究方向主要是对理论和逻辑的偏爱并且最终把它变成我的喜爱。所以，我能从事这项研究的动力的第一要素是来源于个人爱好，有了这一条才能保持个人在任何情况下，不管是顺境还是逆境，都能坚持用这样的思维方式来开展研究。其他使个人能坚持这个研究方向的原因，与爱好这个原因相比较都是次要的。当然这种爱好是要在成长过程中逐步培养的。我的体会是这种爱好是经历了由不自觉发展到自觉的过程。

第二，爱好是主要原因这一点是肯定的，但其他因素也有作用，有的时候还起较大作用。在几十年的研究过程中不可能总是一帆风顺的，有的时候会出现逆境，如何克服困难、处理逆境？那便是既要有面对困难的勇气，更要有毅力加以克服。我想这方面给我最好教育的是我的母亲。母亲在遭遇到常人无法想象的困难的情况下所做的一切，为我一生如何对待逆境树立了榜样。在前进道路上，我也遇到过逆境，有的甚至于很严重，我都是以母亲为榜样，最终克服困难，保证我在喜爱的研究方向上走下去。

第三，对于从事各种专业研究的科研人员来说上述两点要求具有一定的普适性。进一步要谈的是本研究方向在专业知识上的特殊性。我个人认为有两点要提出的，其一是要有科学素质和扎实数学基础；其二要求从事研究方向的研究工作者的知识面越宽广越好。提出其一的原因是研究方向本身涉及“实际科学问题”和“应用数学”两个方面。缺乏科学素质就很难从实际问题中找到有意义的研究问题。没有深厚的应用数学基础，对于找到的科学问题也就不知如何用逻辑推理方法进行科学研究。比较好的解决方法是在本科生到硕士生阶段经历有关这两方面的训练，其中一个为应用数学，另一个为某门科学性强的学科。在第一章中，我们看到老一辈从事此研究方向工作的科学家都具有这个特色。我个人也学过数学和物理两门学科，有一些基础。我个人的体会是，这两种不同的训练对我从事本书提出的研究方向的工作是非常有益的。物理训练使我在面对实际问题时关心的是新现象出现的机理是什么，其中规律是什么；应用数学的训练使我最关心的是在解决上述两个问题的逻辑推理的可靠性。第二点是要求知识面广，也就是要求“博”。这是因为实际问题来自各学科。我的切身体会是，随着科学发展，研究方向结合的重点学科会有所变化，以前看来是以硬学科为主，现在就以生物和信息为主，这就需要我们不断学习、扩大知识面。另一方面要有合理的数学逻辑推导，这就要求知道尽可能多的数学知识，虽然不要求如纯数学那样的去掌握精巧的数学证明过程，但要了解各种数学方法及其背后提出的逻辑。总之，需要提高自学能力，不断地学习新知识。提高自学能力的方法有多种多样：阅读有关的书是最基本方法；也可听各类学术报告，尤其是高级科普的报告；也可参加一些小型的专题讨论会。有了“博”的知识基础，才能在研究方向上做出好的工作。

第四，我个人的体会是结合实际科学问题的应用数学研究方法是指用应用数学方法来开展对非数学学科和工程领域中发现的问题进行科学的研究。由于要用数学方法处理，所以首先必须把实际问题“数学化”，也就是通常所说的建模。又由于研究目的是对现象做出科学解释，也就是要找出现象发生的科学规律。两者结合起来，就是通过对数学模型的分析来找出科学规律。为达到这个主要目的，对分析要求就不能把重点放在数学的严格性上，应该关注的是其在建立规律的分析过程中的数学逻辑的合理性。

第五，从上面的观点出发，由于科学研究内容的不断发展和数学理念上的不断创新，新的科学现象就提出对新的应用数学方法的要求，也就促使研究方向要与时俱进。从我个人理解来说，我把研究方法分成三个阶段。现在进行的是第三阶段。这种划分主要是依据对模型的应用数学分析方法的不同。事实上，实际问题的建模都是建立在因果关系的分析上，在许多情况下得到的是动力系统模型（微分方程或映射）。当模型是线性时，数学分析的结论是明确的，所以我们关心的应该是非线性模型的数学分析。科学规律一般是指因果之间如何通过描述因果的一些因素的数量之间关系表达出来。最自然的想法是从求解中去找这种规律。由于大多数模型不可能找到精确解，替代的办法是数学上合理的近似解，早期的奇异摄动方法就是这种思想的体现，我把它归为研究方法的第一阶段。我国老一辈专家在这方面有重要贡献。在这几十年中非线性动力学理论似乎表现强劲。在我临退休前几年已经开始感觉到数据处理和算法的重要性。数学进展发现一个动力系统所表现因果的因素之间的关系完全可以使系统表现出不同解的形式，这样就使我感到更为迫切的是分析如下两种情况：因果出现不同结果时，因素之间的转换条件；因果在某结果下，因素之间的关系。这样近似解的想法不够用了，我认为可以用非线性动力学理论和具有合理数学逻辑的数值方法代替。这就是研究方法的第二阶段。在上述分析中，因果关系都是比较简单的，因而在实际中也比较好控制。一旦研究的实际问题涉及复杂的因果关系，涉及的因素非常多，在实际中也就很难控制，此时如何选择合适的参数分配是面临的挑战，我个人认为这是研究方法的第三阶段，如何解决还有待研究的深入。

上述几条是我多年工作的体会，希望对有志从事这项研究的学者有所帮助。

第三章　研究方向上的几个问题

在上两章对结合实际科学问题的应用数学研究方法做了介绍。在本章中就开展此种研究中一些相关问题谈些看法。主要包括有如下几条：一是如何处理研究人员在科学素质和数学基础上的要求；二是如何合理组织一个高水平的创新型研究团队；三是如何更好、更有效地培养该研究方向的研究生。

中国正在为发展成为科技强国而努力，为此要多做创新型工作。研究工作的实践表明本研究方向所代表的交叉研究思维方式是有利于创新研究工作的开展的。考虑到这些因素，我还是把在本人研究中积累的对上述问题的看法介绍给大家，仅供有兴趣者参考。

第一节　科学素质和数学基础

我个人认为要从事结合实际科学问题的应用数学研究关键是研究者的科学素质和数学基础。因为这个特色研究方法涉及如何发现实际科学问题和用合理的数学方法进行分析。

首先来说科学素质，如何发现实际科学问题同一个人的科学素质有关。就我个人看法，科学素质应当是一种从实际问题中发现新现象或发现一些尚未解释清楚现象的能力。除了发现这种现象的能力外，还有能产生可以解释产生这种现象因果关系的直觉。这种能力与直觉的培养是现在习以为常的教育方式比较难达到的。这里我想提几点看法：第一，尽可能深刻理解一些重要科学概念的实质，千万不要停留于死记硬背。一般来说重要科学概念背后都是与解释因果关系联系起来的，比如力学中加速度概念就与解释力与运动产生加速度联系起来。第二，要学会如何在现象中发现因果关系。在这点上既要注意到一些普适的科学规律，也要重视不同学科分析因果的不同特色。前一条可通过一些基础科学的学习来完成，后一条则是需要一辈子的学习。从我的经验来说，了解各个学科的特色越多，越有利于提出有意义的结合实际问题的研究工作。第三，就科学素质而言，对因果关系的分析也要与时俱进。在研究方向早期工作中，分析简单因果关系是主流，所以研究的实际问题主要集中于以力学或物理学为代表的硬科学上。目前更多关心的是复杂的多因果关系，因而所涉及的实际问题主要集中于生物、信息和社会科学。

再来说数学基础，对本研究方向所涉及的数学是应用数学。应用数学从现在的状况来看可以分成两类，它们在“应用”的共性下，强调不同侧面。一种是强调数学方面，研究者从应用模型出发，提出数学条件，通过证明得出数学定理。他们更关心的是数学结论，对于所提条件更多是考虑证明的需要而不是应用上是否可能。当然所得结论也用来对实际应用做些讨论。另一种是强调实际问题，研究者同样也是从应用模型出发，但对模型上的数学条件都限于实际问题存在的，正是由于这样的条件限制，往往给不出或不能全部给出严格的数学逻辑证明，所以采用的是符合数学逻辑的分析，比如在渐近意义下的近似解或符合统计理论要求的数值分析，结论也用来对实际问题做讨论。两者目的都是讨论应用，前者的缺点是不清楚讨论的情况是否存在，后者的缺点是不清楚讨论精确到何种程度。本研究方法采用的是后一种方法。主要认为对应用而言，后一种似乎更客观。当然经过对大量类同问题的处理，看到了其中数学的特性，也可专门上升到数学问题进行处理，比如奇异摄动方法中渐近级数展开的收敛性以及有限项和的误差估计。

有了科学素质和数学基础后，如何开展结合实际科学问题的应用数学研究呢？首先当然是找到有意义的问题。我的实践经验是多看和多听。多看就是多看文献，比如了解各方面研究动态，尤其是了解新现象和新想法。多听就是多听各种学术动态报告，并积极参与讨论。在这些活动中凭着自己的科学素质，敏感发现可能有研究意义的问题。结合问题再通过深入学习，逐步形成解决因果关系的科学思路。

在找到具体实际问题并判断可以做出有意义的研究工作后，一个极为重要的问题是把问题数学化，也就是现在通常所说的数学建模。我个人看法是，数学建模就是将原来直觉到的科学上的因果关系用数学方式表达出来，这个过程如需要引进新的科学概念就引进。在这个过程中，能否发现数学模型的可靠性与合理性取决于开始对问题产生因果关系的科学理解。从这个角度看，做出好的有意义的研究工作非常重要的一环是科学素质。在建模中，往往要提出一些数学条件，这些条件本质上就是对因果关系的限制性要求。这种限制性要求就可能使讨论产生新现象出现与不出现两种可能。显然，我们只能把限制性条件建立在新现象出现的可能性上，这就是为什么我们把本研究方向的应用数学定义在第二类应用数学的方法上的原因。

接着，就应该用应用数学的方法对所建模型进行研究。我想进行数学分析的最重要目的是给出描述因果关系的表达式。如果用纯数学的精确办法给出这种表达式那当然是最理想的事，可事实上绝大部分（甚至可以说几乎是全部）的非线性模型都做不到这一点。在实际工作时，我们只能采用数学上认可的逻辑方法进行推理。比如奇异摄动法就是求在渐近展开意义下级数解的前几项表达式，显然这样的推导过程是符合数学逻辑的。如果能有收敛性和误差估计，那结果的科学性就有了保证。如果做不到这一点，通过实验验证也同样可保证其科学性。又比如数值分析，可以通过统计办法，使得分析结果在统计意义下是可靠的。于是，这样的分析是在数学逻辑意义下进行的，科学性也就有了保证。总之，应用数学方法是泛指在符合数学逻辑（不论它是建立在哪一种数学概念基础上的）意义下建立的方法。

研究方法最后一步就是利用应用数学方法得到的结论对实际问题进行科学的讨论和预测。我想主要是确认因果关系是否成立、哪些因素会影响因果关系以及是如何影响的、由于因素的变化会不会使得因果关系的表现形式出现变化等等，总之，就是对因果产生机理结合实际背景进行科学分析。同时也结合实际问题对因果发生机理做出预测，必要时也给出控制因果发生的策略。当然，如果在应用数学处理方法中采用了过去还没使用过的方法，那也可以就这种方法是如何符合数学逻辑性的问题开展讨论和分析。

上述就为什么研究方法需要科学素质和数学基础两方面条件以及在研究过程中如何体现这两方面作用做了阐述。接下来，我根据这些要求提出一些建议。

第一，考虑到科学素质培养主要是懂得如何想事情和如何做事情的方法，以及数学基础主要是理解数学逻辑思维的要求，在本科的前两年教育中不分专业的通才培养方式肯定比专业人才培养方式好。工作实际告诉我们，采用纯数学培养方式培养出来的数学系学生往往只会用数学上严格推导的路子思考问题，缺乏用科学思维方法来想问题的能力。对于以工科专业人才培养方法培养的学生，在大多数情况下都是用计算机来处理实际问题，往往缺乏考虑处理过程中是否符合数学逻辑。如果采用通才的培养方式，学生有两方面的必要基础知识，一旦今后从事结合实际问题的应用数学研究，就完全可以有能力来提高科学素质和数学基础这两方面的能力。应该看到，近年来有不少教育单位已经以这种思路在开展这方面的探索。

第二，在日常学习中，我个人观点是，对科学素质和数学基础都要强调“宽”。就科学素质而言，在掌握基本科学概念和因果关系的思维方法后，要不断地通过学习了解各门学科思维中的特点。由于不同学科在具体处理时会有其特色的思维方式，掌握了不同学科的各种思维方式会大大提高你从实际中发现可讨论问题的能力。这里我强调一下，不一定要求去掌握不同学科的详细细节，而是掌握其建立框架的基本思路。对于数学基础同样也不要求去详细了解严格数学证明，而是要掌握更多的数学概念和数学方法以及它们背后的逻辑思维，了解它们产生的实际背景，也就是同样以宽为主。这是不断提高研究方向工作能力在平时应做的事。

第三，一旦在某个时段内决定了具体的实际问题，就应当对这个问题所涉及的学科要有较全面的了解，对这门学科所采用的数学方法也要有所了解。对于所涉及的实际问题的背景和现状要有深刻的理解。在现代科技环境下，依靠一个人的能力全面做到这些往往有些困难，但利用团队的力量是可以做到的。

第四，要用科学素质和数学基础对研究方向发展进行分析，跟上科技发展的时代潮流。人们科学素质的提高显然是从简单的因果关系入手，逐步发展到越来越复杂的因果关系。从历史角度来看，力学或物理处理的因果关系往往比较简单，生物、信息和社会科学处理的因果关系比较复杂。研究方向是从研究简单因果的应用数学方法出发，加上 20 世纪 40 年代提出了许多力学实际问题，所以研究方向最早取得的成果都是集中于力学。但由于科学本质的类同性，方法也就逐步进入物理和工程领域。在这一阶段，简单因果关系常常可以用常微分方程和偏微分方程描述，因果关系引起特点是模型中的非线性项存在，研究方向的基本任务是处理这样的非线性效应。研究方向针对这个情况主要提出了两种应用数学方法：一是处理弱非线性效应的奇异摄动法；二是处理低维非线性效应的非线性动力学理论和数值分析。这两种方法已经在各门学科的实际问题中得到了广泛应用。随着简单因果关系处理方法的成熟,研究方法逐步开始关心复杂因果关系的应用数学处理。对此,目前尚在发展之中,比较公认的一点是复杂多因果关系可以用复杂网络来建模。建模如何做符合数学逻辑的分析,经常有相关工作报道。比如参数的大数据处理、网络结构对因果行为的影响、网络中的非直接作用的影响如何评估等等。总之,直到现在还没有什么成熟应用数学方法可说,但我们可以猜想,这是研究方向上的一次有极为深远影响的挑战。

最后,我们用《百年林家翘》(参见附录三)中的观点作为本节的结束语:"对他而言,一个应用数学家的全面发展就是:强大的数学分析与计算能力、能承担一个系统而完整的工作、对所研究的应用学科某一领域有全面整体的了解、能熟练使用英文撰写学术论文并能用英文同国际同行交流。这些高标准的综合要求,使得培养一个好的应用数学家比纯粹数学家要难得多!纯粹数学家的成长之路相对单一笔直,高智商、好导师、多坚持,大都能进入角色而至少小有斩获。但是应用数学家的成才环境荆棘丛生,开辟新路绝非易事。"该文又指出"面对目前存在的本科教育与研究生培养脱节的现实问题,他在清华大学一开始做的事居然是向大家解释什么是应用数学。在一次公众演讲中,他给出了应用数学家的信仰:'自然界的事物基本上都很简单,所有的基础原理及主要问题都可以用数学方式表达。'他不光做这种启蒙性的宣传工作,也身体力行地从事他一生中的最后探索——生物学,致力于这个新世纪最热门领域的应用数学研究,撰写了一篇关于蛋白质结构问题和细胞凋亡问题的学术论文。对此,他展望道:'将数学应用到生物科学的研究具有长远的前途,充满了机会。我预期15年以后,这类研究的成果会成为生物学及应用数学两科中的主流,成为本科生教育的一个主要部分。'"

第二节　研究团队的建设

我从自身经历体会到,要想从事结合实际科学问题的应用数学研究的创新工作最好有一个研究团队。如果条件允许的话,最好能建立一个工作平台。这是因为这种研究方向交叉性很强,在创新工作进行过程中,需要的专业知识和专业技能是多方面的,往往依靠个人的知识是很难完成研究工作的全部任务。一个团队或平台最好是由一群志同道合且有不同特长的研究人员组成,他们应当能在一个科学强人(学术带头人)协调下开展研究工作。

在我从事科研工作的初期对这个问题的认识是不足的,随着研究工作的逐渐深入,对这个问题的重要性才有了全新的认识。做一个创新研究工作,关键要有一个新想法,这个新想法开始往往产生于各种科学思维方式碰撞,然后通过总结后才能成型。把新想法形成科学新观点就要进行大量工作,一般来说要把新观点从解析、数值和实验各个方面进行论证。整个过程既需要有人善于总结和提炼,提出论证方案;又要有各种专业人才执行论证,最后用语言把得到的结果用科学方式表达出来。另外,从创新要求来看,总希望所得研究成果在世界上为首次发表或发现,缺乏了首次也就谈不上创新,因而利用团队或平台的力量,充分发挥个人特长,有利于尽快地完成工作,实现创新的目的。显然,一个好的科研团队或研究平台对于创新思想的形成、创新思想的全面论证以及加速创新成果完成都是有利的，它在高质量的创新研究工作中起到极为重要的作用。

最合适参与团队与平台研究工作的是哪些人呢？我个人以为，在众多条件中最重要的两个条件是喜欢做科研工作和有合作精神。一个人是否喜欢做科研工作是可以在他的日常生活中自觉或不自觉地表现出来的。如果一个人把做科研看成了一种精神享受，每天不看文献或不想问题就感到今天似乎还有什么事没做完，那我认为他达到了喜欢科研工作的程度。这种喜欢是如何形成的呢？这一点很不好说，我自己的体会是在成长过程中不知不觉地培养起来的。我小时候根本不懂什么叫科研，家庭教育也不可能让我喜欢上科研。由于我在中学生时代对逻辑推理的思维方式的欣赏，再逐步形成追求新奇事物的兴趣，对科学的新进展充满了好奇与着迷，对科学家非常敬佩。这些过程为我将来的发展打下了基础。随着知识的不断积累，我开始养成科学思维的习惯，喜欢对不清楚的事情追根求源，但这些与科研兴趣尚不搭界。直到研究生毕业前，按照规定要完成论文，这才是我第一次自己动手做科研。我记得当时什么也不懂，有一段时间也很苦恼，是母亲的榜样起了很大作用，学习她的不怕苦的精神去完成了这个任务，但当时还谈不上喜欢科研工作。在后来的工作中，不断地阅读文献和寻找题目，逐步地我喜欢上了做这些事，感觉到做这样的事很有意思，碰到问题就会去钻研。一旦发现自己有能力解决一些尚未想通的问题时，就会显得特别兴奋。这种感觉的不断深化，慢慢地演化为一种精神的享受。最后把这种享受看成生活中不可缺少的需要，这时我才认为自己是喜欢搞科研工作了。一旦喜欢上它，平常生活中自然会有所表现，比如一天不看文献就感到不舒服，似乎这一天还有没完成的事。又比如脑子总是在思考没有想通的事，我爱人说我晚上常会说一些胡话，其实这些胡话往往是那些还没有想通的事。这些是我个人的体会，希望在团队或平台组建时供参考。话要说回来，一个真正喜欢搞科研的人，他也会碰到各种问题，也会有各种烦恼，有时甚至也会发牢骚和讲怪话，但你可以发现一旦他处于思考问题时会把其他都放在一边，全神贯注地投入进去，有时会做出常人不可理解的行为。其次，合作精神也是重要的。团体成员之间的合作主要表现在不同学术观点之间的碰撞产生创新想法过程中和新想法的科学论证中发挥各自专业特长上。对后者是经常强调的，大家也很好理解。可对前者往往重视不够，事实上创新的关键在于创新想法的形成，而想法的形成是学术思想碰撞的结果。在实际工作中往往出现两种倾向：一种是以“我不熟悉”为借口，不讲自己的看法，这是一种缺乏合作精神的表现。事实上，要你讲的是你站在你擅长的专业的立场上是如何看这个问题的以及如果由你来做应如何做。讲了这些就是提供看法，为进一步讨论提供各种观点，为学术观点的碰撞产生新想法提供基础。二是在讨论中不够宽容。由于专业不同，对问题的看法和处理方法不同也是常态，千万不要以你的专业来轻易否定别人的想法，而应该更多地考虑对方的想法是否有合理之处。如果合理，就从自己理解的角度来说明合理性。如果认为合理性缺乏，就要不客气地指出，并提出可能的补充或解决办法。如果在开展研究工作时能做到上述两条，那么我认为可以说团队或平台成员发挥了合作作用。当然，作为团队或成员也需要有其他品质，比如聪明好学、有毅力等。这些品质固然是重要的，但比起上述两个要求来说是第二位的。智力强一些的在解决问题过程中显得有优势。但要明白凡是做好的科研工作必定含有未知的需要探索的问题在里面，对两个智力有一些差异但对上述两个要求有距离的研究人员来说，智力略强一些但不十分喜欢科研或缺乏合作精神的人完全可能因怕困难而放弃或不能在团队中起到应有的作用，而智力略差一些但喜欢科研和具有合作精神的人却完全可能因坚持而取得成功。越是层次高的工作，对这类未知的探索的难度就越大，而这种现象可能会表现得更加明显。

在所有团队或平台的成员中，最重要的就是学术带头人。他的能力在很大程度上对团队或平台的研究工作起决定性的作用。除了上述两条共同要求外，对学术带头人当然有更高的要求。由于我没有担任过这个角色，故没有切身体会。但我也关心此事，问过一些曾担任过这方面角色的专家。总结这些专家讲的情况，可把他们做的事归结为三条：① 关心团队或平台在研究方向上的进展，提醒成员该注意的动向，提供一些能反映进展和动向的主要文献；② 在讨论会上要善于听取不同观点和想法，能及时抓住讨论中提出的可能发展为新想法的苗头，及时引导并深入讨论；③ 对于认定的创新想法要提出全面的科学论证的完整框架，然后分工去做。从这三点来看，带头人主要作用是善于发现新的想法或者从一个不十分完整的想法中找到闪光点并通过引导和讨论形成一个可认证的新观点。由此可见，带头人的工作不是体现在他对某一个工作的具体操作上，更多是表现在有能力组织团队或平台发现新思想苗头、形成有科学意义的创新观点和组织起对新观点有力的科学论证。带头人应该有开阔的科学视野，有很强的科研洞察能力和组织能力，这种能力特别体现在善于从各种观点中吸取有用的合理部分，最终形成一个有新意的想法。所以一般来说国际上有影响的团队的带头人都是资深科学家，其中有不少是诺贝尔奖获得者，他们的地位都是在科研工作中自然形成的。在国际上，学术带头人在论文中往往是以通讯作者身份出现，这一点正是体现了他们是新想法和新观点主要创建者，不是具体论证操作过程的实行者。

我国在向科技强国发展的过程中，现在也很重视团队建设和带头人的选拔。一般来说，在国家层面上，我国采用首席科学家制，即由著名科学家联名提出重大研究课题，国家对课题组织专家进行评审，评审通过后给予立项。在项目的执行过程中，由一位首席科学家具体负责。项目下面设立子课题组，进行具体子课题研究，当然子课题组的研究工作都有具体负责人。我个人的理解团队或平台带头人的责任与我国首席科学家的责任是不同的，首席科学家一般很少直接加入项目的具体研究中去，主要是统筹和管理项目。而团队带头人是直接参加项目研究，而且在决定科学问题的创新想法上起到关键作用，这个位置决定了他必须全身心地投入，所以国家重大项目中的子课题组的负责人可能更接近于团队的带头人。但在目前行政化日趋严重的情况下，就可能出现许多子课题组负责人往往兼任不少行政工作的情况，显然这是不利于其全身心地投入研究工作，我认为这是值得注意的问题。我个人倾向于团队带头人不应再担任重要行政职务，带头人在科研上的担子已经是非常重了，要考虑的问题都涉及研究的全局性问题，在决定科学问题的创新想法上他们常常起到关键作用，这就需要他们全身心地投入到科研工作中去。所以，我个人以为不宜再用行政工作来影响他们所领导的团队研究工作。

从目前来看，各单位对团队带头人的选择无非两种情况。一种是建立在单位原先的强项基础上，这样形成的团队是有一定的研究基础，因而团队带头人的学术地位都有一定自发形成的基础。对这样团队的带头人应该关心两件事。其一，带头人要关心研究的课题是否属于国际前沿及是否能做出有创新的工作，在实际中可以发现有些研究问题不属于这两者，带头人必须实事求是地承认这一点，并结合科学发展调整研究方向。其二，是现实中不少带头人在单位中被委任重要的行政工作，我坚持认为，他们最好是放弃那些重要行政岗位，以保证团队创新科学工作的开展。除了这种情况外，现在有不少单位采用引进带头人来组建研究团队的方式。换句话说，是借用人才引进手段实现创新的研究，这就存在研究方向和带头人选择这两个问题。这两个问题当然密切相关，但由于事情是从头做起，如果做得好是有可能会成功的。从我个人专业来看，对于从事结合实际科学问题的应用数学研究方向而言，如果能与当前国际研究热点进行交叉可能效果会更好一些。在选择发展方向和带头人上，我个人赞同要公开，组织著名的国内外专家进行评审，我特别强调要有国际专家，同时在评审中一定要尽可能避免由人情所带来的负面影响。既然要想做能产生国际影响的工作，当然所选的方向要是国际前沿性工作，带头人一定要视界开阔，有学术思想，并尽可能是有国际影响的学者。我在这里介绍一下北京生命科学研究所所长王晓东（他是美国科学院院士）的做法，以供参考。整个研究所实行课题组组长负责制，课题组组长通过招聘引进，可以来自国外也可来自国内。选课题组组长人选的关键是看他选择研究的题目是否有新意和突破的可能性，目前看来由国际评审来进行评估是比较公平和可靠的。当然仅仅这样也不能保证项目的顺利开展，王所长还会过一段时间就对课题组项目进行评估，一般送十多名国际同行评估。评估后，认为发展有前途的不仅课题组保留还要加强支持力度。发展可能性比较小的就淘汰，这种不成功在科研过程中是很正常的。从现有经验来看，形成一个能做创新工作的团队要 10—15 年，这样的长期考核机制是应当有利于做创新工作团队的形成。在这样机制激励下，他选择的课题组长就是一心想做好创新科研工作，不会再去考虑其他的事情。当然，在课题组的范围内，要保证组长的一切权力。按王所长的估计目前发展趋势很好，他特别强调两个来自国内的组长其课题组项目进展令人满意。这种机制的可行性在中科院上海神经科学研究所也得到了证明。该所成立只有 10 多年，成立之初就聘用蒲慕明教授任所长，他也实行课题组负责制，一些院士都只担任课题组长而不再有其他行政职务。他同样也采用对课题组长定期国际考核以及在课题组拥有包括自主聘用行政和研究人员的权力。多年来，该所一直是中科院在 *Nature*、*Science* 发表论文的大户。

团队或平台成员应该对结合实际科学问题的应用数学研究方法有共同兴趣。由于涉及交叉领域的研究，所以他们可以来自不同专业，对共同有兴趣的科学问题开展研究。从研究方向来看，团队应当有应用数学和计算科学背景专业人员。一旦完成某一个具体的创新工作，团队成员的贡献是不同的，合理认可每个成员的贡献对于维持团队正常运转是非常重要的。在我国现实情况下，这一点是肯定会得到大家的认可的。如果作为团队带头人在 new idea 尚不成熟时，能发现其重要性并综合讨论结果提炼出成型的 new idea，然后有效设计方案并组织对 new idea 的科学论证起了作用，即使他很少或没有参与具体论证，我认为他仍应作为通讯作者以说明其贡献。一般来说，成熟的 new idea 不会是一下子形成的，往往是团队某个人在某个问题上发现了新的现象或者发现了不同于往常的结果，他很可能不能给出十分成熟的看法，只是在直觉上感到这个现象的背后应该有深刻含义。于是他把这种想法提出来，经团队大家讨论分析和带头人综合判断，最终形成创新的思想。对于这种情况，只要提出想法的人参与了整个讨论过程并在论证过程中做了他该做的，我个人认为应给原始提出人第一作者身份，以说明他在这件创新工作上的贡献。这一点有人可能会不大同意我的观点，我认为这就是对科研原创性的尊重，原创就是最早原始提出的，也就是此工作最早想法的来源。当然，团队对一个 new idea 达成共识后，首先想到要把这个 new idea 在第一时间发表，以得到世界的公认，抢得原创权。为了使得大家相信这个 new idea 的科学性，就要充分地进行科学论证。在通常情况下，论证要从解析处理、数值模拟、实验几个方面进行，最后在此基础上用符合科学性的逻辑把它成文。由此可见，这个过程要做大量的工作，往往涉及各种专业知识，也用到许多专业方法。这件事处理不当，就有可能延长成文时间，甚至于可能失去作为创新发表的机会。这时就要团队发挥团队的力量，充分利用团队成员特长和能力来尽快完成这个任务。这是团队成员对某个具体创新工作的贡献。做一件创新工作是不易的，它往往包含了整个团队的辛苦劳动。上面我仅提到对通讯作者和第一作者的看法，显然大多数参与者都不能成为这两类作者，在我国现行制度下缺乏对他们贡献的评价，显然这是不公平和不合理的。不解决这个问题，那么这种团队的研究模式就很难取得成功，花了很大力气组织起的团队可能不会起到预期作用。所以，我以为当务之急要为这种研究方式的发展设计一种具有中国特色的制度，既强调了带头人和第一作者的重要作用，也能肯定其他成员的贡献。

当然作为一个团队，其成员可以在讨论问题时各人从自己立场出发来谈对所讨论问题的看法，也可以对别人的观点从自我理解出发来做出分析，总之，相互交流和启发。一旦在带头人的协调下，形成对某个问题的创新看法，各人就要发挥自己的专长去做自己最擅长的一部分论证工作，通过共同努力尽快把整个研究工作完成。另一方面，对于发现的一些可做但尚未达到创新程度的工作，成员们也可以利用专业知识来完成这些工作。

在团队中还有很重要的一部分成员，他们是攻读学位的博士生研究生。除了让他们参与团体的研究工作外，团队对他们还有培养其独立从事科研工作能力的任务。这方面的想法我在下一节中专门加以阐述，在这里就不再叙述了。

第三节　研究生培养

我在高等学校工作 30 多年，除了科研工作之外，主要从事研究生的人才培养。研究生求学期间分成硕士生和博士生两个阶段。从现实情况来看，要培养从事结合实际科学问题的应用数学研究人才主要还是依靠博士生阶段的培养。

在本节就研究方向的研究生培养的各个方面，结合工作中实际体会，谈谈我的看法。我想在培养期间主要做三方面的工作：一是培养对研究方向的兴趣，这是最重要的，应当在研究生两个阶段的培养中都要做这件事。这一点对任何学科的研究生培养都应有此要求。二是培养研究生提高自身的科学素质和数学基础的能力，同样两个阶段都做，但重点在硕士生阶段。三是培养研究生如何从实际问题中找有意义的题目以及如何用数学逻辑对问题进行科学论证的能力，这个工作的重点是在博士生阶段，硕士生阶段做些启蒙性教育。

首先，就研究生的招生谈起。硕士生的招生的生源基本上来自本科生，为了在录取时尽可能选一些科学素质和数学基础相对尚可的学生，只能从其大学本科所学的内容来决定。我个人选取本科前两年不分专业且在后两年学习数学、力学和物理的学生。这样的学生更为合适，因为前二年的通识教育使其有了基本的科学素质和了解了一些数学逻辑思维方法。如果后两年选学应用数学，则这类学生数学基础较好，又有基本科学素质；如果后两年选学力学和物理，则这类学生科学素质较好，数学也还可以，所以这两类学生应该是本方向招生优先考虑的对象。在口试时要特别注意学生的自学能力。一方面本科学习期间应该培养这方面能力。另一方面本研究方向为了提高学生的科学素质要求其尽可能扩大科学的知识面，这就要求其有好的自学能力。对博士生招生，导师应当选那些对研究方向有兴趣的报考者，在此基础上选有尽可能好的基础知识和专业素质者。在这里我把有兴趣者放在首位，我认为作为一个想从事某项工作的人，作为一个人的基本良知是会把工作做好的，也就是通常所说的做好本职工作。如果他对这项工作产生兴趣，就会产生巨大动力，才能在有了一定基础后做出更有特色的工作。其次我就要注意他对追求知识的积极性。总之，在博士生招生中我首要强调的是对研究的兴趣和追求知识的愿望，有了兴趣和追求知识的愿望就有了可以培养的基础。实际工作中，由于我本人水平不高，名气不大，加上所在学校并非国内公认名校，所以来自有兴趣和基础好的人不多。报考者动机主要有两种，一种是有兴趣者，另一种是由于各种现实原因希望改变处境的青年人。对于前者，只要条件允许我尽量考虑，对于第二种，经过交流感到可以培养兴趣的也加以考虑。对于考生的基础，由于很少有来自国内公认的名校的，所以基础相对名校自然有差距，这一点必须承认。但是我个人认为在博士生招生中要了解考生的基础，但更重要的是科研能力。在科研实际中分析能力比基础知识更为重要，所以我注重能力，尤其是自学能力。事实证明我这样考虑是正确的。比如在上海大学工作期间，有一段时间学校把钱伟长学院最优秀学生每年送两个给我培养，我发现就科学素质和数学基础的综合能力而言，他们是我带过的最优秀的硕士生，所以从内心想把他们当博士生培养。但是我很快发现，他们没有兴趣做学问，他们是为了留在上海工作才来读硕士研究生的，对于他们这种人生安排是可以理解的，于是我很快调整方法。我工作期间共招收了20多个博士生，后来在科研上比较突出的都是当初有兴趣从事科研工作的，“基础”似乎没有比“兴趣”显示出更大的重要性。

硕士生培养重点放在提高科学素质和数学基础上。根据其在本科学的专业的不同要求补不同内容。除了专业指定的基础课外，来自数学专业的学生再旁听物理本科的课，来自非数学专业的学生去旁听数学本科的课。在低年级时要他们旁听博士生的讨论，到高年级时要求他们自己也读文献做报告。另外，要求抓紧机会去听各种学术报告和科普报告，目的是了解科研工作者是如何想问题的和了解一些新的发展动向。对他们的论文我不做过高要求，一般是我找好题目同他们讨论，然后由他们去完成。

2012 年西安“第九届全国力学与控制学术会议”师生合影(刘曾荣后排左五)

博士生的培养应当是重点。我个人认为培养的重点是独立从事研究方向的科研能力。要实现这样的目标重点应该放在培养学生的科学素养和数学逻辑能力上，方式主要是自学。因为这些是学生毕业后会主动通过学习，不断地探索，找到有科学意义的新问题进行研究所必须具备的能力。

为了提高他们的科学素质和自学能力，在教学上我采用了不同于通常的方法。我的学生多数来自数学系，但也有来自非数学系的，他们的知识点和思维方式不同，数学系的学生常常局限于数学的逻辑思维，缺乏对科学性的理解，非数学系的学生往往缺乏数学逻辑和数学的方法。比如，我在分析非线性动力学中 Hopf 分岔基本概念时，我大概只讲了几分钟，主要说了基本概念，然后用 Ver der Pol 振子为例从能量角度说清楚这个概念的科学含义。接着，要求数学系本科出身的学生去从其他学科中找出实际例子给我用非数学理论讲出 Hopf 分岔产生的科学依据。对非数学系本科出身的学生要求他们去看 Hopf 分岔严格的数学证明。通过这种方式使他们在各自弱点处得到提高。另外，根据博士生的不同情况，对每个人开出不同的专业阅读参考教材，我只是把非线性动力系统涉及的基本概念以及相关的科学背景和含义做一介绍，详细的逻辑推导留给学生自己去自学。实在看不懂的地方可以提出来进行讨论，但必须讲出哪儿不懂，讨论要讲出对不懂之处现在是如何理解的。我认为这样的做法应该是学生提高自学能力的有效途径。除此之外，对学生我要求其通过“博”来提高其自学能力和科学素质。我不太认同学生围绕着导师本人长期研究的一小个比较窄的范围内开展学习，这类“精雕细作”的事，不应花费学生太多时间，不是“博”的含义。在多听本专业学术报告的同时也要求博士生去听其他专业的综述性报告和高级科普报告，我个人认为做此两类报告的学者是懂得做报告最主要是讲清科学问题起因、研究该问题在科学上的重要性、解决问题的主要科学思路以及留下的要处理的遗留问题。他们不会把主要精力放在讲解专业的细节上。通过这样的报告可以使博士生学到不少科学上如何做和如何想的能力，既有利于科学素质的提高又能拓宽视野。在文献阅读中，我特别强调每个博士生对选读不是与自己直接研究有关的重要论文时，要讲清 Abstract、Introduction、Summary and Discussions 几部分，对细节推导部分可以放宽要求。因为 Abstract 主要讲了成果，从成果中体会这个问题的重要性；Introduction 介绍所研究问题的来由和已有的研究结果，如何提炼出文章所研究问题；Summary and Discussions 介绍了本文的新研究结果以及存在问题和可以进一步研究的内容。能读懂这几部分就大致明白其科学意义，这些内容的理解对提高科学素质和扩大知识面是极为有用的。

提高了科学素质、数学逻辑能力和学习新知识的能力，就为独立从事科研工作打下了基础。博士研究生的培养，我认为关键是正确理解有独立科研工作能力中的“独立”两个字，换句话说，要求博士生毕业后可以不依赖导师自己找到有科学意义的科研题目做，这里的题目应当是与有新意的研究方向有关，不能限于已经相对成熟的方向，更不能是限于导师当年指导过的且已相对过时的方向上，以报告文献方式来完成。为什么要强调“独立”从事工作呢？在目前现实情况下，多数学生都是由导师给出题目。针对这种现象必须有针对性地提出“独立”。“独立”的工作是要在没人领的情况下自行去找有意义的问题去做。我个人认为应该由博士生自行完成选题，这是其独立从事科研工作能力的表现。博士生通过自行调研发现科学问题，然后用逻辑方法分析并提出可能的解决方法。在整个过程中，导师的作用只是引导和启发。我个人体会这种能力与做偏题和难题的能力是完全不同的。处理偏题和难题都是应对已有结果的问题，而选题是面对未知答案的问题，这是学生面对的新的不同于过去他们习惯解决问题所采用的思路。简单地说，题目要由自己解决，而且给出选的题的科学意义和解决思路，这才是导师要花心血想办法培养的。

在博士生整个论文完成过程中，我们基本上采用的通过博士生阅读和报告文献的方式来来完成。但为了培养其“独立”工作能力，我们也采用了有特色的做法。首先，我反对博士生选用我们做得比较成熟的东西作为选题依据，我要求学生与我同时关注一下我们研究方向最新关注的热点，然后与博士生开展讨论，了解其对热点是否有兴趣。如果博士生有兴趣的话，就请他围绕着这个大的框架开始准备。刚开始时，博士生对于所讨论的研究热题以及其中值得关注的研究问题不十分清楚，所以阅读和报告的文章类型主要是发表于重要杂志的 Review 和 Report，这类文章一般发表于权威杂志，往往是杂志社邀请从事此热点研究的国际上公认的专家做比较系统介绍。要求博士生通过学习和讨论搞清几个问题：一是你对文章所述的热点问题的认识，包括研究问题的起因、已经取得的成果以及预期的研究。二是你认为它成为研究热点的科学理由。三是你对文章中提出的预期研究问题有何看法？是否值得研究？如果值得研究，则给出科学上的理由；如果不值得深入研究，那也要给出分析。四是文章是如何组织材料把某一个研究成果从科学性上论证清楚的？涉及逻辑分析要讲清用什么应用数学方法，并给出大致过程；涉及数值分析要讲清是从哪些角度入手用数值工作来论证，涉及实验讲清从哪个角度出发来说明结果。这样做的目的是让博士生针对科学发展趋势，从大家有兴趣的热点问题中学会如何去发现值得研究的问题以及如何组织材料对研究问题进行论证。通过这种方式的学习，博士生最终能确定论文的主攻方向，然后围绕该方向由博士生自行选择所需阅读的相关论文。在阅读过程中，要求博士生把论文分成两大类：一类是在技术处理层面上与所选论文主攻方向关系不大的，那主要看懂 Abstract、Introduction、Summary and Discussions 几部分，主要是把握整个热点问题研究动向以及思维方法，一旦有突破苗头的出现也可及时了解。另一类文章除了上述要求之外，在具体科学论证上对所做论文有帮助，那必须把这些做法学深学透，碰到看不懂处就要通过自学加以解决。

在博士生的论文讨论会上，我经常问学生的几个问题是："本文做出哪些新结果?""本文结果与前面结果有什么不同?""本文在哪些方面体现出与别人的不同之处?"问这些问题的目的就是让博士生学会如何去找适合研究的问题。博士生在开始时不会很好总结，报告文章也是面面俱到，给不出重点和文章的精华所在。经过这样追问，学生会有所明白该文的精髓是什么，最后我再结合上述几个问题给出一个总结，这样就达到目的了。学生往往最佩服我的这一手功夫，这种佩服也说明学生逐步懂得要学什么。事实上，通过这样的学习过程，学生就能学会如何看文献并从中找到值得研究的问题。通过这样的训练，所带的 20 多个博士生都具有程度不同的"独立"工作能力，在就读博士期间发表几篇 SCI 文章不会是太困难的事。

在这里我也想讲一下，我们所培养的应用数学博士生与纯数学的是有所不同的。纯数学往往把研究集中于前人留下的著名难题上，研究中对数学要求极严格，每一步都要经过推敲。讲一句外行的话，工作中的创新点往往在于能用另一种思考提出了解决问题的思路和方法。而从事实践问题的应用数学更强调是用 new idea 来解决一个科学问题，解决问题的数学方法要合理且合乎科学的逻辑，数学上的难度不是主要考核之处。这种工作的创新是提出解决科学问题的 new idea。所以两类工作的创新点是有区别的，应该说它们在科学上都是有价值的，应该得到同等的对待。

在这里我也讲一下，随着自身科学素质的提高，我对"独立"这个问题的认识也逐步深化。自从上海大学系统生物技术研究所成立后，我自己阅读的兴趣已经由 Review、Report 转到 *Nature*、*Science*、*PNAS* 三大杂志中涉及生物系统的动力学的文章上来，感觉到读这上面的文章特别有收获，尤其是 *Nature*、*Science* 上的文章，短短几页就把研究新的科学问题的起源、论证和解决方法以通俗的科学语言讲清楚，详细的细节可另行阅读该文的支撑材料。这里我加了一个"新"字，表明关心点从热点转向前沿。我觉得博士生阅读这些文章会大大有益其素质提高，故要求他们尽可能多阅读这些文章，这样做的结果是大大提高了学生判断科学性的能力。这样的结果主要来自两个方面：第一是这些文章都有一个共同特色，即有新的想法，这种想法要么是同类研究没有想过的，要么是换一种角度来思考研究的问题，也就是创新思维。通过强调在学习中一定要找到该文的这个特色，就会较好地学会正确找到有创新意义的题目，从而达到提高博士生的"独立"工作能力。第二是要学习文章用短短几页对所研究问题的科学性和严密性进行了论证。一般来说，文章都有逻辑上的解析处理，在数值论证上是尽可能设计最佳数值方案达到有效的效果，有些也有实验证据，这样可以学会如何组织材料完成对研究问题的科学论证，写出高质量的科学论文。另外，博士生普遍反映文章把解析处理具体过程、数值的具体方法和实验步骤不放在正文内仅作为文章的支撑信息的习惯做法证实了我们在博士生的报告中不强调细节的合理性，突出体现 new ideas 的重要性。可惜这段时间太短了，如能有较长时间坚持，必对提高博士生的“独立”工作能力有很大帮助。

总之，我认为在博士生期间最重要的是培养博士生“独立”的科研工作能力，这个目标在论文工作中的核心表现是形成 new ideas 的能力。至于细节问题涉及各种具体的数学方法，需要一辈子不断地积累，积累越多处理方法也就会越多，所用的技巧也会越来越高级。与形成“独立”工作能力相比较，显然“独立”工作能力更重要，因为有了这种能力才能保证科研工作的开展。当然，话要说回来，在用某种方法处理一个实际科学问题时，也要求对方法的掌握，使用时必须要保证其正确性。在实际工作中，我体会到这样的做法是非常有效的。凡是在读博士生期间“独立”工作能力得到较大提高的博士生，其毕业后发展得也就顺利。比较典型的例子是黄德斌博士，他是我在上大招收的第一个博士生。他本科期间读的是数学，在硕士期间学的是非线性动力学，但偏重于以数学观点学习非线性动力学中的方法，对有关的问题的科学性了解比较少。他进校时，关于混沌的直接工作呈下降趋势，但当时关于混沌控制和混沌同步这两个创新观点刚提出来，我及时告诉他并布置了他学习 *PRL* 中关于这两个观点的开创性文章。这个杂志在当时我所看的杂志中是属于级别比较高的，我要求他看过后给我讲为什么这两个观点可能会成为非线性动力学研究的新热点，这些热点具有哪些与混沌不同的科学特征。经过论文研讨中的不断启发，他基本清楚了为什么混沌控制和混沌同步会成为新的热点。这时候我就叫他围绕着混沌控制和混沌同步开展具体工作，这样就比较顺利地完成了论文工作。更重要的是经过这样的训练后，黄德斌学会了如何从文献中找到新的热点，并围绕热点用科学思维想问题，所以后来又比较快地意识到复杂网络的重要性，进而较早投入到这方面工作。总之，通过这种学习方法，黄德斌博士就逐步具备了独立工作的能力，毕业后很快做出了较高层次的研究工作，在 33 岁时就被破格提拔为教授和博士生导师，是当时上海大学最年轻的教授和博士生导师。后来，经过申请获得德国马普学会的资助赴德国进行研究工作，这在上海大学的历史上也是首次。

最后我想讲一下有关“创新”的观点。随着我国整体科研水平的不断提高，对博士生“独立”科研工作能力的要求也在不断提高，这种提高主要表现在工作的创新程度上。我个人认为创新是非常有分量的两个字，为了说明它的含义，这里以我们研究领域的一件工作为例来加以说明。1998 年，*Nature* 发表了网络结构的小世界性的文章，这是一篇本领域内得到公认的开创性工作。在该文发表前，人们已经对数学图论中的网络概念的认识有了很大提高，已经开始用它作为描述众多复杂系统的模型，在这样做的过程中也在某些系统中发现称为六度分离的小世界性质。另一方面数学图论中现有网络理论中正规网络和随机网络的结果又无法对此做出合理解释。这样我们领域的研究者就面临一个重大挑战：用网络作为模型能否反映六度分离这种性质？如果能，那么它的科学机制是什么？反之，如果不行，那这个

博士生林怡萍(左三)答辩后师生合影(刘曾荣左四、黄德斌教授右一)

模型就不能作为讨论众多复杂系统性质的模型。该文就这个问题进行研究,提出了一种正规与随机混合建网络模型的方法,用数值模拟方法得出了所建网络具有类似六度分离的实质性质,文章称此为小世界性。文章没有能够用严密数学逻辑推导出这个结论,但用符合科学思维的方式解释了这个结果,更重要的是对大量实测的真实复杂系统进行了实证,证明了这种性质是普遍存在的。这显然是个开创性结果,对于应用数学和非线性动力学的学者自然要问这种性质在模型结构上和整体行为上带来的影响。自然在上述工作基础上开展的研究工作——发现更多系统的网络模型具有这种性质以及产生机制上的非突破性工作——都只能看成这个工作的发展而不能认为是创新。目前存在着一种倾向即把后面这种思维方式的工作都认为是创新。这种想法使得博士生对创新有不正确的看法,误把一些做些推广和发展的工作作为创新工作。我认为这是不利于在博士生培养阶段其“独立”工作能力的提高的。当然在这里也要说一声,我自己在创新这一点上做得也很不够,仅仅是在工作实践中逐步认识其重要性的。作为过来人,在这里作为经验教训说一下。

第四章　研究方向上几个可研究的问题

我从一个科研的门外汉一路走来，逐步对科研工作有些体会，尤其在上海大学工作的后半段对创新工作有些体会。可惜这种认识来得太晚，有一些工作刚开了个头，有些工作仅读了发表在 *Nature* 和 *Science* 上的创新文章，我想把有关的体会在本章中写出来，认为在这些问题上可能会做出创新工作。这些仅仅是我个人认识，我的理解是否正确还有待实践的考验。

所选取的四个可研究问题分别为生物节律的动力学、生物分子的定点和定向控制、生物系统的适应性和敏感性、生态网络的结构和演化。它们全部来自生物学的实际问题。我们从研究方向角度来分析一下这些问题，同大家一起讨论是否有提出创新观点的可能。

第一节　生物节律的动力学研究

2017 年生理学或医学诺贝尔奖授予生物节律的有关研究。此举证实了从生物学角度来看生物节律的研究是有巨大科学意义的，并且也表明了此项研究已经在生物学上取得了重大突破。值得指出的是，在我们开始转向从事生物系统研究后，也注意了这个研究方向，并开始了从复杂网络角度对这个问题进行研究。工作实践告诉我，在这个问题的研究上，研究方向所倡导的方法是可大有作为的。在这里我就生物节律作为一个实际科学问题与研究方向所提出的第三阶段的高维非线性系统研究的动力学关系谈谈个人看法。我个人认为这是从事用数学方法解决实际科学问题研究的学者值得从事的高层次研究的一个方向。

所谓生物节律就是生命体存在一个生物钟来协调生命体中众多重要系统生物功能的运作，这个生物钟是与周围环境相匹配的，因而具有周期性，故习惯上称为节律。从事生物节律研究的科学家的任务就是从各个侧面来讲清楚生物节律产生的原因以及生物体如何与其相适应的问题。显然，用应用数学中非线性动力学是研究这个问题的一个方法。从事这个方法研究的学者可以从两条途径加入这项工作：一是根据现有生物学上的结果建立合理动力学模型，用应用数学中的非线性动力学方法对模型进行分析，用所得结论来正确解释生物节律的有关功能或对某些生物节律的问题做出有价值的预测。二是在上述工作中能提炼出新的应用数学概念和处理框架，集中体现在非线性动力系统处理方法上。

长期以来，生物学家对生物节律的研究主要通过实验来进行。研究已经积累了大量资料。在我接触到生物节律后，断断续续看到和听到的可能与此有关的生物资料有如下一些：① 生物节律是由大脑的SCN部分中的20 000多个细胞来执行和完成的。② 从生物分子学角度来看，每个细胞可以看成一个表现出生物节律的振子，其振动周期是在22—28小时之间，现在的普遍理解是这些振子的周期形成一个正态分布。③ SCN在结构上形成VL和DM两个部分。其中VL是由少量连接稠密细胞组成，它们主要受到环境日夜变化的影响，并把处理后的信息传输给DM。但VL和DM之间连接方式和作用模式的有关报道至今缺乏系统性。而DM是由大量连接稀疏的细胞组成，由它们输出的信息来协调生物体中各重要系统所需的生物节律信息，这方面的具体情况也所知不多。④ 在我即将退休时，曾听到过有学生介绍在VL向DM传递信息时可能存在开关效应的报道，最近又得知在VL和DM连接中作用应有DM反馈效应。⑤ 自生物节律工作获得诺贝尔奖后，似乎对DM部分细胞输出信息如何协调各个重要生物功能系统所需要的生物节律信息的工作有了迅速发展。由于退休后无条件了解这方面详细进展，所以具体说不出多少，但我相信这些结果对于从研究方向开展工作必定是有用的。

在这里我就从这些不完全信息出发，从研究方向涉及的非线性动力系统的观点来谈一下对此问题的有关研究的看法。由于水平有限，加上缺乏充分信息，理解不一定十分正确，所以只能供大家参考。

从总体来看，应该从形成单个生物振子的细胞层次和大量生物振子形成细胞网络系统层次来进行研究。它们分别涉及研究方向的低维非线性系统和高维非线性系统的两个阶段的工作。

从细胞层次来看，利用分子生物学的实验结果，已经完成了细胞作为非线性振子的低维非线性系统动力学分析工作。主要是依据生物分子的调控关系建立动力学模型，为了简便分析一般是建立相对低维的非线性动力系统，然后证明存在稳定极限环。模型有多种形式，强调不同调控侧面，所得结果在稳定极限环上是一致的，但由于强调调控侧面的不同可从不同角度进行生物功能上分析，有的分析结果可能会产生重大影响。完成此项工作后，就要讨论它受到日夜24小时节律变化的激励后的效应。从动力学理论来看就成为研究一个非线性受迫振子行为。依据非线性动力学现有理论，当非线性振子的自由频率与受迫频率比较接近时，细胞振子产生与受迫激励相同的24小时周期的共振行为是非常自然的事。所以从动力系统观点看，细胞振子在日夜光照下产生生物节律的周期行为是可以理解的。但结合生物节律的客观实际，有一个问题似乎还缺乏研究，我们知道由生物节律的不协调会影响生物体的正常工作，即通常所说的在环境变化时SCN细胞需要倒时差。从动力学看就是当外激励的相位发生变化时，细胞振子存在一个相位调整的理论问题。也就是要求24小时周期共振行为在相位上也与日夜周期相位匹配。尤其是在环境日夜变化的相位发生连续和突然变化时，共振态的相位以何种方式尽快实现新的匹配是很重要的一个研究内容，因为只有具有了尽快匹配能力的生命体的重要系统的节律运动才能有效达到协调作用。就我个人所知，目前还缺乏研究在周期同步条件下如何实现相同步的模型，故离生物节律实际上如何完成倒时差的功能还比较远。所以第一步可以先从提出描述非线性共振子的模型入手，做数值模拟，研究相同步的有关问题。从研究方向的低维非线性系统的动力学上来说就是要开展暂态的过程的研究。在积累经验的基础上，逐步接近目标。最终实现由描述生物节律的细胞振子共振下相位变化模型出发进行研究，那就有可能实现在生物节律功能上的理论突破。

从网络层次来看，描述不同周期的网络的理论模型为 Kuramoto 模型，这个模型告诉我们几件事实：① 达到周期同步时，同步周期为网络中所有振子周期的平均值；② 在至今还没搞清楚的条件下，Kuramoto 模型会在网络局域内出现另一个周期；③ 尚未见到用这个模型来讨论实现周期同步过程中振子之间相位变化的有关特性。虽然生物节律 SCN 系统还没构建合理模型，但我们一定要关心 Kuramoto 模型这方面研究，因为这对生物节律功能研究有很大影响。

对产生生物节律 SCN 的网络结果似乎很少。罕见从网络动力学角度来分析节律，就实验本身对 SCN 网络的结构认识还很不全面。现有生物学知识告诉我们的结构可分为三层：VL 层、DM 层和生物体各重要功能系统节律协调层。首先，VL 层的结构是可以理解的，由 Kuramoto 模型结果可以得到由于其连接的稠密性保证其易于实现离 24 小时周期更接近的周期同步，进一步更易于产生日夜 24 小时的共振激励。VL 中细胞数量少就意味着不需要提供太多外激励的能量就能实现上述的共振激励。但在这一层次上关于细胞振子在实现与日夜激励周期同步时如何达到相位同步是缺乏研究的，可以说我们在这个方面至今还说不出一个科学的理由。在假定 VL 部分细胞振子达到与日夜激励周期和相位同步的条件下，就应该进一步研究它们是如何影响有 DM 层的大量细胞的。目前比较公认的是 VL 和 DM 之间信息传递存在开关效应和 DM 对 VL 的反馈效应。VL 对 DM 的开关效应可以做如下的解释：两部分细胞长期处于同一外部环境，所以正常情况下，它们的周期和相位处于同一同步状态，即与当地日夜变化一致，因而也就不必要在 VL 和 DM 之间进行信息交换，处于关闭状态是自然的。一旦环境发生变化，即环境日夜 24 小时周期相位发生变化，VL 部分在改变了的外界激励作用下，很快与外界实现新条件下的周期和相位同步。如果开关效应仍不发生作用，那么 DM 部分的细胞振子的相位就要与生物体重要功能系统所处的节律的相位不匹配，影响正常生物功能发挥，所以此时开关必须打开。信息通路打开后，如何实现 VL 部分和 DM 部分细胞振子在新条件下的相位同步，这个过程需要反馈是自然的，但整个问题目前仍是不清楚的，理论上的数学模型几乎没有(就我个人所知目前还只有 1—2 个模型)，这是有待应用数学发挥作用的地方。随环境变化其相位及时调整实现与环境的相位同步。但从我们的分析来看，开关打开的主要动力学作用是快速地调整 DM 部分的相位。虽然产生这种机制的结构和动力学都不清楚，但是可以相信研究方向的着眼点应该在此。此外，VL 少量细胞如何对 DM 大量细胞进行调控的方式也是要研究的。我个人的推测可能与 DM 细胞分块协调不同生物功能系统有关，也就是可能有模块的结构，即协调同一生物功能系统的 DM 细胞之间连接稠密，但连接协调不同生物功能系统的 DM 细胞很少连接，造成部分总体稀疏的结论。当然这还有待于验证。至于大量 DM 细胞如何实现生物体各重要系统的生物节律的协调作用是件不清楚的事，考虑到 DM 细胞连接的稀疏性以及它要协调系统的众多性，可以猜测 DM 部分连接网络有模块性，当然实际情况还有待于科学论证。在这样的设想下，就有许多结构和动力学问题需要讨论。① VL 中细胞的信息是如何执行开关效应把相位信息尽快传递到 DM 分部的？这种连接有什么结构特征以及这些特征对行为有什么影响？这些直接接受信息的 DM 细胞作为网络节点有什么特点？② 在这些接受信息的 DM 细胞如何与 DM 中其他没有接受信息的细胞实现相位同步？以何种网络动力学方式实现相位同步？虽然人们已经为了研究由振子构成的网络实现周期和相位同步建立了一些经典的理论模型，可惜这些模型尚不能合理地用到 DM 部分的生物节律上。目前可行的方案是先建立合理的模型，然后进行数值模拟。另外，由于从功能上猜测到 DM 可能会有结构，所以在研究中要经常关心相关的实验研究，一旦发现这类结构就要注意这类结构在实现相同步过程中的作用。另一方面，由振子构成网络所发现的局域性特征，就想到要研究会不会在网络产生局域性效应以及给生物节律协调带来负面效应。③ DM 的同步生物节律是如何协调生命体的重要系统的节律的，这可能与 DM 的网络结构有关。会不会有模块结构？如果有，这类模块的划分的原则是什么？与 2010 年 *Nature* 发表的模块划分的观点是否有吻合之处？这种模块型的结构对局域效应的影响是什么？④ 实践告诉我们，当环境日夜相位发生变化，SCN 完成新条件下的生物节律的时间是不同的。有的人所需时间很短，有的人较长，有的人甚至于长到病态程度。从动力学观点来看，这是与 DM 网络在扰动下到达新的相位同步态时间有关，也与 DM 与各重要系统完成生物节律协调过程长短有关。这涉及动力系统暂态问题，为了人类健康，这个问题的研究也提到了议事日程上。要研究决定时间长短的因素，尤其是网络结构的特征，同时也要研究可操作的控制暂态长短的方法。我也要指出，自从生物节律的工作获得诺贝尔奖以来，关于生物各重要功能系统受到生物节律影响的实验工作大量地发表。从研究方向来看这就是要用应用数学方法讨论 DM 部分是如何影响各功能的工作的。这一部分目前只能是关心各种实验结果，有了足够资料才能工作。可以预测到这方面有许多涉及研究方向的创新工作可做。

由于本人水平有限，加上客观上当时对 SCN 结构的各种特征，或缺乏细致了解，或在生物上尚待发现，所以那时我们虽然认识到生物节律是对本研究方向有重大意义的实际问题，但仅仅做了些肤浅的工作。我们的感觉是应该可以从用研究方向的高维非线性系统的角度去研究生物节律，所以我们从当时只是利用对 SCN 结构理解构建简单网络模型来讨论生物节律。所得结果投了 IET 杂志，审稿人认可了我们从网络角度讨论的想法，也指出我们是较早从网络观点研究这个问题。这几年，随着科学上的进展，想法有了深化，把主要想法在上面提出来，希望对有兴趣从事从实际科学问题进行应用数学研究的读者有所帮助。

第二节　生物分子的定点和定时控制

2013 年诺贝尔生理学或医学奖授予细胞囊泡运输的相关工作。囊泡运输是指细胞的生物分子通过囊泡在固定时间内运输到固定的地点。此种运输任务的完成是经历一个极为复杂的工作,在附录三和附录四中就这个复杂过程做了简单介绍。研究表明在囊泡运输中经过了出芽、锚定和融合等生物过程。诺贝尔奖获得者研究了出芽、锚定和融合等基本过程及其调节机制,得到了初步的揭示。正如附录三和附录四中所述:"但我们必须承认,目前人们对细胞内复杂而精细的交通运输系统的认识,仍然是初步的和框架性的,关于囊泡运输的更精细的调控机制,尚有待进一步阐明。"

从研究方向而言,这个问题是一个实际的科学问题,对应用数学提出了重大的挑战,要求从控制论的角度讲清楚如何识别囊泡要输送的生物分子、如何把生物分子送到预定处、如何保证输送过程的畅通。我们把这些问题称为生物分子的定点和定时控制。

为了讲清这个问题,我们从控制论出发。从数学上看,控制论讨论一个线性系统加上反馈项,反馈项本身是状态变量的线性组合,因而两者的组合仍是一个线性系统。控制论研究的是在反馈项作用下使系统达到所需目标。由于本质是线性系统,所以可以利用调节反馈系数,在一定数学条件下,使目标成为线性系统的稳定平衡点,就可达到目标。所以经典控制论主要是依据微分方程定性(平衡点分析)和稳定性理论。

把这种想法推广到非线性系统的定态控制,就提出了混沌控制方法,即用数学方法实现对非线性系统的双曲型不动点的控制。它的基本思路是如果一个系统处于混沌状态,系统在相空间中存在一个奇怪吸引子,数学上这个吸引子具有遍历性质和嵌入无穷多双曲型的平衡点和周期点。在控制到平衡点和周期点过程中,也用捕获域存在性使系统进入奇怪吸引子,再利用遍历性进入到控制目标的平衡点和周期点的充分接近的地方,最后利用双曲性存在稳定流形的特点不断地调整到稳定流形的线性化方向,就可实现对不稳定平衡点和周期点的控制。这种控制在数学上仍是利用稳定性的一面来实现对定态的控制,但研究的是有混沌属性的非线性系统。

在上述研究基础上,我们考虑非线性系统不存在稳定流形的平衡点的控制。此时平衡点不存在稳定方向可借助,为此我们设想控制手段有能力判定不稳定平衡点位置,从而选择直线方向走向该平衡点。在每一个时刻,根据该处的线性分析所得不稳定速率沿直线方向施加走向平衡点方向的控制。所得结果发表于 *PRL*。当然这个工作控制目标仍为定态,也没有针对实际问题解决如何判定目标的位置,但是对非线性系统不稳定目标的控制提出了一种解决的思路。

我们知道生命过程是由生物分子相互作用来完成的。生物分子存在于细胞之中,但是并不是所有分子都会发生作用,只有发生作用分子聚在一起才能产生生物功能。这样存在一个科学问题:这些有相互作用分子是依靠它们在细胞中随机型的布朗运动发生碰撞产生作用,还是由其他科学机制来实现?2013 年的诺贝尔奖告诉人们是存在科学机制的,这个机制是依靠囊泡运输来实现的。我们可以解释为囊泡具有特殊本领来识别它要运输的生物分子,它把识别到的生物分子运输到目的地,卸下后使生物分子发生作用。从控制论观点来看,为了实现生物功能,要依靠特殊载体——囊泡来完成。我们可以这样理解控制过程,生物分子在细胞内处于动态,囊泡有能力在处于动态的众多种类的生物分子中识别到它要运输的生物分子,这显然是一个动态过程。然后通过囊泡运载把生物分子送到目的地,各生物分子运载的路径在运输过程中能处同一个有限空间内自由通行，互不干涉，这也是一个奇特的现象。到了目的地后，就要卸载，我还不清楚卸载目的地是否固定，如不是固定的，那这也是一个动态过程。总之，这个控制过程要涉及不同于以前控制理论的问题：① 从众多的对象中，控制对象的选取；② 控制目的地是动态的；③ 在实际物理空间中，控制路径的合理有效安排。这些都是对控制理论的挑战，一定会有涉及本研究方向的创新工作。

第三节　生物系统的适应性与敏感性

生物系统有一个很重要的特征，即对环境的适应性。从生物学角度来讲，适应性就是讲环境发生变化时，生物体能适应这种环境变化，生存下来。这种生存下来的能力在客观上有一些指标来表示。比如环境变化，引起体温变化是很小的，37℃左右就表明是正常的。又比如说环境变化导致血压波动，但在一定范围内为正常，也就是表明适应了环境变化。当然，这种环境适应性，不仅仅表现在一些指标上，也可能表现在某些动态中，比如时间节律，由于环境变化的时差效应，导致生物体用倒时差方式来适应环境日夜动态变化。这种适应性在生物学上是一种广泛存在的现象。由此引发一个需进一步思考的问题。在现实世界中，由于环境在不断的变化中，因而反映适应性的指标或动态过程也应有变化。但在长期的进化中，这种变化不应很强。如果环境变化过大，就自然希望描述适应性的度量在短时间内有较大变化，使生物系统自身感受到环境发生了变化，要尽快启动系统的适应能力，在尽可能短的时间内回到与适应性相应的指标内。

从结合实际科学问题的应用数学研究角度来看，这是一个非常值得研究的问题，完全可能产生创新工作。首先，我们要考虑如何建模和给出与适应性相应的新概念。从现有理念一个生物系统的功能过程可以用网络来建模，通过建立网络上动力系统来分析其功能。通常说的环境变化可以用动力系统的参数或系统的输入来表示，那么系统吸引子应该用来描述适应性相关性质。现在我们常常用鲁棒性来描述由参数或系统的输入的变化所引起吸引子变化，如果吸引子的定性性质没有变化，就认为系统有鲁棒性，至于吸引子重要性质刻画的变化就不在考虑之内。适应性不仅要求定性性质不变，而且要求刻画吸引子的一些重要性质有额外要求，所以必须给出系统适应性的新概念。此外，生物系统适应性对于参数或输入的感受程度以及恢复适应性时间就涉及动力系统暂态过程的研究，这自然是一个新课题，需要用新概念加以研究。

附录五是近年来发表于 *Cell* 的有关适应性的文章。按照生物系统的一般情况，它把动力系统讨论的吸引子限于平衡点。把生物系统看成输入与输出（平衡点的某个分量值）关系，系统的适应性定义为输入量的变化/输出量的变化。这个量越大，系统的适应性越大。显然这个比值越大，代表输入量的变化比输出量变化大得多，也就理解为环境变化引起很小生物功能变化，生物系统应对环境变化具有适应性。当系统的输入量发生改变时，系统平衡点发生改变，系统就要经过一个暂态过程达一个新的平衡点。在这个过程中表达输出的量也经历一个到达新平衡点所代表量的过程,文章定义系统的敏感性为过程中输出量变化最大值/输入量变化值,这个量越大代表系统对输入的变化反应越强烈,也就是说明生物系统更加容易感觉到环境变化给系统的功能带来可察觉的变化,从而尽快调动适应性质使系统回复到功能状态。*Cell* 文章就是用这两个概念来讨论生物系统的适应性和敏感性的。文章是以描述酶反应的三节点 motifs 模型为例进行分析,做了大量的数值工作,结果发现只有少量模型具有较好的适应性和敏感性。由于模型涉及的非线性系统的维数仅为 3,所以可以进行合乎数学逻辑的解析分析,对适应性好的原因做出了科学逻辑的分析。该文发表后,一个自然考虑的问题是如何把适应性概念推广到吸引子为极限环的情形。极限环代表了周期运动,描述它的是波形和周期。按照平衡点的讨论,适应性是输入不会引起吸引子的大变化,那些对周期运动的适应性也应包含波形和周期两方面属性。对于生物节律,由本章第一节可知,环境的日夜变化引起细胞振子的周期运动的周期不变,相位随环境发生变化,对于波形大小似乎没有提出要求。这可能是面对周期吸引子提出的一种适应性。2008 年 *Science* 杂志发文讲述了 microRNA 可以微调 Cell Cycle 的周期。然后,我们通过数据挖掘把相关的 microRNA 因素加入 Tyson 关于 Cell Cycle 的经典模型中去,数值分析结果表明的确对 Cell Cycle 的周期发生微调,而且惊人地发现波形和幅度都基本上一致。为了证实这个现象的普适性,我们对产生生物振荡的两种基本 motifs(一种是经过分叉产生振荡,另一种是经过激发媒质机制产生振荡)加入了 microRNA 的调控机制,结果都发现上述周期微调机制。我们认为这是面对周期吸引子的又一种可能适应性。工作发表于 *BioMed Research International* (2013)。在这儿介绍一些我们肤浅的工作,主要是想说明在这个课题上研究方向是可以有作为的。

上述研究似乎表明有良好适应性的生物系统不是很多,这与我们通常的认识不吻合。我个人以为是现有研究主要集中在生物网络中的 motifs,这属于研究方向中第二阶段研究的低维非线性系统。众所周知,motifs 不能实现某个生物功能,它仅仅是描述生物功能网络中相对数目比较多的基本构件。而适应性应该与生物功能相关,因而是生物网络的整体行为描述。从研究方向来看,应是高维非线性系统,这类系统的研究还缺乏有效的办法,尤其是如何处理所有参数的综合效应。我个人倾向性的看法是,生物系统的适应性应该是各种参数协调作用的结果,采用几个参数来解释可能不会完美。顺便指出一下,参数作用也并不完全独立,相互有协调作用。这些问题是研究方向在第三阶段中面临的最重大的挑战。

对于敏感性以及相关问题的分析,我所见不多。我想可能的原因在于这些问题是涉及非线性动力系统的暂态过程的分析。熟悉非线性动力系统理论的工作者都了解,在经典理论中可知暂态可用相空间的轨道来描述,但如何描述,缺乏办法,可以应用的是 Lyapnov 指数谱的有关概念。由于在过去一段时间内,这方面理论和方法缺乏与否还不成为研究中的太大问题。但是生物系统研究使我们越来越认识到暂态过程分析也许是一件必须要面对任务。可以说,这个问题的研究一定会带来应用数学的创新思维。我个人认为这个问题可能不是强调参数协调性而是与参数特殊性有关。

第四节　生态网络行为与网络结构关系

这一节所讲的问题涉及生态系统，我没有从事过这方面的研究。退休之后，在阅读 *Nature* 和 *Science* 文章时，发现了不少在这个课题与研究方向有关的研究工作，也看到了可能做出创新工作的希望，所以把它单独列出以供参考。

我所了解的用应用数学方法研究生态问题的较早数学模型为捕食者和被捕食者模型。模型研究的是两个物种，一个物种捕食另一个物种。以每一个物种的密度作为变量，得到一个二维常微分方程。对二维方程定性结果为平衡点和极限环，如果进一步分析，结果为稳定平衡点或极限环，生态上就意味着两个物种以定值共存或随时间周期方式共存。作为偏数学的应用数学研究自然更关心的是该方程的极限环性质，所以就设法建立各种条件以证明稳定极限环存在。但如果以实际科学问题的应用数学观点来说，二维模型数学结果表明可以用这样的模型讨论生态学上最关心的问题——物种共存，因而更关心的是自然界大量物种共存的科学问题。

为了研究物种共存这个实际科学问题，首先要建模。很显然这个模型是网络，如何构建呢？由于生物学家早就认识到这个问题的重要性，因而长期以来在全世界找到一些相对独立的一些区域，把这些区域内的物种视为一个系统。对这些区域内的物种生成情况和相互作用进行了观察，积累了大量的数据。我们就可依据这些数据建立反映它们之间相互作用的网络。为了在网络基础上进一步建立数学上的动力系统，就必须对物种作用进行具体分析。现在认识到物种之间的作用有三种：合作、竞争和互利，这三种作用在数学模型中用正负、负负和正正符号加以描述，在这样的基础上就可以把一个实际生态系统用一个网络上的动力系统来描述。

从 20 世纪 70 年代开始，国际上关心这个科学问题的专家就试图用这样的数学模型的稳定定态解来研究物种共存问题。由于维数高和非线性特点，解析解的研究几乎是不可能的，只能采用数值方法。在数值处理中也碰到两个困难：① 由于系统参数非常多，实际采集数据的环境还是有差别的，如何整合数据给出合理参数值；② 实际上物种密度只有正数才有意义，物种密度计算到零，就意味该物种灭绝，整个生态系统要改变。为此 *Nature* 发了两篇文章解决这两个问题：① 根据现有数据，把参数看成一个随机分布，因而数值定态结果必须满足统计上的要求；② 给出相适应的数值方法，要求系统本身的结构在数值计算过程中不断地调整以符合满足物种密度为正的要求，也就是一旦物种灭绝就把与它有关的部分从网络中去掉。

有了上述办法，就可以对有实际背景的生态系统建模，然后用非线性动力系统理论和数值方法进行研究。当然从实际需要出发，最关心的是非平凡平衡点的存在性和稳定性。当然针对生态的实际背景，提出一些更切合实际需要的观念，有关详细情况可参阅我在第二章“发挥余热”一节所列的文献。在这里我们简洁地阐述其中有关的两个问题，因为可能与本研究方向的创新工作有关。第一是有关恢复度的概念，一个稳定非平凡平衡点表示了系统中物种共存时的大小分布，由于环境变化可能导致达到新的物种重新分布，从自然界观察结果来看这种分布一般是可以达到的，而且具有新的分布与原有分布相差不大和达到新分布不用太长时间的特性，这是生物学上的要求。为了描述系统这种特性，就提出了与恢复度有关的概念。由于目前科学界没有统一名称，在这里我们统称为恢复度。从研究方向角度分析问题，分布大小变化为上节所说的适应性一致；收敛时间长短也与动力学的暂态过程有关。从这个意义上看，生态系统可以作为上节所述生物系统所具有性质的特例开展研究。第二是由于生态系统演化的特殊性所带来的物种变化。生态系统在演化过程中会出现物种入侵和物种灭绝的现象，这两种情形都会带来研究的网络模型的变化。一是新物种的入侵会扩大原来的网络，改变原来稳定平衡点。如果这种变化带来物种分布重大变化，就有可能带来生态灾难。二是物种的灭绝是否可能带来连锁反应，结果出现生态系统的崩溃。这两种情形是研究方法必须考虑的新出现的科学实际问题，是对研究方向的挑战，也就是创新工作所面对的问题。

除此以外，网络作为应用数学新的建模形式在研究中可能带来的影响也是需要关注的。首先，人们对实测的实际网络研究发现它们与纯数学研究的网络是有不同结构的。最早发现的两个结果是小世界性和度分布的无标度性质，接着发现具有这种结构特征的网络对于系统行为是有很明显的影响的，比如小世界性可以提高网络上信息传播效率。这些结果告诉我们，网络模型的引进带来一个全新研究课题，即网络的拓扑结构与系统行为的关系。这是一个全新的研究领域，其工作应该是创新的。生态网络的研究提供了一个有力的明证。*Nature* 和 *Science* 近年来发表文章，表明在由互利作用形成的生态系统的实测网络中发现了普遍存在的 nested 结构。简单地说，具有这种结构的网络连接矩阵有明显的上三角形式。根据这个特点，科学家们定义了相应的度量 nestedness 来表达这种特征的大小，并用实测的互利生态网络为背景，用数学逻辑的方法科学地论证了为什么这样的结构有利于互利生态网络中物种的共存。有关详细信息可以参见第二章的“发挥余热”这一节。当然这种研究都在于洞察力，完全依靠自己的能力来判断，能否发现完全决定于研究者的创造能力。我也发现有 *Nature* 文章把网络中节点作用分成 direction 和 indirection 两种，证实了在有的时候的 indirection 作用比 direction 作用强。我相信这个现象与网络结构和动态过程的作用有关。目前似乎也缺乏对此现象的研究。最近 *Nature* 又公布了一个新工作。对于一类生态网络，物种之间处于竞争状态。文章是以森林为例，如果有树木枯死了，那么所有树种都有可能来弥补这个空缺，从这个意义上讲它们之间存在竞争关系。文章的研究结果表明，有多物种参与竞争可能更有利于物种共存，仅有两种竞争可能不利于共存。多物种竞争的机制所构成的网络连接矩阵是具有结构特征的，当然有关工作才开了一个头。我把原文作为附录六放在本书后，供有兴趣的读者参考。

最后，我还想强调生态网络的研究与研究方向第三阶段工作的关系。从现有文章来看，实测生态网络都是高维的非线性系统，因而属于研究方向第三阶段工作。我个人认为这类系统的参数处理是一个大问题。我个人不太认可完全随机化处理，我认为参数之间有关联性。事实上，环境变化会带来参数变化，由于它们之间的关联性保证了协同变化来确保产生适应性。当然这种想法必须得到科学证据，目前生态网络的数据相对比较多，加上大数据处理关联性的方法越来越成熟，所以我个人以为也许可以借助于生态系统研究来探索这个问题。

第五节　再议复杂系统的应用数学研究方法

在本书中我们提出了结合实际科学问题的应用数学研究的三阶段论，并且把第三阶段称为高维非线性系统的研究。同时，我们也叙述了目前还没有形成关于这类系统应用数学的研究方法。在本节中，我想就这个问题谈一下看法并展开讨论。

根据我们的理解，高维非线性系统的研究是20世纪80年代在基本形成结合实际问题的低维非线性系统应用数学研究方法后科学家们自然地开展的研究课题。在研究初期，通过对人为构建数学模型的研究，总结出斑图（pattern formation）和涌现（emergency）等一系列新的看法，感觉这个问题似乎也有可能解决的前景。但随着研究的深入，发现这个课题不是一个简单的问题，尤其对于机制分析遇到巨大困难。面对异常复杂且一时无法分析的难题，科学家就把课题看成为复杂系统（complex systems）的复杂性（complexity）研究。从数学上看，这类复杂系统就是高维非线性系统。20世纪末，*Science*杂志在总结了现有研究结果的基础上，指出了在现阶段还是应当以实际复杂系统的个性化研究为主。然后，*Science*杂志在2008年在总结了近十年研究工作的基础上，又指出了复杂系统的应用数学研究的典型数学模型是复杂网络模型。就我们所知，除了这两个指导性的意见后，如何对模型开展应用数学研究似乎还没有提出有效的科学方法。

作为从事结合实际科学问题应用数学研究的一名学者，我对这个问题一直很关心。并且也结合自身的实际工作对如何解决这个问题进行了思考。多年的思考也积累了一些想法。如果我还在工作岗位，也许有可能就这些想法的科学性继续做些探索。但由于已经退出工作岗位多年，加上从事这类探索需要一个平台，个人能力是做不到这一点的，所以只能选择放弃。但我还是想把自己的想法逐渐形成的过程用文章方式公布出来，让有兴趣的学者来判断这种想法是否科学。如果有认可的学者，希望对他们今后的研究起到一些作用。

现有对复杂系统行为的应用数学研究大多数都是从动力学模型入手，这种研究思想在本质上属于确定性的研究思想。目前由这种想法出发的研究已经得到一些比较认可的性质来描述复杂系统的特性，比较常见的有斑图、涌现、适应性、不确定性和复杂性。由于复杂性的确切含义一直不十分清楚，所以有时候广义上把复杂性看成上述其他性质的通称。我们要注意到这些概念基本上是基于确定性思想指导下总结出来的。基于确定性的动力系统理论，加上数值上发现复杂系统存在不同于定态、周期态和混沌态的动力学行为状态，在尚不清楚这些状态的机制情况下，就把这些新行为通称为时空斑图，它显然体现了确定性思想。至于涌现是从构成复杂系统众多成员在相互作用下可能会涌现出各种集体行为的属性，从确定性观点看这些属性也应是系统的某种状态。与斑图不同的是对涌现状态的产生机制有了些认识。适应性与原来研究的鲁棒性有相似处，它们都描述系统状态的定性属性对环境变化的抗干扰性。不同的是适应性的抗干扰性不仅表现在状态定性属性上，而且表现在状态的定量属性上。因此，从动力系统观点来看，是指复杂系统状态的定性和定量属性都有强的抗扰动的能力，当然也属于确定性思想研究的方法。最后谈一下不确定性，它反映实际复杂系统很难用动力系统的确定想法给出一个确定状态的描述，也就是用确定性模型不能给出实际复杂系统的确定性行为。这个结果表明现有从确定论观点出发的模型是不可能实现系统的不确定性的。换句话说，实际复杂系统的行为可能不是由确定性所决定的，想用一个确定性数学模型来处理实际复杂系统行为不是一种科学证实的方法。总结上述结果，所有复杂系统特性出现意味着两种可能解决办法：① 发展建立在确定性思路下开展的研究的动力系统理论，以求解决一些新问题；② 是否有可能用确定性思路开展研究是存在缺陷的，要设法建立新的研究思想。对于适应性特征，2010 年北大在 *Cell* 上发表了一篇文章，文章针对生命系统提出了从动力系统理论出发的适应性的概念和定义。但在对一类实际生命系统处理发现大多数系统不具有适应性。当然这种思路还可以进一步发展，但工作本身也在一定程度上说明应该可以用不同与确定性的思路寻找可能的解决方案。更值得指出的是，系统的不确定性表明确定性思维本身就存在矛盾，应该做不同于完全依赖于确定性思维方式的探索，也许这是找到不确定性的机制一条可能的有用途径。

我个人现在趋向于用第二种方法来考虑。我是从结合实际科学问题的应用数学研究角度来开展对这个问题的考虑的。从研究方向来看，对实际复杂系统处理第一步是建立合适的数学模型。对这个问题，*Science* 杂志总结了多年工作积累在 2008 年提出了用复杂网络建模的建议。注意这里不是网络而是复杂网络，所谓纯数学上讨论的网络一般指规则网络和 ER 网络，这两种网络真实地反映了确定性和随机性两种截然不同的研究思路。而复杂网络是指对实际复杂系统所建的网络，1998 年 *Nature* 杂志和 1999 年 *Science* 杂志发表了两篇文章，分别描述了复杂网络的两个基本结构特征：小世界性和度分布的无标度性。从两篇文章内容来看，网络的小世界性是指网络基本结构是由规则网络和 ER 网络混合而成。而网络度分布的无标度性是反映网络节点在产生相互作用时表现出非均匀性，这一点与过去建模中把基本单元在发生作用时处理成等同是不同的。这两点说明真实复杂系统的数学模型结构体现有确定性和随机性混合性质以及网络节点作用的非均匀性。我个人认为用这样结构的数学模型来分析系统行为时必须体现这种特点，即行为形成是确定性和随机性两种行为的有效合成，同时也要注意非均匀性对行为影响。

复杂网络并不能直接用于系统行为的研究。为了用复杂网络的数学模型研究系统行为，就要进一步在复杂网络的基础上构建可描述行为的模型。自然的切入点是分析网络中节点连线所代表作用产生的机制，利用机制来写出其因果关系的数学表达式，这种表达式一般是确定性的。通过这一步骤，就得到复杂系统的动力学网络模型。由于度分布的非均匀性，因而在网络节点作用的因果关系的表达式中会体现不均匀性。但是又由于通过机制来写出因果关系的表达方式一般就是动力系统的确定性思维方式，综合起来，这样的研究行为模型能反映网络结构的非均匀特征但不能反映结构上确定和随机的混合特征。所以动力学网络模型就很难对复杂系统的不确定性的特征做出科学解释。因而问题关键是是否有可能对动力学网络模型进行必要调整和修改，使其在行为描述中能与其结构上的确定性和随机性特征相匹配。

在做进一步分析前，先要就确定性、随机性和不确定性的研究情况做一介绍。从科学发展史上来看，讨论实际系统行为的科学方式有两点值得我们关注：① 一般来说，行为的研究想法存在确定性和随机性两种截然不同想法。从这两种不同想法出发，在数学上也建立了对应的两套应用数学方法，两种数学方法在物理上典型表现为处理本质不同的物理学科。用确定性思想代表的方法处理力学和电动力学，用随机性思想代表的方法处理统计力学。当然随着科学的发展，也已经开始注意到在许多情况下用单一思想方法处理实际问题可能是有缺陷的，开始注意到用两种思想进行综合处理。但综合处理的实际模型极大多数是一个确定性系统外加一些随机因素，也就是把随机性看成是系统外加因素引起的。这类研究的本质与我们提出的确定性和随机性混合是不同的，在复杂系统中混合属性是系统结构的内在的性质，不是通过外加方式，所以不能简单采用外加的方式。② 科学上研究系统不确定性是由物理上量子力学研究所触发。在量子系统的研究中，首次根据实验证据提出了粒子的波粒二象性，即量子可以表现出粒子性质和波动性质，由此得到量子的最终行为有不确定性。为解决这个科学实验的结果，人们放弃了由确定性所建立的相空间、轨道等一系列概念，并建立了薛定谔方程作为量子行为描述的方式。薛定谔方程用波函数来描述量子的行为，波函数是一个复函数，其模的大小表示了量子在各种可能状态中出现的概率。各种可能状态就是量子不确定性表现。但量子力学中不确定性表现与复杂系统中不确定性表现似乎有差别的。量子力学中粒子的不确定性由量子可能出现的状态以离散形式来表现。而在现有复杂系统的不确定性表现为其状态的量是可连续变化。在实际工作中，人们依据长期积累的经验可以对某些状态变量制定相应标准，一旦系统的状态处于不同标准值，就认为系统功能发生变化。比如生态网络中节点代表物种是以密度为其状态。某物种密度太小，就有可能导致该物种的灭绝；某物种密度过高，也可能触发别的物种灭绝。只有所有物种处于中间合适范围内才能使所有物种可在生态系统中维持。当然，这些密度分界点是以系统的特定环境而设定。实际工作中密度是一个连续量，这与量子力学处理不确定性是有区别的。综上所述，我们可以看出复杂系统表现的不确定性与现有处理是有不同的。从理论上讲其数学模型中内在确定性和随机性的共存的机制也与现有研究是不同的。也就是说缺乏有效数学方法来处理由复杂网络随机性和确定性混合结构上建立可描述不确定性的动力学网络模型。所以，我们迫切需要提出新的应用数学方法来处理的这个极重要的科学问题。

考虑到描述复杂系统功能的量一般是连续变量，所以在复杂网络给出结构的复杂网络基础上由节点的相互作用的因果关系来构建动力学网络模型的方法是可行的。由于因果关系的表达式是由相互作用产生的机制来决定，故其形式是确定性，不过在模型中会含有用字母表示的含有一定意义的参数。动力学网络模型的最基本的特征之一是参数的数目是巨大的，这是复杂系统特性所决定的。如果以确定性思维来处理系统就有两种途经研究参数对行为影响：① 如果存在系统模型是依据海量观测数据所建立，那就设法通过数值方法找到拟合模型的最佳参数值，利用这组参数值来研究系统功能。② 固定系统中的绝大部分参数，变化一个参数来研究系统功能与参数关系。这是在参数不多时最常用的方法。这两种方法都得不到不确定性的结果。对于第二种方案，如果参数数目巨大，在实际工作中也是不可操作的。此外，确定性思维研究把模型结构中的随机性完全放弃了，这从直观上来看也是不妥的。当然也有学者注意到了这个问题，提出了不同方案。生物学家在用生态系统研究物种共存时，为了模型的可靠性提出了用自然界中相对封闭的区域所实测的生态数据来构建生态网络的想法。在构建生态网络基础上，进一步由物种之间相互作用方式形成描述生态动力学网络模型。为了用模型研究物种共存，碰到如何由实测生态数据决定模型参数的问题。生物学家 May 依据他的经验于 1974 年在 *Nature* 发表了文章，提出了一种方法。他提出的方法认为参数选取服从一个随机分布，这个随机分布的均值与方差是由多年实测数据决定的。这种方法似乎把生态系统又用随机性思想来处理其行为。我个人认为这样处理是有不合理处的。简单举个例，假定在相对孤立区域内同时存在几种食草动物，在讨论物种维持性中往往要用到它们的各种生长率作为系统参数。显然在这样的环境下，它们的生长率是有关联的，把它们的生长率看成独立随机发生的是不妥当的。换句话说，这种处理又放弃了确定性的一面，完全可能由随机独立性得到不切合实际的不确定性结果。在动力学网络模型的参数选择上，现在存在有确定和随机两种处理方法。限于一种思维处理方法是与模型结构不匹配，猜想也不合理。那么，自然地提出一个问题：我们是否有可能提出一种科学的方法来解决这个矛盾？

复杂系统现阶段是处于对具体真实系统进行研究的阶段。目前，对实际复杂系统的数学建模主要依赖于对系统所积累的大量实测数据。在上段中我们已经提到依靠数据来选择动力学网络上的参数有确定性和随机性两种不同方法。但网络结构表现为确定性和随机性的混合，因而如果能找到由确定性和随机性混合就显得更为合理。大数据理论告诉我们数据中的有效信息是由关联性来描述的。关联性可表示为正关联、负关联和无关联。我个人看法是正、负关联表示存在某种因果关系，这种关系可以理解为具有确定性的因素，而无关联则可能反映了独立性，是随机性表现。可见数据的关联性处理是数据中确定性和随机性两类不同特性的分析，这正是我们所要求的。所以我们认为是否可以将数据关联性处理方法用到动力学网络模型的参数选择中去，分清哪些参数是关联的、哪些参数是无关联的。将无关联参数集看成一个随机分布，当然要由数据决定其均值与方差。在随机选取无关联参数时，与其有关联参数就按照关联方式选取。这样可以兼顾模型结构中的确定性和随机性。

我的上述想法是在我转向研究复杂生命系统的过程中逐步形成的。在复杂生命系统中，系统的不确定是非常明显的，它表现为实测生命系统中两次有关功能实测结果在数值上完全一样是几乎不可能的。对于这个现象的出现可以泛泛地用系统所处环境是千变万化的来进行解释。但从应用数学的角度来看，这种不确定性表现为所建动力学网络模型中含有太多的参数，以至于很难在系统行为研究过程中以确定性观点同时控制这些参数，所以系统不确定性来源于参数。更进一步地我们要问如何选取参数使得系统在保存不确定性的同时又能维持生命系统中的适应性。显然如果参数独立地变化是最有可能使其失去适应性的。描述生命功能的动力学网络模型的参数数目是很大的，采用大数据关联想法，找到无关联参数和与每一个无关联参数有关联的一组参数。这样，再随机选择无关联参数，每一个随机无关联参数会带动其他与其相关联参数做出变化。我个人猜想这种关联性变化会起到相互制约和协调作用，保证了适应性的实现。

上面我依据多年来对复杂系统研究的理解，提出了现在如何处理这类系统的不确定性和适应性的想法。这一想法是否正确，有待于做进一步的科研工作来加以证明。我已退休多年，不可能再做这事，故把想法如实讲出，希望有志同道合者同意我的看法，并能够做进一步考虑。

第五章　杂　　文

挑　　战*

我已经退休了，紧张的科研生活已经成为过去。我的不少同行朋友还将继续在科研战线上努力工作，我衷心希望他们能在今后的工作中顺利，并取得突出的成绩。作为一个过来人，我想利用这个机会，把我多年来从事科研工作的亲身体验和感受，结合目前的科研形势，就科研工作有关的问题谈一些我的看法，希望这些看法能对他们有所帮助。我把本文的题目定为"挑战"，目的就是希望我的同行朋友们能够明白在目前形势下要大胆勇敢地迎接把我国建成世界科技强国的挑战，一马当先，奋发有为。如文中有不当之处，还请同行朋友们提出批评和建议。

一、从我的科研历程谈我国所面临的科研形势

我国在1978年恢复研究生招生，于是我有机会作为"文革"后的首届研究生重新获得学习和深造的机会。研究生毕业后被分配在大学工作，开始从事我从小就梦想追求的科学研究工作。从那时开始，一直到2013年退休，我在高校从事了近35年的科研工作。从自身的研究经历中，我深深地体会到我国科技工作在这35年中所经历的巨大的发展和翻天覆地的变化。

1978年中共中央召开全国科学大会，表明了在新的历史时期国家对科技工作的重视。但由于历史的原因，当时我国的各方面的条件都比较差，科研水平整体上还比较落后，所以与当时国际先进水平比较起来有相当大的差距。记得1978年我读研究生时，学校只有很少几种国际刊物，而这些刊物往往要出版一年后才能到我们手中，因而所提供的科研信息也往往是滞后较长一段时间；另一方面，那时缺乏学术交流，使得我们对于国际研究的前沿问题了解得不多。阅读科研论文是研究生做研究工作的基本功，可当时我们也不懂得如何看论文，不懂得如何去体会论文中的关键信息，也不会去理解其中的科学观点，往往停留在能否找到一些修修补补的地方，并以此做一点查漏补缺的工作。这样一来，自身的科学素质的提高就受到了很大限制。我曾记得在阅读文献时为发现原作者一些非科学本质的小错误（有些可能是笔误）时，会兴奋得睡不着觉，还自以为真正找到了研究对象。当时我们中的许多

---

* 刘曾荣：《非线性和复杂系统的理论、方法和应用》，上海：上海大学出版社，2016：629－654。

人的科研工作都是围绕着导师有兴趣的一些问题而进行的，很少觉得应该通过自我探索来找到有实质性科学意义的前沿性问题加以研究。在这样的情况下，对科研成果也就要求不高，只是盼望能在国内一级学会杂志上发表文章，对于到国际杂志上发表论文认为是高不可攀的事情，从未想到如何去做前沿问题以达到国际水平。当然，随着改革开放的逐步深化，国内的各类学术交流越来越活跃，海外专家学术报告和讲座也越来越多，国际重要学术动态开始得到关注，虽然在及时性上还有差距，但是国际的前沿研究动向已经被我们逐渐地了解。在这方面要特别提到的是我的导师许政范教授，他在学术思想上是比较开放的，始终鼓励自己的学生去了解新动向、探索新的研究方向。这样就使得我能够充分利用当时环境，结合自己的特长，通过自己的探索去了解和掌握国际研究前沿中比较适合自我发展的方向，使自己成为国内较早地进入了当时前沿科学——非线性科学的年轻人之一。

在 20 世纪 80 年代初，由于频繁地接触到非线性科学中最重要的进展——混沌，这项研究引起了我的兴趣，好奇心促使我关心它的前沿领域研究。比较起我做硕士论文所涉及的奇异摄动方法，我觉得这是一个适合我的有前途的方向，于是我做了一个放下奇异摄动法，转而开展混沌研究的大胆决定。事实上，国际上关于此前沿的工作主要发生在 20 世纪 70 年代末期，原创性工作几乎都在这一阶段完成。当我在 20 世纪 80 年代初对混沌产生了兴趣，赶紧补充必要基础知识、抓紧收集资料、刻苦研读文献并有所体会时，才发现大的重要问题已经不多了，但还有些问题从实际需要的观点看似乎仍有一定的继续深入探究的余地，当然其结果也只是对原问题做些科学性的补充解释。于是，我又产生了一种想法：既然这些问题在国际上才讨论几年，那么这些有一定科学意义的后续工作也应当有可能在国际上发表。这就促使我开始向国际杂志投稿，并在 20 世纪 90 年代初第一次在国际杂志上发表了论文。这是我由国内迈向国际的第一步，实质上也体现了当时国内科技工作者的总体情况。回想起来，这些工作实际上是国际已经发表的论文的推广与深化，是对原始工作的深入处理，可以对科学性有补充和解释，但似乎是缺乏原创性的。当然，这只能是由我当时的实际水平所决定的。

经过混沌研究工作的磨炼，懂得只有多关心科学的前沿和热点问题，才能保持科研工作的活力，因而在以后的实际工作中就比较注意科学前沿研究动向。在混沌研究热度下降后，对随后非线性科学发展的一些新的前沿课题——无穷维动力系统、复杂性、混沌同步和混沌控制、复杂网络，我都能比较及时地发现。在有些方向上我还是国内最早提出的几个成员之一，比如复杂网络的研究。由于所研究问题比较前沿，加入得早，信息来源也越来越快，能及时阅读反映非线性科学最新研究成果的主要杂志（如 *Chaos*；*Physica D*；*Nonlinearity*；*Phys Rev E*；*IJBC*；*Chaos*；*Solitons and Fractals*）中的有关文章，所以对当时国家要求论文达到 SCI 和 EI 标准也能自然地适应。先后在数学、物理、力学和控制的 SCI 杂志（有的还是该方向顶级杂志）发表了不少论文。显然，这一阶段的个人发展是与国家总体向科研大国迈进的过程相符合的。值得提出的是，由于进入早，发展动向相对比较清楚，在思考问题时就会通过综合思考联想到一些前人没有研究过的问题，这就促使我们不断去想，即使有许多情况也想不出好办法，但是对少数问题还是会想出办法的。当然按所考虑问题性质的不同，工作重要性也不同。对于多数情况，只是在原有科学问题的框架内想得更完善，这些想法我个人认为不能称为科学上原创性。对于少数想法，与原有讨论科学问题有本质上的差别，那就要讲清差别和不同的处理思路，我认为这就有原创性。我们在 *PRL* 上发表的混沌控制的工作就有这样的特点。当然，由于一直从事偏向于理论的研究，故这种原创性往往会体现为有一个新的想法和逻辑上的合理性，至于这种想法在科学上的真实性，以及所可能解释的科学现象当时还是很少考虑的。

在 21 世纪初提出复杂网络的研究时，我的一个想法就是复杂网络作为建模的新形式在研究中就应当与实际问题相结合。凭我多年工作的经验，我认为从有利于出好成果方面出发去做，比较理想的工作是结合生物系统。在这种思想指导下，我向上海大学的领导提出了成立交叉型研究所的要求，得到了钱伟长校长和几任上大校长的支持。在这种情况下，就迫使我去学生物，去阅读 *Nature*、*Science* 和 *PNAS* 三大顶级杂志的文章，去与自己思维方式不同的各个不同领域的学者交流，这段经历使我对科学工作的理解有了进一步的提高。原先我认为做实际问题研究的应用数学工作其原创性一般体现在建模上。现在我的理解是，如果对新的科学问题所建模型是全新的，经过数学处理后能够合理解释原来实际问题，这样的工作就应认为具有原创性。但从科学性上来看，最终问题的解决必须从科学上拿出令人信服的证据。对于生物学家来说，就是要你解释结果的生物意义以及生物学上得到的实证。仔细想一想这确实是有道理的，数学模型只是实际问题的理想化和简化，模型结果只能说从逻辑上讲在实际问题中有可能会产生的数学结果中解释的现象，但是否真的有这种现象还得有其他证据。可见，即使新的模型是原创的，所得解析结果也只是科学说服力的一个方面。所以为了使科学上更有说服力，就必须对所研究问题做更加全面的论证。这样就需要设计合适的实验，以便在接近模型的条件下来考察结果，也就是说加强科学性的论证是必然要考虑的。另外，对于各种情况的分析，在缺乏解析手段时，通过开展各种数值模拟工作来补充、支撑相关结果，也是很必要的。我在临退休前，在参与涂育松博士和文铁桥教授的相关工作的实践就使我有了更加真实的体会。现在我认识到真正有分量的科研工作，不仅应当是原创性的，而且这些原创性的结果应当在科学上被充分论证，也就是要有科学性。我对于在退休前能明白这一点，并做了力所能及的工作，所得结果在 *Nature*，*NanoTechnology*，*Scientific Reports* 等顶级杂志发表感到高兴和自豪。

我的科研思想在三十多年过程中的演变是同时代不少科研工作者所经历的缩影。从几乎不懂科研到了解如何去追踪科研前沿，再逐步地由一般性的发展和推广别人结果到注意研究的原创性和科学性，伴随着整个过程，发表论文档次越来越高，直到冲击国际上最重要的顶级杂志。这个过程是与同时代中国科学发展的轨迹相吻合的。

正是由于有我国全体科学工作者历经三十多年的共同努力，我国的科研工作能力不断提高，科研工作的质量也不断提高。在反映国家总体水平的 SCI 文章的数量上，我国已经达到了世界第二(最近我看到有文章说我国科研论文总数已经达到世界第一)。这个事实说明：我国已经成为科研大国。但是，同时我们也要看到我国还存在不小差距，据统计顶级杂志 *Nature* 和重要子刊 2012 年所发表我国论文为 303 篇，在全球排名第六，与发表 2 200 多篇排名第一的美国相差太大。这个数目还不及美国哈佛大学一个学校2012年一年发表的360多篇。另外,说明有高水平科研领头人物的H指标在国内普遍不高,我听到最高为60多,而在国外,往往一个重要科研团队的领头人物的H指标都达到成百。这些情况都表明我国的科研工作在国际上所产生的影响尚不大,还算不上一个科研强国。

总之,可以认为我们这一代人从自身的科研经历深切地感受到了我国发展为科研大国的过程。我们也感受到目前我国正经历着从一个科研大国向科研强国转化的过程。对后一过程的到来我们有体会,但由于自然界的客观规律,我们已不可能再直接参与,这个历史任务落在现在的中、青年学者身上,他们应该接受这种挑战。

作为一个过来人,虽然不能直接参与挑战,但可以把几十年来的经验和体会与大家做个交流分享。我想有两方面问题可讲。首先,从应用数学工作者的角度谈一下应用数学是否有可能做高质量的工作,以及如何通过提高自身素质来适应做此类工作的需要。其次,分析我所直接从事的研究领域的现状,并按我的理解提出一些可能出高质量工作的更为具体的研究问题,供大家参考。

二、应用数学研究的思路

因为我是从事应用数学研究的,所以我只能从应用数学的角度来谈如何应对挑战的问题。

国内对于应用数学的研究有各种看法,为了回答挑战性的问题,我想有必要先谈谈我对应用数学研究的看法。我个人认为,在对这个问题有了明确的看法之后,才能正确地应对挑战性的问题。

从字面上去理解应用数学,就是用数学方法去研究实际科学问题,这样的说法应该可以得到绝大多数学者的认可。然而由于命题涉及了“数学方法”和“实际科学问题”两个方面,故往往会产生两种不同的做法,即:他们各自分别强调数学方法和实际科学问题两个侧面,由此在目前存在一种不太正常的偏见。当把研究工作侧重在数学方法时,对实际科学问题有兴趣的人就会说此项工作是属于“数学”范畴,我们兴趣不大。当把研究工作侧重于实际科学问题时,对侧重于数学有兴趣的人就会说此项工作不属于“数学”。我想这种偏见是没有必要的,不管是哪一种做法,应该讲都是在做科学研究工作,因而其最终评价的落脚点应当是“科学性”。从这样的观点出发,应该认可应用数学工作可以有两种不同方式来做,一种是侧重于数学方法,在科学上强调是否建立新的数学方法和理论;另一种是着眼于用数学方法来解决实际科学问题,在科学上强调是否解决了实际问题的科学性。只强调一方的观点都不是一个科学工作者所应有的态度,都会影响应用数学工作者的积极性。我认为,不管采用何种做法,只有达到了科学性标准的应用数学工作才可以评价为优秀的应用数学工作。

从历史上来看,上述观点无疑是正确的。我们来回忆一下对周期现象的研究。先是在工程和电子领域的实际问题中发现了周期现象,当时的学者们对这些现象非常感兴趣。为了了解这些现象的科学含义,科学工作者开始了理论研究。有的应用数学工作者把重点放在从实际的工程和电路问题出发建立数学模型,比较典型的有Duffing方程模型和Van der

Pol 方程模型。从分析这些数学模型的行为开始逐步建立和发展了一些数学方法，用这些方法解决了许多有具体背景的工程和电路问题。他们以这样的工作参与促进了工程技术和电子理论的迅速发展，为世界的科学事业和人类的幸福生活做出了贡献。另外一部分应用数学工作者则更关心这些现象所提出的数学方法，把这些方法用数学思维方式加以严格化证明，逐步地上升为数学理论，结果建立了严格的微分方程定性理论，为数学的发展做出重要贡献。实事求是地讲，这两类研究对科学发展的贡献都是举足轻重的，区分谁大谁小是不合适的。在这里，我要顺便地指出一点是，在当初没有严格数学理论时，新的合理的数学方法只是解决实际问题的“科学性”的一方面，而实际问题的科学性的总体解决还需要与其他工作配合起来完成。

我们进一步从钱伟长先生所创导的奇异摄动方法来探讨。奇异摄动方法是对含小参数的微分方程的求近似解的方法，我国力学界的前辈钱伟长、郭永怀等在这方面都做出过很大贡献。钱伟长先生在加拿大得到博士学位的专业是应用数学，他用奇异摄动方法解决了薄板大挠度问题近似解，在工程建筑上的应用贡献是显而可见的，这个工作奠定了钱伟长先生的科学地位。我国力学界的许多前辈都出身于数学，他们在奇异摄动方法方面提出了许多有价值的近似方法，从而为相关问题的科学解决做出自己的应有贡献。当然，也有些应用数学工作者则把工夫花在各种奇异摄动方法的数学合理性上，比如收敛性的证明与误差估计上，这样才使得严格的奇异摄动数学理论得以建立。反过来，这种理论确保了奇异摄动方法可在各类实际问题中广泛应用。可见，两种不同应用数学研究风格都为科学做出了贡献。

再从电磁场理论的形成过程来看，同样可发现两种应用数学发展的思路。物理学家根据电磁场的基本物理原理导出描述这个物理过程的麦克斯韦方程组。如何处理这个方程组成为理解电磁波产生的科学含义的关键，于是应用数学家开始投入此项工作。一部分学者考虑在电磁场理论中产生电磁波的实际物理客体一般可看成物理空间的点，这样就把问题归结为点源或线源如何在相应物理空间形成电磁场，为此他们引进了 Delta 函数，并逐步地建立了一整套的数学处理方式，进而成功地解释了电磁波产生的科学背景，使得涉及电磁场和相关的无线电技术的应用得到惊人的发展，改变了人们的生活，推动科学的发展。当然，从严格的数学角度来看，开始提出的数学方法是很不严格的，处理过程也就缺乏数学上的严格性，于是有另一部分学者就从数学的角度总结了 Delta 函数处理中的各种数学问题，建立和发展了广义函数理论，他们对数学发展做出了相应的贡献。可见，在这个过程中两种工作都对科学发展做出贡献，片面地强调哪一个方面的作用都是不合适的。

最后，再来看量子力学问题。物理学家根据波粒二象性的假设，提出了“波函数”的概念，用波函数来描述微观粒子的运动，建立了波函数遵从的薛定谔方程。为了通过这个方程真正理解波粒二象性的科学意义，就必须通过对这个方程分析和求解来达到这个目的，于是有一部分应用数学工作者就主要从事此类工作，强调方法的合理性和结果对波粒二象性的科学解释，相对而言他们不强调数学上的严格性。另一部分应用数学工作者则是更加注意所用方法的数学问题，他们的工作对数学上的算子理论，尤其是谱分析的建立做出了贡献。从上述分析也可看出，两种工作方法对科学事业的发展都是做出非凡贡献的，所不同的仅仅是两者的侧重点而已。

由此可见，应用数学的以上两种做法都是客观存在的，它们对科学的发展都能做出重大贡献。事实上，在一个重要科学问题提出之后，如果没有前期许多应用数学工作者的探索，一定要去刻意立刻追求严格数学处理，那么很有可能就会延误这个问题的科学解决，从而影响它的潜在应用价值的挖掘。反之，在解决科学问题中所涉及的各种情况会促使各种数学方法的提出，从而有利于数学上的总结和提高，促进整个数学理论与方法体系的形成。也应该看到的是，一旦成熟的应用数学方法形成，将会对类似现象的处理起到指导性的作用。当然，我们不必担心由于不严格而可能带来的某种迷惑，因为对整个问题科学性的确认不仅限于这一步的工作，有关问题还会在以后提到。

这两种不同方式在做高水平的工作时，出发点不同，思路不同，最后表现的成果也不同。对于偏重实际问题的应用数学工作者而言，其原创性应该体现为对实际问题的数学建模上，其科学性则表现在对实际问题的科学解释上。对于偏重数学理论方面的应用数学工作者而言，他们的成果主要表现在定义和定理在数学上的原创性，数学上严格证明所体现的科学性。在实际工作中，往往前者是先走一步。由此可见，两种思路都可以参与这场挑战，只是在表现方式中有所不同。

需要具体注意两个方面的问题。一方面，后者要注意前者的原创性主要体现在建模上，用合理数学方法处理得到的结论只能作为实际问题科学性解释的一部分。考虑到数学模型的近似性以及方法也许还未严格证明，整个问题的科学论证还需要从其他方面得到检验和支持。因而就不要轻易地用数学上的严格性做出其对整个实际问题的全面科学论证的否定。另一方面，前者要理解后者的原创性和科学性主要体现在数学理论上，而不要轻易地以太抽象为由拒绝接受，要通过学习去理解方法的可操作性。

从我个人的研究经历来看，主要是偏向于做实际问题的应用数学工作，所以在讨论更为具体的问题时，围绕着做实际问题的应用数学工作这个核心来开展显然是合适的。

三、接受挑战应该具备的科学素质

为了回答这个问题，首先谈一下我对高质量科研工作的理解。

我想，要做到高质量地解决实际科学问题必须遵从如下科学研究基本思路：现象发现——科学论证——预测。第一步是很重要的，新现象的发现可能在偶然之中。比如在阅读文献的报道中加以捕捉，又比如在做数值模拟的工作中发现新的现象。典型的例子就是混沌的发现，Lorentz 认为他在数值研究方程的解时发现一些似乎不收敛的轨道应该是一个新的动态行为，他把握住这种非周期有界轨道，现在人们认识到这种动态行为本质上是动力系统中一类新发现的混沌吸引子。事后回忆，当时也有其他人也发现过类似的数值现象，但却认为此类现象是由数值误差形成的。可见这个现象的发现似乎带有偶然性，但实质上体现了研究者对于科学现象的敏感性，这是很重要的科学素质。一旦认定要研究的现象，就要进行科学论证，这方面包含了实验验证和理论分析两部分。实验验证是要设计出有说服力的实验来证实现象是存在的，以及所要说明问题的科学意义。理论分析就是对这个问题进行数学建模，在建模后用数学分析得到理论结果。这个理论结果要把实际问题从科学意义上加以阐述，习惯上有时也把它说成能讲一个令人信服的科学故事。这是决定研究工作价值的关键一步。最后一步是在上述工作的基础上，进一步分析做出有意义的预测。上述工作中，除实验之外，应用数学工作者都是有事可做的，具体加入的程度要视其数学能力以及对实际问题科学性的理解而决定。

综上所述，要完成一项有水平的研究工作是一项复杂的系统工程。大量事实已经证明：为了做出高水平工作，需要有一个团队。这一点与搞纯数学研究有一定区别，做一个高质量工作，需要各种想法的交流，通过总结，得到一个好的解决方案。因而这个团队需要能进行围绕某些中心提供各种学术思想的人才，团队成员的思维方式不同，理解问题的角度不同，可以提供各种处理和解决问题的观点。对于团队负责人有特殊要求，他要具备既能善于抓新想法，也能综合各种看法、抓住本质的能力，只有这样才能把团队统一到一个能令人信服解决问题的科学本质的方案上。正是这些原因，国际上通常把论文的通讯作者看成工作完成的重要发起者和核心人物。

对于做侧重于实际问题的应用数学工作者来说，根据上述想法，作为一个参与者，或者有能力作为一个团队负责人，都应该具备一些必要的素质才能应对高质量科研工作的挑战。在我看来，最重要的有三条：第一是热爱这个事业，这是最重要的一点。这里所说的热爱不是口头上说说，而是要真正融入其生活中去。最主要的表现是：有空就想到学习和看文献，对于想不通的问题会一直放在脑子里反复思考，一天不学习不看文献就感到缺少一些东西。第二是要不断地提高自身的科学素质。我想能够善于用科学观点来思考研究问题是极为重要的，只有这样才能抓住研究问题的本质，从而不断地提高工作质量，最终达到做出高质量工作的目的。最后是要有团队精神。要有合作精神，一切以研究工作为重，明确自己的责任，在尊重各人贡献的前提下，不要斤斤计较一些利益的分配。同时，作为团队一员，在团队的工作中要善于同别人交流，讲出自己的看法，善于从其他成员的交流中发现和融合不同观点，并直率地提出自己观点，这样才能协同攻关，又快又好地做出令人满意结果。如果成为团队负责人就应该有更高要求，我将在下面对此做进一步叙述。

我国从事实际问题的应用数学研究人员主要来自数学系毕业的本科生。从现实情况来看，由于所受教育的影响，对上述所提出的三点要求都有不适应之处，有些方面离要求还有相当距离。但根据我多年来的科研工作的经验，我认为还是可以解决的。为能够适应挑战的要求，根据几十年的工作实践，就如何达到上述三点，提出几条建议供有兴趣的读者参考。

首先谈热爱的问题。我想如果没有直接的体验，那么可能是很难谈论兴趣和爱好的，许多人走上科研道路是由于各种原因，比如一些人是为了生存。像我主动去读研究生，除了有新奇的想法外，更多的是为了解决夫妇分居问题。事实上，作为一个人产生类似想法都是可以理解的。关键是进入这个领域后，要培养兴趣。从我个人的经历来看，空头话不必讲，只要有了兴趣，就会舍不得放弃，热爱就自然形成。因此，这件事看来不好解决，但从某种意义上讲也是最容易解决的问题。我想，每个人当初不管因什么理由进入这个领域，总有一些比较喜欢和好奇的成分，要善于把这个因素挖掘并发扬，那么到一定时候就会有兴趣，有了兴趣就会热爱。在目前的情况下，要少想发大财，就容易做到上述要求。

接着谈一下科学素质的问题。由于众所周知的教育上的原因，我国一些年轻学者在他们所学的方向上的基础知识是不错的，但在如何为原创性的认识上是有偏差的，也缺乏这方面的训练。同时由于过分强调专业知识学习，缺乏科学素质全面培养，结果导致比较难从科学性上思考问题。具体说来，一般高水平的研究都来自新的想法，即要有原创性。这种新的想法在偏重于实际问题的应用数学工作中主要表现在数学建模上，换句话说，对这个问题处理的模型是原创的。我们可以发现最早由我国学者提出的数学模型是很少见到的，我国学者往往是在别人建立的模型上做些修补，这与原创性要求是不吻合的。此外，在归结为数学问题时，要切记不要提与实际问题不相匹配的假设条件，因为研究的目的是实际问题，而不是数学理论问题，这个问题涉及结果的科学合理性。我国学者往往为了数学证明需要加一些脱离实际问题的假设，这样与解决实际问题的科学性要求是不一致的。在进行具体的数学分析时，强调的是合理性，不一定要像数学理论研究那样严格地去证明每一个问题，当然数学上逻辑不合理是不允许的。在我国，从事这方面研究的工作者往往对这些要求有错误理解，追求纯数学式的严格性，他们往往忘记了讨论数学模型本身就是实际问题合理的简化和抽象，因此这种严格性对实际问题是谈不上的。另外，我们要记住在实际问题中对科学性的认可不是仅决定于数学模型给出的结果这一点，还要有许多其他科学手段对其科学性加以论证，所以最后的科学结果是要在综合各种论证的基础上而得出的。为了适应原创性和科学性工作的需要，克服上述提到的一些问题，建议在这个领域工作的学者要从下面几个方面入手提高自身的科学素质。

(1) 考虑到从事这方面工作的学者一般都有较严格的数学训练和从事相关研究的经验，因此在数学知识方面更要强调“博”，即要求通过不断的学习了解更多的数学方法。根据结合实际问题研究的自身特点在拓宽数学知识中主要注意各种数学方法的数学含义、提出方法的背景，以及实际操作的可能性，不要过多地把时间花在严格的数学证明上。要分析各种数学方法的特点以及各种方法之间的相互联系，并逐步地学会综合应用各种数学方法的能力。

(2) 注意到要结合实际问题，所以要对该问题所对应的学科的基本概况、思维方式和研究问题基本方法有所了解。我所遇到的许多应用数学工作者都做不到这一点，因而不可能对实际问题建立有原创性的模型，只能在别人模型基础上加以改良，因此很难进入高层次的研究。即使有可能同别人合作就原创性模型做出一些工作，也不太可能就问题的科学性做出解释。我认为这个问题必须克服。事实上研究者所涉及的学科往往要很多年才能变，所以一旦确定研究领域，研究者就应该选择相应的主要有关知识，找两三本经典著作学习，了解该领域的主要有兴趣的问题，它的研究思路以及有关的主要科学结论。

(3) 为了提高科学素质，我建议要多听各种讲座和各种学术报告，千万不要局限于自己的专业和研究问题。听报告不是以听懂报告者的具体内容为目的，我想听报告后能了解报告者如何提炼科研问题、如何想到解决的思路，以及研究问题的科学意义就达到目的。长期坚持对于提高科学素质定有好处。

(4) 建议一定要多看高级杂志。在 *Nature*、*Science* 等顶级杂志的研究文章中,对问题的处理具体过程并不作为文章的重点,重点是介绍如何提炼科学问题,解决问题的思路,以及所研究问题的科学意义。长期接受这种熏陶是非常有利于科学素质的提高。我个人也是在系统生物技术研究所工作后,开始注意这方面要求,几年实践使我越来越深刻地体会到这一点的重要性。

(5) 我有一个工作体会:虽然不同学科有不同的表达方法,侧重点也有所不同,但是其背后的科学道理有不少是相通的。比如非线性振动中的强迫振动与哺乳动物的节律,从动力学机制来看,都是一个振子系统加上外加影响后的反应,因而在处理上有相似处。所以,我建议学数学出身的工作者,应该常常抽空看一些高级的科普文章,多听一些学科介绍性的报告,这些都会有利于科学素质提高。

总之,科学素质的提高不是短期能解决的问题,但只要坚持也是可以解决的。对于数学出身的学者我想强调的一点是,考虑研究问题不能以数学为一切的中心,要从科学性出发。

最后谈一下团队精神。我想,每个人思考问题的方式不同,所受的教育不同,因而在研究一个问题时就会想出不同的处理方式,这种处理方式往往有些局限性。如果我们能从不同的角度分析所研究问题,然后集思广益,吸取有用而合理的部分,形成一个好的方案,显然是能提高所研究解决问题的质量的。但是由于在科研的引导上,尤其是出身于数学背景的,长期比较强调一支笔和一张纸的作用,似乎科研是可以仅凭一个人的苦思就能解决问题的。再加上教育上的偏差,就使得不少人养成不热心于讨论的习惯,既不谈对问题的看法,又不谈对别人看法是否有不同意见。这个问题的解决主要是观念上的变化,一般情况下要懂得做实际问题的高质量的研究光凭个人能力是不可行的,一个密切合作的团队是需要的。在懂得这个道理后,就要在实际工作中贯彻,作为团队一员在讨论中要就自己的观点谈出看法,对于其他成员的看法如有不同想法则应完全讲出来供团队讨论。讨论中观点正确与否是无关紧要的,关键是通过不同观点的争论,取各种有用看法,形成一个解决问题最佳方案。对于讨论后大家认可的方案中应有你个人具体操作的部分,你应当努力地去做,当然操作中碰到困难可以同大家讨论,共同解决。不过,在此过程中有两点是要特别注意的,其一是个人贡献的确认,在这种依靠团队力量去做出的工作中,每个人都有贡献,当然贡献大小不同。如何确认团队中每个人的贡献是一件必须要关心的事,我们在转型期特别要重视这件事。其二,团队成功与否是与负责人有很大关系的,负责人的形成应放在非常重要的位置上。

我还想对团队负责人讲几句。如果你有机会成为团队的负责人,那么你就应该明白自身的责任重大。事实上,能否做出如期的成果很重要的一部分决定于团队负责人的水平。团队负责人是负责团队的学术工作,因而他应当由其学术水平来决定,由日常学术工作中所表现出来的超强学术能力所决定。他应当善于听取各种看法,找出问题的科学性,能归纳出论证科学性的关键性策略。他应当是通过学术工作中表现得到团队公认而不应是由行政或其他非学术因素所指定。除此以外,在人品上也应当是楷模,不仅自己不去占有不属于自己的学术贡献,也应公正地对待团队中每一个人的学术贡献。

我的看法是:有了这几条,就有了参与做高质量工作的能力。要记住的是,在一般情况下自己主要善于用应用数学方法来处理问题，比较完整地解决问题主要可能依赖于团队的合作。当然，偶尔也可用应用数学方法直接去做出原创性工作，此时也决不能放弃。

四、复杂系统研究背景

从本节开始，我就来谈一谈我认为可能做高质量研究工作的一些具体问题的看法。当然，我只能从我的研究经历和兴趣来提出建议。我的主要研究是从事非线性科学，目前它的主要研究对象是复杂系统。在介绍具体问题前，我先介绍一下这个方向的研究背景。有了此基础，对后面提出一些具体建议的重要性和科学性就比较容易理解了。

非线性动力学成为一个研究热点的起因是在低维的非线性动力系统中发现了混沌现象，这个方向的研究在国际上形成高潮的是在20世纪70年代末到80年代初。这方面比较公认的开创性的一个工作就是Lorentz于1963年发表的工作，另一个是*Nature*杂志于1975年发表的关于生物种群的Logistic模型。数学上，周期3意味着存在混沌集的结论也是比较重要的结果。经过多年努力，目前学术界比较公认的是可以用Lyapunov指数、分形维数和拓扑熵这三个特征量来刻画这个新的科学现象。当然关于混沌也留下许多没有解决的问题，可以认为，至今还没有公认的成熟的数学理论来处理这个现象。这件事本身说明两种应用数学在介入一个科学问题的方式上有区别，在结果表现上也不同。但是，这个问题在科学上的重要性是证实了确定性系统存在类随机的轨道，换句话说，把确定性和随机性截然分开的观点是有问题的。

由于低维动力系统中混沌新现象的出现，启发了人们对高维非线性动力系统的研究，20世纪80年代中后期，以CML，CA模型为代表的高维非线性动力学模型开始得到关注。1984年，发表于*CMP*的文章阐述了计算模拟结果，表明在CA这样相对比较简单的模型中也存在不同于混沌的复杂性行为，作者称其为复杂动态行为。然后，许多模型的数值模拟表明这类复杂行为是存在的，于是人们想去理解这类行为。受到混沌研究的启发，开始人们也希望用些特征指标来刻画它。20世纪80年代后期和90年代初期，人们就开始试图去寻找可以刻画这类复杂行为的指标——复杂性(complexity)，从而获得对这类行为的认识。几年的努力表明，事情没有如此简单。*Science*杂志在1998年出了一期讨论性的工作，认为要解决复杂性，首先应该对复杂系统行为做深入分析，而这类复杂系统的典型代表应当是生物系统和经济系统。

于是，在20世纪90年代，有一批科学家开始了对具体的复杂系统入手的工作，其中最著名的代表是美国的Santa Fe研究所。他们的工作是以生命系统和经济系统为主，根据当时的可能，研究工作以数值模拟为主，经过不懈的努力，取得的成果大大拓广了人们对复杂系统的理解。最主要的结果是认识到复杂系统在行为上会出现涌现，即系统表现出各种各样的斑图，出现这个特征是因为系统具有自适应性，霍兰建议把复杂系统定名为复杂的自适应系统。他们这种认识有很大一部分来自与生物群体效应的有关现象，他们研究了这些现象，并给出了刻画这些现象的相应算法。从数学观点看，环境对系统影响是早有认识，在偏微分方程的解与边界条件有关的研究中可以看出这一点，但是在这方面的研究一般限于解的存在性、唯一性，没有去分析系统由环境变化所引起的动态变化。

在同一时期内，有些学者考虑到历史经验告诉我们，要分析系统的动态变化，首先要正确建模。他们从复杂系统是由众多基本单元以及它们之间存在相互作用这两点事实出发，想到了用网络对这样的系统建模。他们从大量的实例入手，总结出用这样方式所建立的网络模型具有与现有数学研究网络理论模型所完全不同的特征，这些研究成果由 *Nature* 杂志在 1998 年和 *Science* 杂志在 1999 年作为重要的成果加以发表。

这几十年的研究结果表明，由非线性科学在高维上研究所触发的复杂性的难题已经取得了一些共识。我个人的看法是，这种共识有三条。首先，产生复杂性的复杂系统应当由大量的基本单元组成，在这些单元之间有的存在相互作用，有的不存在作用，这些是与经典的建模基础不同的。其次，为了反映这种特征，不能采用原有的建模形式。现有研究工作表明用网络建模是比较合理的，实际网络建模工作表明这样所建网络有其独特的拓扑结构和特点，现在通常把这种网络称为复杂网络。最后，已有的研究表明复杂系统的复杂行为的涌现来自它的自适应性。有了这三个共识，只要有足够的数据和数据处理方法，从事理论工作的学者就可以建立起合适的数学模型，并有针对性地、有目的地开展自适性研究。换句话说，已具备了开展复杂性研究的基本条件。正是因为上述原因，当代最伟大科学家霍金在 20 世纪末和 21 世纪初提出了“21 世纪是复杂性科学的世纪”的观点，也就是说，当代最为著名的理论科学家认为 21 世纪可以从理论上实现复杂性科学的突破。这样的突破是科学家们于 20 世纪 60 年代提出的科学从“简单”到“复杂”转化想法在科学意义上向实质性解决迈开的一步。

从事与实际问题相联系的应用数学工作者可以看出，复杂系统的研究面临着与历史上发生过的几件重大数学方法突破前夕相类似的情况，这对于我们来说，既是机遇又是挑战。我个人认为抓着这个方向，就可以在国家实现由科研大国向科研强国发展的过程中做出相应的贡献。从这一观点出发，我想就这个方向上所积累起来的经验提供一些更为具体的建议，以供学者们在选择做高质量科研工作时参考。

五、复杂网络建模

数学建模在结合实际问题的应用数学工作中占有极重要的地位，工作的创新性一般就表现在这一点上。

从历史上看，复杂网络的数学建模有两种类型：一种是确定性模型，典型的代表为常微分方程和偏微分方程模型；另一种则是随机模型，典型的代表为随机过程。从所有这些模型中可以归纳出如下的共同特点：① 在建模中基本上把确定性与随机性截然分开。在认识到此种做法与实际情况不符合的情况下，目前的改进处理是确定性模型加随机项，也就是认为确定性过程受到外界随机影响。显然，这样的处理不能反映真实系统内在确定和随机的双重性。② 现有建模基本上以均匀性为出发点，比如在连续介质力学的建模所取连续介质元都具有同样性质，很少考虑事实存在的非均匀性。③ 得到的确定性模型基本上在时间上是可逆的，这与实际上存在的过程不可逆性相违背的。而网络建模可以克服上述的不足之处。

网络模型反映出节点之间的作用存在与不存在，这种存在与不存在是确定性一面；同时，由于基本单元众多，所以存在与不存在发生与否有随机一面，这样就体现模型反映系统的二重性：内在的确定性和随机性。网络模型中节点之间作用分布非均匀性，表现了网络模型的非均匀特征，这一点被大量实证模型例子所确认。网络模型的动态性，要求网络的节点和作用连线都动态化，这样决定了网络上所经历过程在时间上的不可逆，反映了过程的不可逆。

可见，网络模型与以前的数学模型有很多本质上的差别，复杂网络的提出就反映了这一点。由此引发的网络建模也有许多新的问题，这些问题都有待于解决。事实上，复杂网络建模提出和发展的时间还不长，许多重要问题有待探索和解决。我个人认为在复杂网络建模中有三个重要的科学问题是可以值得研究的。

（一）大数据处理

在网络建模中，一种方法是根据实际数据来对系统建模。由于所涉及的复杂系统都具有大量基本单元和各种作用，已经在很长时期内积累了大量的数据，数据来源一般也有多种方式，因而实际数据都是海量的，如何用科学方法去整合各种数据并从海量数据中找到有用的信息来建网络模型，是科学上面临的重大考验，这也是大数据处理科学问题提出的背景。

我并没有做过这方面的工作，体会肤浅。但可以预见到的一点是，在建网络模型中必然碰到如何确立节点之间关系。对于网络模型而言，节点之间的关系是以两种方式出现的。一类是直接关系，在网络中可以直接用节点连线表达；一类是非直接关系，可以用网络中节点之间的通路（等于或大于两条连线的路径）表达。在以前的数据处理中，节点之间的关系往往可通过两者之间的关联性进行分析，只能建立正关联和负关联，不能区分这两类不同关系。对于有向网络，这两类关系可以进一步发展为因果关系与非直接因果关系，问题也就归结为如何正确区分因果关系与非直接因果关系。如何从海量的数据中区分出各种不同类型的关系将直接影响到所建模型的正确性。显然，这个问题是从数据中直接建模所遇到的一个重要挑战。最近，网络研究的开拓者 Barobasi 等发表一篇文章“Network link prediction by global silencing of indirect correlations”[NATURE：BIOTECHNOLOGY，31，720－725(2013)，doi：10.1038/nbt.2601]。文章的摘要指出“Predictions of physical and functional links between cellular components are often based on correlations between experimental measurements，such as gene expression. However，correlations are affected by both direct and indirect paths，confounding our ability to identify true pairwise interactions. Here we exploit the fundamental properties of dynamical correlations in networks to develop a method to silence indirect effects. The method receives as input the observed correlations between node pairs and uses a matrix transformation to turn the correlation matrix into a highly discriminative silenced matrix，which enhances only the terms associated with direct causal links. Against empirical data for Escherichia coli regulatory interactions，the method enhanced the discriminative power of the correlations by twofold，yielding ＞50% predictive”。从摘要中可看出这个方向的关心程度以及目前大致上的进展程度。这篇文章是我目前见到的关于研究关系的工作，最近也听

说了用低维的混沌吸引子相空间重构的思想来开展这方面的工作。

最后，还是要再次声明我在这方面也没做过工作，不太了解进展，但感到这个问题在科学上的重要性，所以在这儿写上。如果做理论的学者想做这方面工作，一定要注意原创性，也就是说方法上要与其他已发表的工作有重大区别，修修补补的工作是不可能原创的。另外，这方面工作要得到实例的支持。

(二) 从简单规则来建立网络模型

由于网络模型反映复杂系统具有确定性和随机性的二重性，所以在建模中要想在从确定性模型中依赖于确定性规律建模是不现实的。在实际问题中，二重性只能做一些定性的描述。这就自然生出一个科学问题，是否有可能由从一些定性的描述出发来构建正确模型。现有结果表明，可以实现由简单规则出发构建出有实测统计特征的网络模型。

先来回忆一下在过去的一段时间内是否发生过由简单规则影响科学的事件。首先，我们回忆"蝴蝶效应"。所谓"蝴蝶效应"是指："亚马孙雨林的一只蝴蝶翅膀偶尔振动，也许在两周后就会引起美国得克萨斯州的一场龙卷风。其原因就是蝴蝶翅膀的运动，导致其身边的空气系统发生变化，并产生微弱的气流，而微弱的气流又会引起四周空气或其他系统产生相应的变化，由此引起一个连锁反应，最终导致其他系统的极大变化。"这个效应现在是用来解释混沌现象的。接着，我们来看"马太效应"。《圣经・马太福音》中的一句名言："凡有的，还要加给他，叫他有余；凡没有的，连他所有的，也要夺去。"社会学家从中引申出了"马太效应"，指好的愈好、坏的愈坏、多的愈多、少的愈少的一种现象，用以描述贫者愈贫、富者愈富。

这个效应已经成功地用于网络建模，解释了网络度分布的无标度现象产生的原因。最后，我们来看"羊群效应"。所谓"羊群效应"是指："领头羊往哪里走，后面的羊就跟着往哪里走。"羊群效应最早是股票投资中的一个术语，主要是指投资者在交易过程中存在学习与模仿现象，有样学样的"盲目"效仿别人，从而导致了在某段时期内买卖相同的股票。这个效应已经在讨论生物群体效应的一致性理论中得到了反映。上述三个实例说明人类总结的一些定性简单规则都成为复杂系统研究中新现象出现背后的基本机制。由于复杂性的研究还没有全面上升到科学层面上，因而对简单规则在复杂系统研究中的作用还缺乏全面的科学思考。我们相信随着复杂性在科学思考上的深化，这些简单规则在复杂系统的建模和自适性的研究中会越来越多地体现其生命力。

在这儿我们收集一些简单规则，这些规则也许在今后的工作中为你提供有益帮助。除了上面讲到的三条外，还有下面的 14 条规则：

(1) 煮青蛙理论：把一只青蛙直接放进热水锅里，由于它对不良环境的反应十分敏感，故它会迅速跳出锅外。但是，如果把一只青蛙放进冷水锅里，慢慢地加温，青蛙并不会立即跳出锅外，水温逐渐提高的最终结局是青蛙被煮死了，因为等水温高到青蛙无法忍受时，它已经来不及或者说是没有能力跳出锅外了。这个规则明显地说明复杂系统适应性中的应有特征。

(2) 鳄鱼法则：该法则的原意是假定一条鳄鱼咬住你的脚，如果你用手去试图挣脱你的脚，那么鳄鱼便会同时咬住你的脚和手。你愈挣扎，就被咬住得越多，最后整个人都会被鳄鱼吃掉！所以万一鳄鱼咬住你的脚，你唯一的办法就是牺牲一只脚。这个法则表明为保存整体，该放弃的部分就得放弃。

（3）鲶鱼效应：过去沙丁鱼在运输过程中存活率很低，后来有人发现，若在沙丁鱼中放一条鲶鱼，情况却有所改善，存活率会提高许多。这是什么原因呢？原来鲶鱼在到了一个陌生的环境后，就会"性情急躁"地四处乱窜，这对于大量好静的沙丁鱼来说，也产生了刺激作用，因沙丁鱼多了个"异己分子"，自然也很紧张，加速游动。这样沙丁鱼缺氧的问题就迎刃而解了，沙丁鱼也就不会死了。这个效应是指通过引入强者，使弱者变强的一种效应。

（4）刺猬法则：两只困倦的刺猬，由于寒冷而拥在一起。但却因各自身上都长着刺，于是它们离开了一段距离，但又冷得受不了，于是凑到一起，几经折腾，两只刺猬终于找到一个合适的距离，既能互相获得对方的温暖，而又不至于被刺伤。刺猬法则讲的是实际问题中的关系是有个度的，比如复杂系统中个体之间的竞争与合作是有个度的。如何正确刻画这种度可能对复杂系统研究是一个重要科学问题。

（5）手表定律：又称"矛盾选择定律"。手表定律是指一个人只有一只表时，他可以知道现在是几点钟，而当他同时拥有两只手表时却无法确定，因两只表并不能告诉一个人更准确的时间，反而会使看表的人对准确时间失去把握。手表定律带给我们一种非常直观的启发：就是对同一个人或同一个组织不能同时采用两种不同的方法标准或制度，不能同时设置两个不同的目标。

（6）木桶理论：系指组成木桶的木板如果长短不齐，那么木桶的盛水量不是取决于最长的那一块木板，而是取决于最短的那一块木板。木桶理论是由美国管理学家彼得提出的，意指任何一个组织或公司，可能面临的一个共同问题，即构成组织的各个部分往往是优劣不齐的，而劣势部分，往往决定整个组织的整体实力和竞争力。

（7）破窗理论：一座房子如果窗户破了，没有人去修补，那么别人就可能受到某些暗示性的纵容去打烂更多的窗户玻璃。一堵墙，如果出现一些涂鸦没有被清洗掉，那么很快的墙上就会布满乱七八糟、不堪入目的东西。如果一个地方很干净，那么人们会不好意思乱丢垃圾，但是一旦地上有垃圾出现之后，人就会毫不犹疑地跟着抛扔垃圾而丝毫不觉羞愧。这个理论说明坏的东西照样也能扩散。但坏东西的扩散由于客观因素会有其特征，这种特征很可能反映了复杂系统中的另一种非均匀性。

（8）二八定律（巴莱多定律）：19 世纪末 20 世纪初意大利的经济学家巴莱多认为，在任何一组东西中，最重要的只占其中小部分，约 20%，其余 80%尽管是多数，但却是次要的。社会约 80%的财富集中在 20%的人手里，而 80%的人只拥有 20%的社会财富。这种统计的不均匀性在社会、经济及生活中无处不在。

（9）路径依赖理论：是美国经济学家道格拉斯·诺思提出的，他认为，路径依赖类似于物理学中的"惯性"，一旦进入某一路径（无论是"好"的，还是"坏"的）就可能对这种路径产生依赖，而这些选择一旦进入锁定状态，想要脱身就会变得十分困难。也就是路径也有越走越可能重复走的现象。网络中的路径是很多的，哪些是属于这类可依赖路径，也许这是一个很重要的科学问题。

(10) 酒与污水定律：把一匙酒倒进一桶污水，得到的是一桶污水；把一匙污水倒进一桶酒里，得到的还是一桶污水。显而易见，污水和酒的比例并不能决定这桶东西的性质，真正起决定性作用的就是那一桶污水，只要有它，再多的酒都成了污水。中国也有同理的谚语：一块臭肉坏了满锅汤；一粒老鼠屎坏了一锅粥；一条臭鱼坏了一锅汤。无论是来自西方的定律还是中国的谚语，已经把负面影响的始作俑者做了准确的定性：污水、臭肉、老鼠屎、臭鱼，这些已经定型的东西已经没有改变和改造的可能。既然如此，就要及时处置，对极坏的东西不需要再抱什么幻想，如果你不及时处理，它会迅速传染，产生可怕的破坏力。这个现象与沙堆模型有类同之处，但本质上还是不同的。

(11) 零和游戏原理：源于博弈论。两人对弈，在大多数情况下，总有一个赢、一个输，如果把获胜计算为得1分，而输棋为-1分，那么两人得分之和就是：$1+(-1)=0$。一方所赢正是另一方所输，游戏总成绩永远是零。“零和游戏”之所以广受关注，主要因为人们发现，在社会生活的方方面面都有与“零和游戏”类似的局面，胜利者的光荣后面往往隐藏着失败者的辛酸和苦涩。我们大肆开发利用煤炭石油资源，留给后人的便越来越少；研究生产了大量的转基因产品，一些新的病毒跟着冒了出来。

(12) 双赢：人类在经历了经济高速增长、科技进步、全球一体化及日益严重的生态破坏、环境污染之后，可持续发展理论才逐渐冒出水面。“双赢”观念得到公认，人们逐渐地认识到“利己”而不“损人”才是最美好的结局。俗话说：“一个巴掌拍不响。”没有双赢，那可谓“孤掌难鸣”。所以说，生活处处有“双赢”的踪迹，把双赢思维当作一种思想，你会看得很远，也会让你的格局变得更大。

(13) 踢猫效应：描述的是一种典型的坏情绪的传染过程。生活在社会中的人，会有形形色色的不满情绪和糟糕心情。不良情绪和心情会随着社会关系的链条依次传递，由地位高的传向地位低的，由强者传向弱者，无处发泄的最弱小的便成了最终的牺牲品。踢猫效应的程序是这样的：公司经理因上班路上闯红灯被交警处罚导致心情不愉快，到公司后发现打字员打错一个字而训斥他；打字员挨经理训斥后心情不好，下班回家后发现老婆打破一个碗而与老婆吵了一架；打字员的儿子因踢足球回家晚了挨刚与爸爸吵完架的妈妈责骂；一只可爱的小猫仅因“喵”地叫了一声被打字员的儿子踢了一脚。由此人们应该重视情绪污染。我们要学会调节情绪的技巧，遇到压力和挫折要合理发泄，别把不良情绪传递给别人。

(14) 墨菲法则：凡事只要有可能出错，就一定会出错。指的是任何一件事件，只要具有大于零的概率，就不能假设它不会发生。这并不是因为墨菲法则有什么神秘力量。事实上，墨菲法则的合理性正是我们所赋予的。

上述的一些简单规则不少都是人们从生活实际中总结出来的，其合理性是不容怀疑的，所以我们可以推测到在复杂性理论研究中，尤其是在建模中，会得到科学地应用。我个人相信这类科学应用可能都会成为高水平的开创性的研究工作。

我们在这方面工作主要集中于蛋白质作用网络的构建，所用简单规则就是生物进化论——适者生存。也就是根据生物进化的复制和变异的定性描述,以及生物实测数据的一些报道特点来构建蛋白质作用的网络。工作得到 *Physica D* 原主编、现 *Chaos* 主编 Compbell 的高度评价。工作也得到美国物理学会 Fellow、混沌同步的创立者 C Geogi;美国物理学会 Fellow 和德国马普学 Fellow Kruth 的高度评价。国家自然科学基金会在重点项目的结题中对此工作也给予了高度评价。但这个工作从目前来看还成不了顶级工作。这是因为工作至今没有与生物上比较公认的实际例子进行结合,并由此进一步给出科学上有意义的预测。目前正在积极想办法,希望在现有基础上把工作进行下去。

(三) 模型的动态变化的研究

网络模型的一个重要特征是其本身可以是动态的,也就是构成模型的节点,以及节点之间的相互作用也可随时间变化。这个重要特点可以使得模型不具有时间上的可逆性。我们知道出现不可逆过程是符合大多数事物的发展过程,因而网络建模能反映不可逆性质是一件好事。但同时它又给我们提出一个挑战性的科学问题:如何来分析和处理模型的不可逆性?

我们先粗略地来分析一下这个过程。由于系统发生行为是与模型有关的,在网络模型中节点可以在过程中删去或增补,节点之间作用可以渐增、失去或改变作用形式,这些都会影响网络结构。所以网络模型出现后,科学家马上意识到网络结构与网络表现整体行为是相互依赖的。当然,完全可能出现结构变化导致系统原有行为不能表现的情况,此时系统性质就发生了不可逆转的变化。不可逆过程可以用上述办法进行描述,但要认真进行科学分析却是一件难度极大的事。困难来源主要有如下几方面:① 没有很好的策略来研究结构与节点行为在动态过程中的相互影响。我们相信这种影响是存在的,而且影响方式是多种的,但可研究的方案不多。凭直观,粗粒化的离散方式在开始时可能是有效的,但最终如何形成较为公认的解决办法是不清楚的。② 在一时没有很好策略时,可以换一个较直接想法:我们可以相信当网络不能表现系统行为时它的某些结构特征会消失。但是到目前为止,不仅是对行为与结构两者之间的关系不清楚,就是网络的相关特征有多少也还是个谜。我们相信,现有的特征量可能还不足以满足分析上的需要,寻找新的有意义的特征量是需要的。另外,可以猜测网络的不同特征量对于网络不同行为的影响是不同的。具体关系仍是一个公开问题,我个人认为这是需要从具体实例入手去加以处理的。③ 在这种情况下,我们可再退一步先从网络解体入手。因为系统出现不可逆时,其网络模型失效,也就是网络留下的碎片不能实现其功能,起码可说实现功能的特征不具有了。在不了解对应情况下,可先讨论网络解体。网络解体了,自然功能不可能实现,不可逆自然发生。

于是科学家还是开始了对问题的探索。当然,这种讨论是从简单情况开始,在不能给出失去功能的确切定义时,先从拓扑上考虑网络的解体,因为解体意味着模型的失效。最简单的解体就是删节点,设法研究由节点各种删除方法所引起网络解体的快慢。在实际研究中,把删节点称为对节点的攻击。最早的研究发表于 *Nature* 杂志(Albert R, Jeong H, Barabasi A. Error and attack tolerance of complex networks. Nature, 2000, 06: 378-382)。图 1 给出了主要结果。

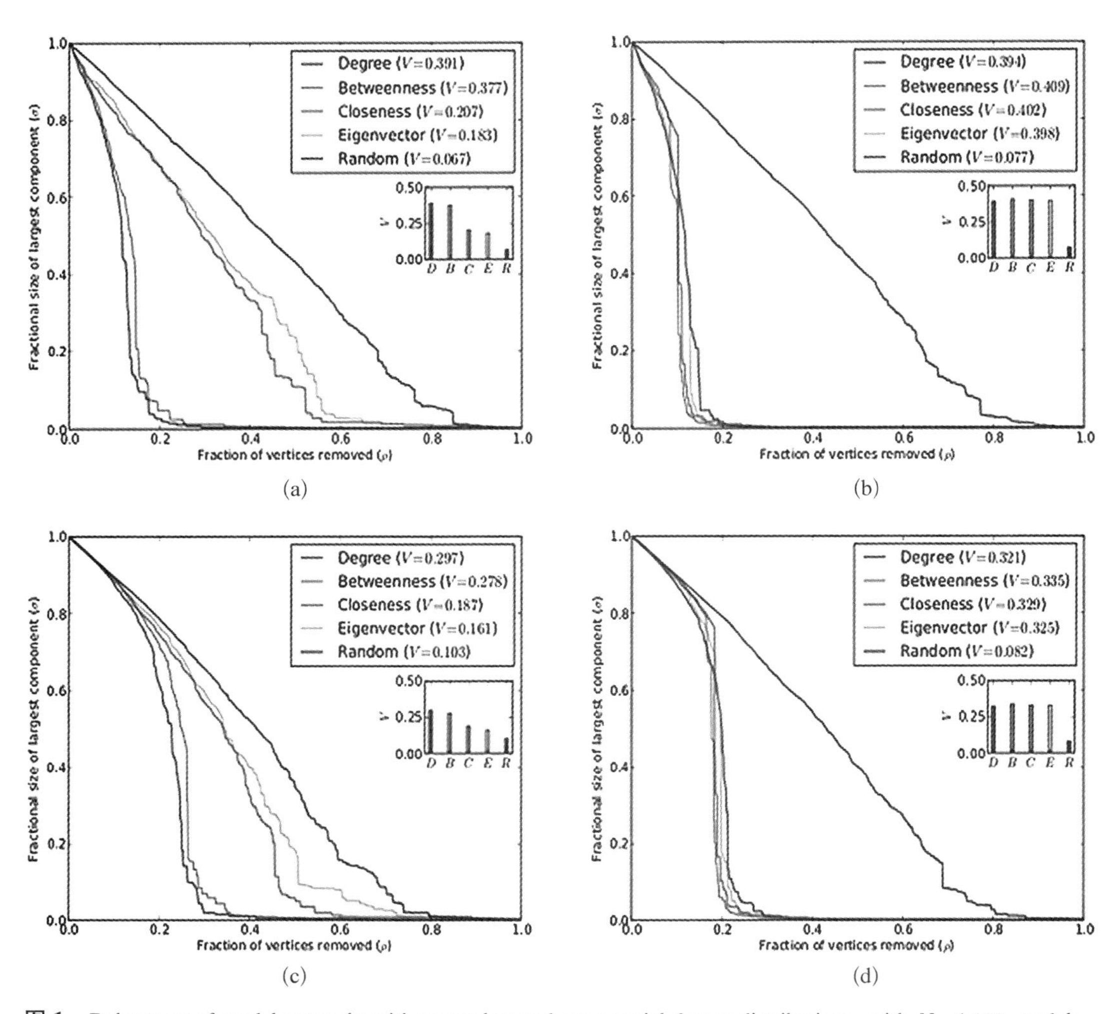

图 1　Robustness of model networks with power-law and exponential degree distributions, with $N=1\,000$, and $k=4$. (a)(b) scalefree network against simultaneous and sequential attacks, respectively; (c)(d) exponential network against simultaneous and sequential attacks, respectively.
doic10.1371/jourmal.pone.0059613.g008

图 1 中的横坐标为删去节点占总节点的百分比，纵坐标为删去后留下的最大子连通节点占总节点之百分比。换句话说，简单地认为这个百分比越小解体可能性越大。攻击分为两种方式进行：一种是随机选节点删去，在图中用黑线表示；一种是按网络统计量大小把节点从大到小地排列进行蓄意攻击，该统计量可以是节点的度、节点的介数、节点的聚类系数、节点的路程等。这种攻击对两种不同网络进行：一种是对无标度网络进行，结果可见图 1(a) 和图 1(b)，一种是对随机网络进行，结果可见图 1(c)和图 1(d)。在蓄意攻击的方案中，节点按统计量排列有两种不同方式：一种是节点的排列是按所讨论的网络一次排定；另一种是每次删去统计量最大的一个节点后，由留下最大子连通集中节点重新按该统计结果进行排列。前一种由图 1(a)和图 1(c)给出；后一种由图 1(b)和图 1(d)给出。从结果看出：蓄意攻击对网络解体的作用是以无标度网络为代表的非均匀网络强于以随机网络为代

表的均匀网络。

那么一个自然的问题是：对于相对均匀网络，是否存在更有效的攻击策略呢？如果有，它背后的统计量是什么？经过研究，我们提出用网络平均路程的覆盖数作为统计量。所谓“网络平均路程的覆盖数”，是指网络中每一节点按网络平均路程所包含的节点数。可以举例说明这个量在度分布比较均匀的网络中的重要性。然后，我们再用这个量作为蓄意攻击的统计量对海豚社交网络和线虫神经网络进行了数值模拟。模拟时采用三种攻击方法：随机攻击，按度大小策略攻击，按覆盖数大小策略攻击。结果如图 2 所示。在图 2 中蓝色（—*—）是基于度降序攻击，红色（—o—）是基于平均路径长度覆盖数降序攻击，黑色（—△—）是随机攻击。由图 2 可见，对这两个网络，利用覆盖数策略进行攻击更容易引起网络解体。这样可以得出一个结论：用覆盖数作为统计量进行网络攻击有时也是一件有意义的事，但其中的科学性，以及对实际问题原创性明显地讨论得不够。我们这个工作和这几年发表的关于网络解体的工作都不能讲属于高水平的研究工作。这些工作从科学意义上来看，都属于与上述介绍的 *Nature* 工作相类似性的工作，这样的工作就缺乏原创性。如果我们这个工作在实际问题能找到一类有背景的网络用覆盖数作为其基本特征的话，那么工作的意义就显然不同了。

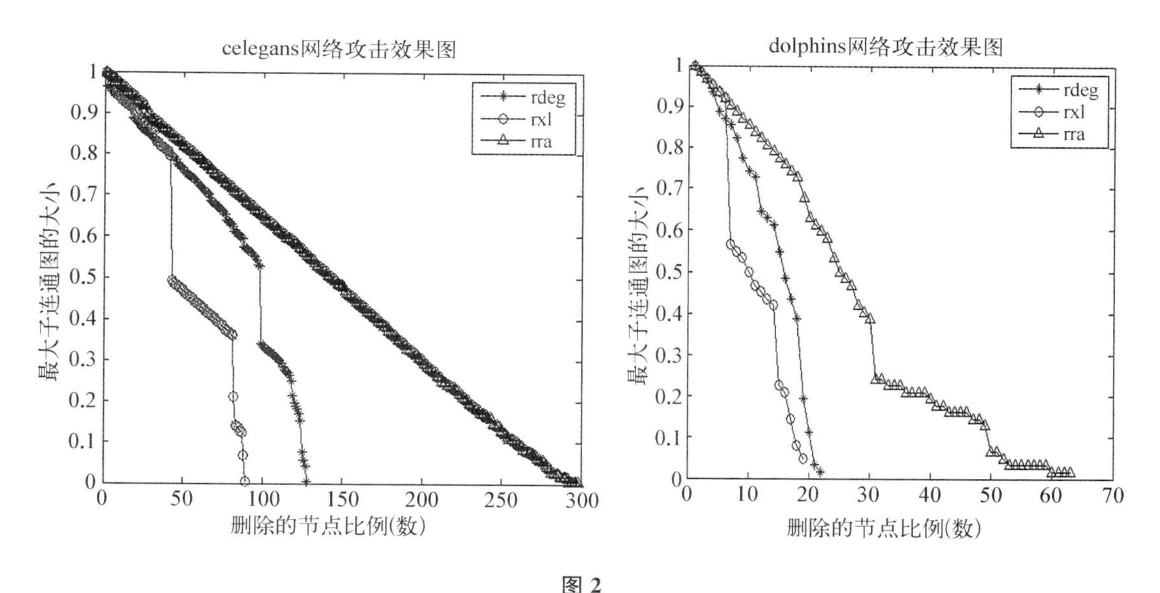

图 2

我个人认为按此思路要做原创性的有科学意义的工作，必须达到如下要求：① 用节点删除的统计量为新的；② 对那些网络攻击有效应有解析处理；③ 必须有实证的例子。同时，我感到为什么只能讨论节点删去情况，理论上看边删去也能解体网络的特性。当然是否做的关键是实际上能否找到有关的需要，因为研究方案要从实际中提炼出来。

最近 *Nature* 发表了一篇文章，我认为此思路对做这方面开创性且有科学性工作是有启发的。文章标题为“Catastrophic cascade of failures in interdependent networks”，

Nature，Vol. 464，2010. 作者为 Sergey V. Buldrev，Roni Parshani，Gerald Paul，H. Engene Stanley and Shlomo Havlin。该文以意大利电力网及其计算机控制系统构成的大网络为实际例子，说明网络解体比单独删去节点来得复杂。在这个例子中，如果一个节点代表电站出事故，那么势必就要影响到由它供电的计算机控制站工作。而计算机站能不能正常工作，又要反过来影响由它控制的电站的发电。正是这样的相互影响导致网络解体。根据这种想法，提出一种处理多种节点和多种作用网络解体的新方法。此文的原创性和科学性在于开始把网络解体用网络结构与动态的关系的观点加以考虑。后来有不少杂志给出详细分析过程和改进的分析过程，虽然它们考虑的情况可能更复杂，数学处理更为细致，但是按同样的道理去评说，这些工作仍然不属于高水平的开创性工作。

这个方向是有许多高水平工作可做的。在我看来，要有原创性的想法，这个想法应当把网络结构与动态过程结合起来，而且这个想法要有真实的例子给予支持。

六、复杂系统的自适性

从结合实际问题的应用数学研究角度来看，采用非线性科学提供的动力学方法来研究复杂性，我想在当前可以相对集中于复杂系统的自适应研究。在这方面我了解一些，有的动手做过，有的只是听到过，在这儿我就谈一些自己的看法。

（一）一致性问题的研究

生物的群体现象等类似行为是提出适应性的重要依据之一，现在可以认为这是一种适应性，这种适应性是群体中个体接受外界的影响而协调彼此行为，趋向于一定目标，从而使得系统整体表现出适应外界变化的一种性质。这种适应性最早是从计算方式开始加以研究的，其出发的思想是生物个体之间通过信息交换来实现群体效应。把这种想法推广到技术层面上，自然就成为个体单元之间能否彼此通过交换信息达到协同的结果。总之，现在讨论的一致问题是，复杂系统是如何通过彼此之间的信息交换或者称为达成一致协议来实现某类协同行为的。我没有从事过这方面的研究，听说最早的工作发表于 *Nature* 杂志，我想这是合理的，主要原因是解决这个问题的想法是原创的。就我个人看法，这方面工作要进一步达到科学性和原创性的高要求，就应当包含有如下的研究：如果是属于技术上的一致性问题，应该有技术问题的背景，提出的一致性协议应当是可操作的（在我写作本文的过程中，2014 年 2 月 *Nature* 以 News 形式报道了在技术上用机器人实现了这种想法。文章题目为“Autonomous drones flock like birds — Copters can arrange in formation and coordinate flight patterns without central control”，报道者为 Ed Yong，可参见：Nature doi：10.1038/nature. 2014.14776）；如果是属于科学上的探索，比如群体行为，其信息交流方式不仅可供理论分析，而且要有实验的依据。当然，由于我缺乏这方面的研究，自己的看法仅供参考。

事实上，我、杨凌和茅坚民十多年前在研究混沌控制的问题中就已经意识到有这种定向控制，工作发表于 *PRL* 杂志。但是，如何实现这类定向的方法是不清楚的，现在又进一步指出这类定向过程可能用信息交换实现。对于是如何实现信息交换，完成什么样的信息交流这类科学问题似乎还是缺乏理解。2013年，诺贝尔生理学或医学奖揭晓，该奖授予了发现了细胞囊泡运输调控机制的三位科学家，分别是美国耶鲁大学细胞生物学系主任詹姆斯·罗斯曼、美国加州大学伯克利分校分子与细胞生物学系教授兰迪·谢克曼，以及美国斯坦福大学分子与细胞生理学教授托马斯·聚德霍夫。生物体内每一个细胞都是一个生产和运输分子的工厂。比如，胰岛素在这里被制造出来并释放进入血液当中，以及神经传递素从一个神经细胞传导至另一个细胞。这些分子在细胞内都是以“小包”的形式传递的，即细胞囊泡。这三位获奖科学家发现了这些“小包”是如何被在正确的时间输运至正确地点的分子机制。这就揭示了不仅定向是可以实现的，而且定时也是可以实现的。在分子水平上似乎还是由基因调控来实现，当然，这就提出一个重大的挑战性问题：信息运输是如何由基因调控来实现定向定时的？

（二）网络结构与动力学行为的关系

在经典的数学模型中，数学模型一般是建立在一个几何客体上，这个几何客体在研究动态过程中是不变的。比如，常微分方程模型是建立在相空间的几何客体上，在研究模型随时间演化行为时相空间是不变的。在网络模型中，动态过程中网络结构也是演化的，因而复杂系统的行为是由网络结构和节点动力学相互协调的结果，从而使系统会出现涌现性质。正是系统的这种性质才保证了其有能力和可能对各种变化做出适应性的反应。因而讨论结构和动力学之间的关系对于理解适应性是必须的。

一方面，在这方面开展真正科学意义上的研究还不多；另一方面，我也没有做过这方面工作，所以说不出更多东西。在这儿把 *Nature* 杂志最近发表的一篇有关文章介绍给大家（“Emergence of structural and dynamical properties of ecological mutualistic networks”，作者：Samir Suwels，Filippo Simini，Jayamth R. Bunvar and Amos Maritan，*Nature*，Vol. 500，2013年8月22日才上网）。有兴趣的朋友可以从此入手进行调研，我相信这是一个有希望做出高水平工作的方向。

（三）自适应的概念与分析

另一种自适性是反映系统既对外界变化有敏感的反应，又能维持自身已有行为的能力。这种自适性的重要性已经得到公认，在上面第一部分中讨论群体行为形成是一种适应性，群体行为形成后的维持能力就是这部分所要分析的适应性。既然如此，科学工作者就有责任在科学层面上建立概念，并提出分析方法。为此，我们先来分析一下自适应的含义。从生命系统来看，它具有的适应性是指当外界变化时，系统既有能力感到外界的变化，同时很快又适应这种变化。显然，这个过程应当由动态过程表现出来。理论上，讨论外界对系统的影响，比较早的工作是体现在偏微分方程理论，在定解条件中加入边界条件，但仅仅比较多地停留在解在某空间的存在性和唯一性，而较少关心边界条件变化所引起解的动态变化。在工程上也提出鲁棒性的概念，是讨论外界变化对系统的影响，但这个概念似乎还停留在定性上，仅要求系统定性结果不变，缺乏定量上的描述，而且比适应性的要求低。

从上述分析来看，这类适应性是系统动态过程的属性，因而从理论上看应该属于动力系统范畴。考虑到是研究外界变化对系统行为的影响，在理论上就是要分析外界变化对系统吸引子的影响。从要求来看,既有觉察到外界变化一方面,又有吸引子具有保守一面,而且希望这种刻画能有定量的表述。

从这样的要求来看,最好是从吸引子为稳态的情况出发。因为此时吸引子在相空间中是一个点,这个吸引子没有什么特征需要来描述其保守性,所以刻画其保守性比较容易,仅要求外界变化后系统吸引子仍为稳态,且相空间中这个稳态的点离原来的点不远就行了。当然这种想法应该从实际问题出发,加以提炼,以达到科学上的认可。

2009 年,北京大学 Ma W, Tang C 等在 *Cell* 138(4)发表文章"Defining network topologies that can achieve biochemical adaptation",给出了适应性和敏感性的最新结果。工作放在三节点的生化网络(又称基序),示意图见图 3。

$$\frac{dA}{dt} = k_{IA}I\frac{(1-A)}{(1-A)+K_{IA}} - k'_{BA}B\frac{A}{A+k'_{BA}}$$

$$\frac{dB}{dt} = k_{AB}A\frac{(1-B)}{(1-B)+K_{AB}} - k'_{FBB}F_B\frac{B}{B+K'_{FBB}}$$

$$\frac{dC}{dt} = k_{AC}A\frac{(1-C)}{(1-C)+K_{AC}} - k'_{FCC}F_C\frac{C}{C+K'_{FCC}}$$

图 3　三节点生化网络示意图

图 3 中节点 A、B 和 C 代表生物分子,节点之间的有向连线表示一个节点对另一个节点作用是激发(用箭头表示)或是压制(用黑圆点表示)。节点 A 有一输入,节点 C 有一输出。图 3 中右半部是对应左半部网络的化学动力学方程。只要适当选取参数值,这个系统处于稳态,也就是这个动力系统的吸引子在相空间为一点。在这样的框架下,由输入和输出的量值来定义系统的适应性和敏感性,给出定义为:

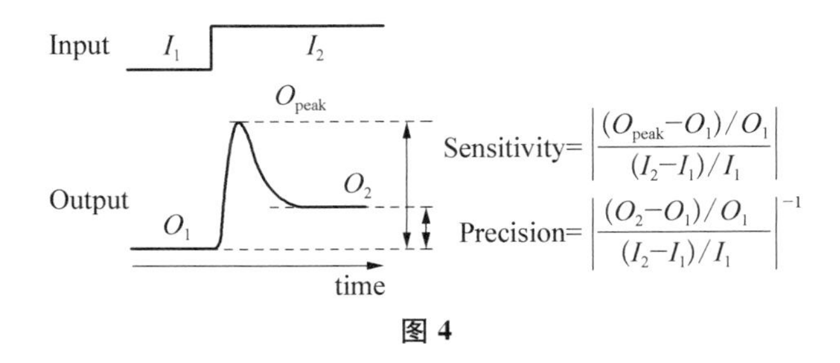

图 4

图 4 中的 I 代表输入的大小,也就是输入由 I_1 变成 I_2。O 代表输出,也就是吸引子的 C 分量。O_1 代表输入为 I_1 时的稳态输出。O_{peak} 表示由 I_1 变成 I_2 时,输出离 O_1 的最大变化值。O_2 表示输入为 I_2 时,输出的稳态值。敏感性和适应性分别由 S 和 P 表示,这两个量是无量纲化的。由定义可见,S 和 P 越大,系统的敏感性和适应性就越好。在实际分析时,他们采用 S 和 P 大于 10 时,就认可这个系统的自适应好。

他们对这种总数有 16 038 不同拓扑的三节点网络,每一种网络随机选取 10 000 参数,进行数值模拟。发现仅有 380 种左右网络的自适性是好的,大部分都是不好的。尤其是对于只有三条连线的 40 种网络,发现只有 11 种是好的,并且用定性方法分析了适应性 P 好的原因。详细情况可参见他们的工作。

我们提出一个自然的问题是,既然生物系统有好的自适应性,那么为什么大部分三节点生化网络却不具有此性质?为此,我们先来看一个具体生物网络的例子。图 5 是关于 p53 的核心调控网络,它表示 p53 对 DNA 损伤的反应,影响细胞命运决策。其中,DSB 代表外部输入,表示对 DNA 损伤。

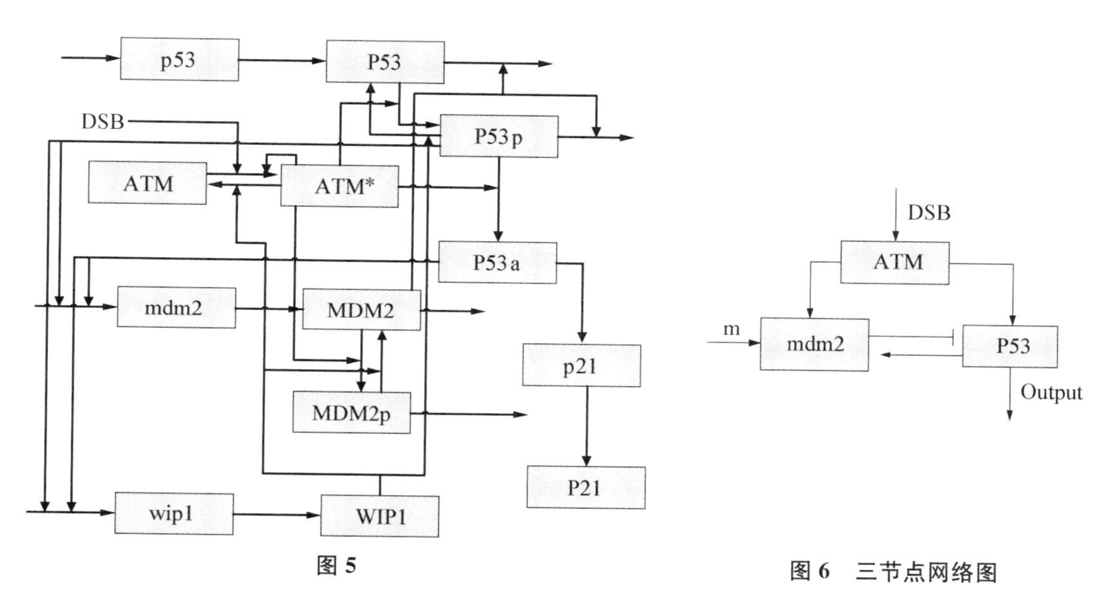

图 5

图 6 三节点网络图

上面网络代表的生物过程的网络的核心部分可以归结为三节点网络图(图 6)。其中 p53 输出代表影响细胞命运决策,m 代表 mdm2 在实际网络中各种输入的总和。

由此例可以看出真实抽象的生化三节点网络中,节点 B 是有输入的。两者之间的差别可以用图 7 表示。

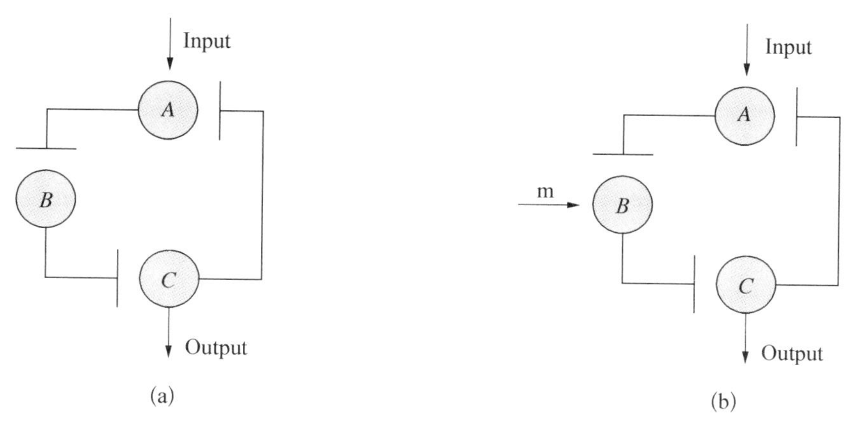

图 7

图 7 中，(a)是原文分析模型，(b)是改进后的模型。当然，(b)更符合真实情况。但是，实际情况是由于 m 代表许多作用的总和，对具体生物问题 m 是太复杂了，现在也给不出具体实例。所以在我们的工作中是把 m 取成生物自适应控制形式。研究工作表明，选取自适应控制的参数，都能达到改变 40 种的具有三连线三节点的生化网络的 S 和 P。这个工作能够给出形式的几种有意义的典例实例，也许还能够进一步发展为高质量工作。

另外，我感觉到上述对稳态的结果可以上升为动力系统具有稳态吸引子的适应性的理论。当吸引子为极限环时，情况就复杂了。敏感性从理论上看还是方便推广的，适应性就难了，其中涉及在同一高维相空间的两个极限环如何定义它们是相接近的、形状又相似的问题。如何定义还需要进一步摸索，我们对生物系统的周期解做了一些前期的工作。

我们的研究是从小 RNA(microRNA)入手，把小 RNA 看成外界对原来生物网络作用，讨论对生物网络周期解的影响。先分析两种产生周期解的基本生物模体(motifs)，它们的调控过程见图 8 中的两个图。

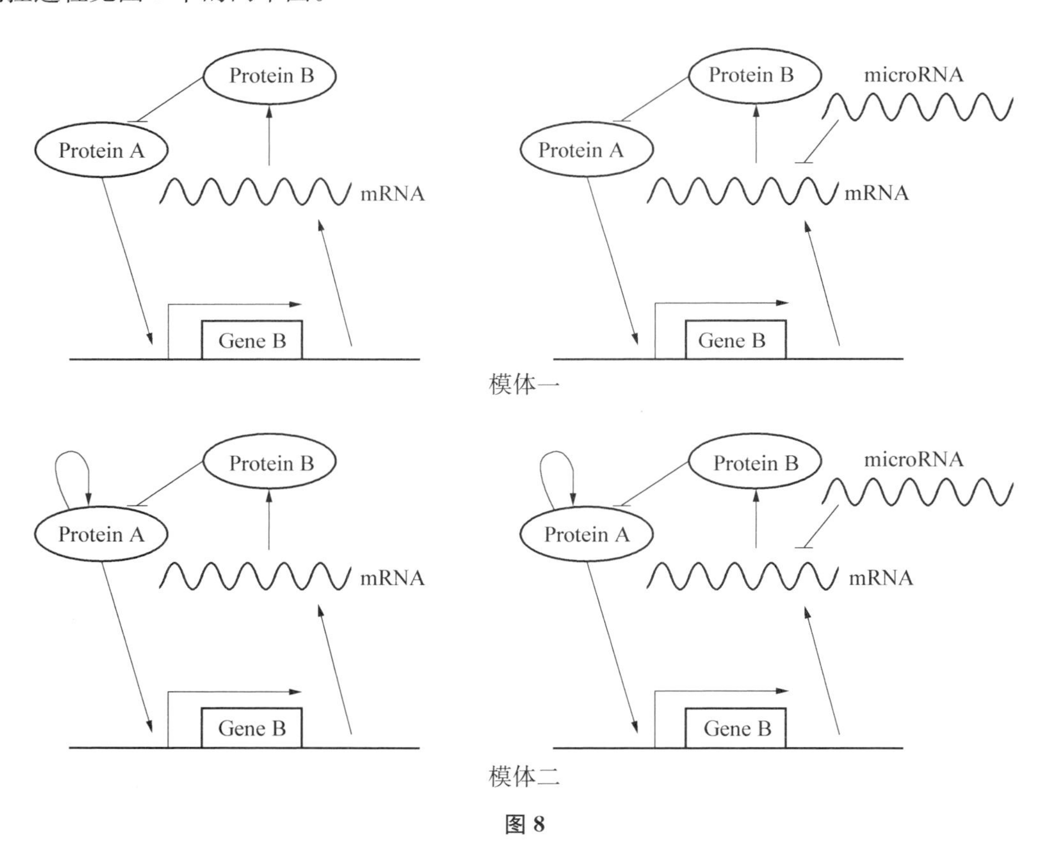

模体一

模体二

图 8

这两种模体所产生周期解的动力学原因分别为 Hopf 分叉(模体一)和激发媒质理论(模体二)。两图中的左图是产生周期解的原始模体，而右图则是对应于左图加上小 RNA 作用。对这两模体都可以建立动力学模型，进行模型分析，进而找到产生周期解的条件。我们先对两模体中的左图找到相应周期解，然后在右图动力学方程中与左图相对应的参数取相同值,调节与小 RNA 有关方程的参数,在相当大的范围内,发现周期解存在,其典型的情况如图 9 所示。

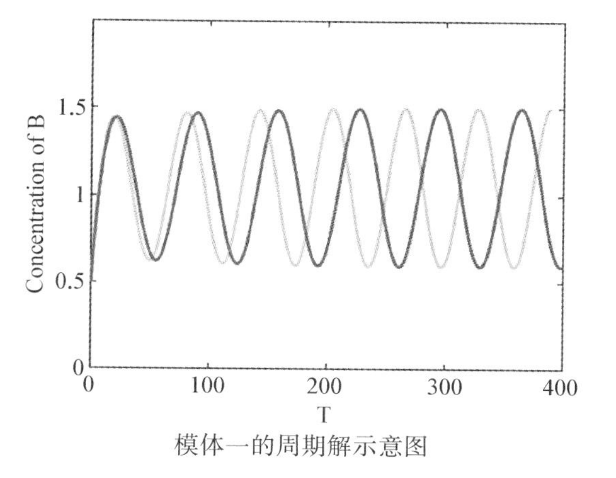

模体一的周期解示意图

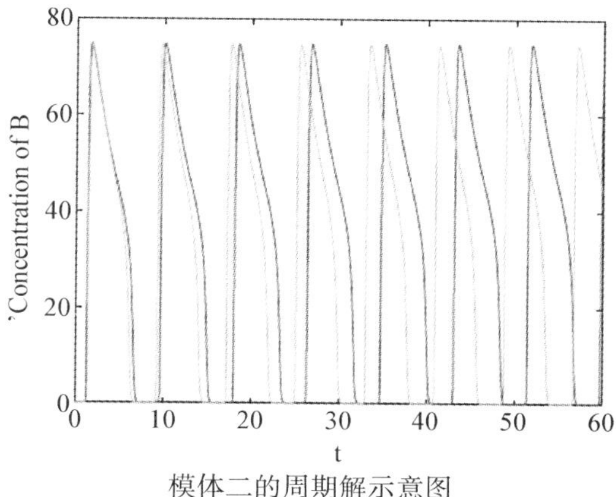

模体二的周期解示意图

图 9

图 9 中两图中红线(黑线)代表没有小 RNA 作用时的周期解;绿线(灰线)代表有小 RNA 作用时的周期解。比较结果,两种情况都给出小 RNA 作用,基本不改变周期解波形和振幅,但周期解的周期略有缩短。从适应的角度来看,反映了某种适应性的存在。详情可参阅我们的相关工作。

接着,我们通过介绍一个实际生物过程来进一步证实这种观点。2008 年,*Science* 杂志发表一篇文章中报道实验 miR369－3 会缩短细胞周期的周期。针对这个报道,我们以国际公认的描述细胞周期的 Tyson 网络为原型,从生物数据库中找到相关数据,构建了包含 369－3的细胞周期网络模型,如图 10 所示。

模型中的虚线所围的部分是我们新增的。根据这个网络模型,可以建立下列的动力学方程:

$$\frac{d[ERG]}{dt} = \varepsilon \frac{k_{15}}{1 + ([DRG]/J_{15})^2} - k_{16}[ERG]$$

$$\frac{d[DRG]}{dt} = \varepsilon\left(k'_{17}[ERG] + \frac{k_{17}([DRG]/J_{17})^2}{1 + ([DRG]/J_{17})^2}\right) - k_{18}[DRG]$$

$$\frac{d[CycD]}{dt} = \varepsilon k_9[DRG] + V_6[CycD:Kip1] + k_{24r}[CycD:Kip1] - k_{24}[CycD][Kip1] - k_{10}[CycD] \underline{- k_{40}[CycD][Lox]}$$

$$\frac{d[CycD:Kip1]}{dt} = k_{24}[CycD][Kip1] - k_{24r}[CycD:Kip1] - V_6[CycD:Kip1] - k_{10}[CycD:Kip1]$$

$$\frac{d[CycE]}{dt} = \varepsilon(k'_7 + k_7[E2F_A]) - V_8[CycE] - k_{25}[CycE][Kip1] +$$

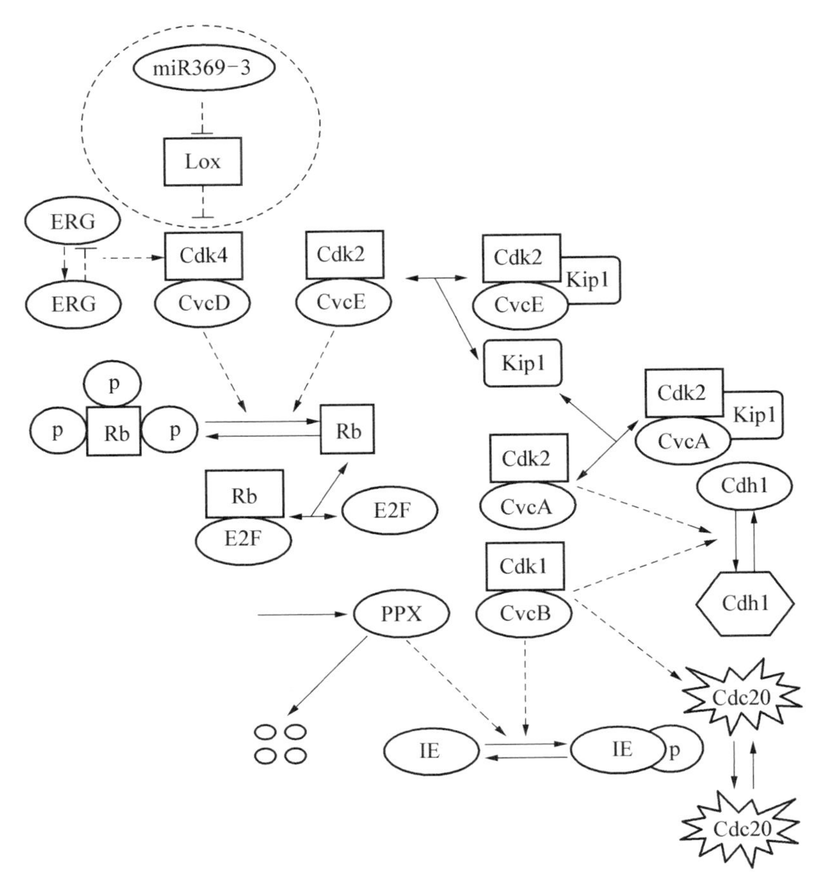

图 10　包含 369 - 3 的细胞周期网格模型

$$k_{25r}[CycE:Kip1]+V_6[CycE:Kip1]$$

$$\frac{d[CycE:Kip1]}{dt}=k_{25}[CycE][Kip1]-k_{25r}[CycE:Kip1]-V_6[CycE:Kip1]-V_8[CycE:Kip1]$$

$$\frac{d[CycA]}{dt}=\varepsilon k_{29}[E2FA][mass]-k_{30}[Cdc20][CycA]-k_{25}[CycA][Kip1]+k_{25r}[CycA:Kip1]+V_6[CycA:Kip1]$$

$$\frac{d[CycA:Kip1]}{dt}=k_{25}[CycA][Kip1]-k_{25r}[CycA:Kip1]-V_6[CycA:Kip1]-k_{30}[Cdc20][CycA:Kip1]$$

$$\frac{d[Kip1]}{dt}=\varepsilon k_5-V_6[Kip1]-k_{24}[CycD][Kip1]+k_{24r}[CycD:Kip1]+k_{10}[CycD:Kip1]-k_{25}[Kip1]([CycE]+[CycA])+k_{25r}([CycE:Kip1]+[CycA:Kip1])+V_8[CycE:Kip1]+k_{30}[Cdc20][CycA:Kip1]$$

$$\frac{d[E2F]}{dt}=k_{22}([E2FT]-[E2F])-(k'_{23}+k_{23}([CycA]+[CycB]))[E2F]$$

$$\frac{d[CycB]}{dt}=\varepsilon\left(k'_1+\frac{k_1([CycB]/J_1)^2}{1+([CycB]/J_1)^2}\right)-V_2[CycB]$$

$$\frac{d[Cdh1]}{dt}=(k'_3+k_3[Cdc20])\frac{1-[Cdh1]}{J_3+1-[Cdh1]}-V_4\frac{[Cdh1]}{J_4+[Cdh1]}$$

$$\frac{d[Cdc20_T]}{dt}=\varepsilon(k'_{11}+k_{11}[CycB])-k_{12}[Cdc20_T]$$

$$\frac{d[Cdc20]}{dt}=k_{13}[IEP]\frac{[Cdc20_T]-[Cdc20]}{J_{13}+[Cdc20_T]-[Cdc20]}-k_{14}\frac{[Cdc20]}{J_4+[Cdc20]}-k_{12}[Cdc20]$$

$$\frac{d[PPX]}{dt}=\varepsilon k_{33}-k_{34}[PPX]$$

$$\frac{d[IEP]}{dt}=k_{31}[CycB]\frac{1-[IEP]}{J_{31}+1-[IEP]}-k_{32}[PPX]\frac{[IEP]}{J_{32}+[IEP]}$$

$$\frac{d[GM]}{dt}=k_{27}[mass]H\left(\frac{[Rb_{hypo}]}{[Rb_T]}\right)-k_{28}[GM]$$

$$\frac{d[mass]}{dt}=\varepsilon\mu[GM]$$

$$\underline{\frac{d[Lox]}{dt}=k_{41}-k_{40}[CycD][Lox]-k_{42}[Lox][miR369\text{-}3]-k_{43}[Lox]}$$

$$\underline{\frac{d[miR369\text{-}3]}{dt}=k_{44}-k_{42}[Lox][miR369\text{-}3]-k_{45}[miR369\text{-}3]}$$

上述方程中用红色标出部分(加下画线部分)表示了我们在网络中所加部分。在 Tyson 原模型产生周期解的基础上,我们选取适当的新增参数,发现了新的周期解,得到与前面类似的结果,即:周期解的波形和振幅基本不变,周期略有缩短。对反映作用的关键参数进行对周期影响的数值研究,结果如图 11 所示。

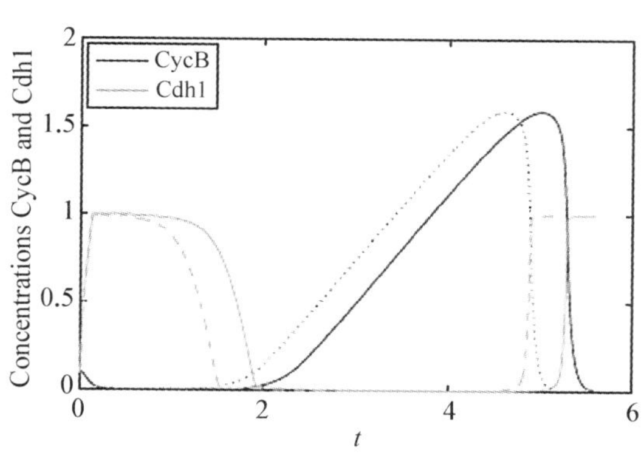

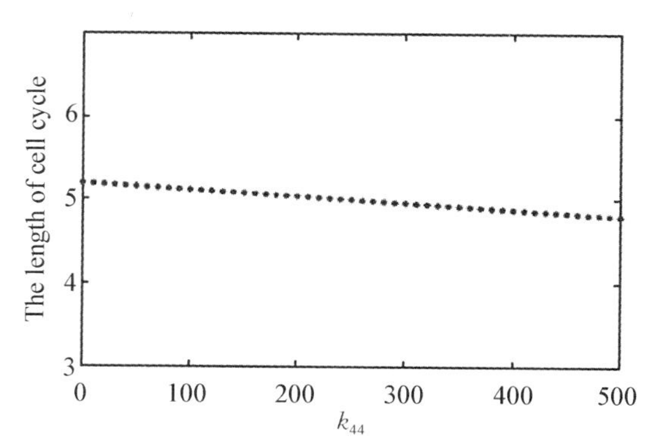

图 11

图 11 中的红和绿的实线(黑线“——”和灰线“——”)分别代表 CycB 和 Cdh1 的振动波形,而虚线代表引入 miR369 - 3 后的波形。此例也同样反映了存在适应性。

我们对周期解的探索表明生物系统也可能有适应性。但是,我们的工作表明,是在一类外界作用下存在,存在形式是周期解形状和振幅几乎不变,周期略有减少。事实上,有些生物系统的适应性应该是周期不变的,比如节律问题。所以,我们认为对周期解的自适应理解还不充分,这儿就不下定义,留下来继续研究。我相信这方面应该可以出高质量工作。

在自适应研究中,我个人认为敏感性比适应性更复杂。因为从动力系统的角度来看,敏感性所涉及的是暂态过程,这是现有动力系统很少研究的问题,希望也能有人关心这个非常困难的问题。

(四) 动态分析方法上的创新

自适应是通过动态过程表现出来的,因而自适应研究必然要研究动态过程。我个人相信复杂系统的动态分析是一个充满挑战性的方向。由于我对生命系统有较多关注,所以就通过生命系统进行一些剖析。

众所周知,生命运动取决于生物大分子的活动。从物理学角度来看,系统活动可以用宏观方式描述,现有方式用连续处理,动态过程由轨道来刻画,典型实例是力学;另一种系统活动可用微观方式描述,可用薛定谔方程处理,动态过程可用反映粒子波粒二象性的波函数的分布来刻画,典型的实例为量子力学。而生物大分子在尺度上为纳米级,介于宏观和微观之间,正确描述动态过程是一个值得探索的问题。通过模型正确刻画动态将有助于正确理解复杂性。

这方面目前比较认可的方法是分子动力学方法。利用这种方法,加上其他研究手段就可以做出高水平的研究工作。最近,我们研究所的涂育松博士做出的工作就是一个例子,我仅参与了很少的工作。该工作发表于 Nature Nanotechnology, doi: 10.1038/NNANO, 2013,125,作者:涂育松等,我是第七作者。题目:Destructive extraction of phospolipids (磷脂) from Escherichia Coli membranes by graphene(石墨烯) nanosheets. 先从分子动力学方法通过数值发现石墨烯纳米插片可在磷脂形成的球体插进和拔出。然后设计实验,说明大肠杆菌中可以存在这样的实验结果。接着,从这些分子的化学键分布所导致的电场从科学上解释了这种现象产生的物理原因。最后,从这个现象得出可以因为物理原因导致细胞的死亡,这是一个与通常认为各种化学反应是细胞死亡原因思维不同的新的科学观点。同时又解释了在这个现象中为什么对人类平常细胞不一定起作用。由此工作我们得到启发,在生命现象中有许多高水平工作可做。由模型的正确动态过程可以发现许多新现象,设计合适实验说明现象客观存在性,并从科学上给出合理的解释。比如生物通路的形成就可以用这样的思路加以处理。

2013 年的诺贝尔化学奖 10 月 9 日在瑞典揭晓,美国科学家马丁·卡普拉斯、迈克尔·莱维特及亚利耶·瓦谢尔因给复杂化学体系设计了多尺度模型而共享奖项。以前化学家是用塑料球和棒创造分子模型,现在则是用计算机建模。分子和化学反应的精确建模对于化学的进步至关重要。Karplus、Levitt 的 Warshel 工作的突破意义在于他们设法让牛顿的经典物理和完全不同的量子物理结合在化学过程的建模中。经典物理的强项是计算简单，可用于建模非常大的分子，但弱点却是无法建模化学反应。为了模拟化学反应，化学家不得不使用量子物理，然而量子物理需要惊人的计算量，因此只能用于小分子。他们三人的工作结合了两者的长处，发展出了同时利用经典物理和量子物理的方法。方法的关键是不同尺度问题用不同方法处理，其中分子动力学方法是在纳米尺度中的重要方法。

（五）结合具体生物问题的研究

如果用现有方法结合具体生物动态过程来研究，那么这是一个有大量工作可做的方向，但是根据我对现有情况的了解，国内不少学者如果不从观念上做重大调整，那么按目前思路做这类问题，恐怕很难达到高水平的要求。

我想调整思路的关键是放弃用动力学研究作为出发点的思路，而是从解决生物中什么样的科学问题为出发点开展研究。具体来说，提供如下建议：① 必须多注意生物问题中的重大发现，这就要求多看顶级杂志的报道，对其中的生物问题要与生物学家沟通；② 实际情况是，目前你想让生物学家就提出的数学方法判别是有困难的，所以最重要任务是把生物新发现以最快方式转化为动态研究问题；③ 要注意转化结果不是数学越复杂越好，相反是数学越简单越好，科学性得到最终表达的往往是简单的；④ 一个很重要任务是结合生物学上要求，用科学语言把事情讲清楚，特别是基本的科学想法，要求是对这方面有兴趣的生物学家认同你的看法；⑤ 在目前阶段，这些结果都应有相应的实验证据，这方面就要求你有很好的协作精神以及沟通能力。由此可见，如果你投身这项工作，你应当学会如何开展工作，不注意上述几点，强调侧面不同，也可能出工作，但不会是高质量的工作。

在我这一辈子中，35 岁之后赶上了改革开放年代，使我有机会从事科研工作，并经历了中国由一个在国际科技界相对比较弱的国家变为科技大国。我相信在今后一段时间内，我国将实现科技现代化，逐步成为一个科技强国。由于年纪已大，我不可能直接参与此事，但希望国家能早日完成此转变，也希望发挥一些余热。我认为，要实现此转化就一定要做出一系列有原创性和科学性的高质量的研究工作，也许在两件事上谈些看法可能会有些意义：第一件是科研的理念。从我三十多年的科研经历中看，我认为要做出高质量工作，首先要树立相应的科研理念，要改变在我们科研工作中的一系列想法，不要一方面强调科学性和独创性，另一方面在涉及具体问题时到处都出现独创性。最典型例子是几乎所有博士论文的评语都用到创新，如果有如此多的创新，我们早就成了科技强国。有了正确认识后，还得有正确的态度和方法，我的体会也许有可取之处。第二件是与科研的切入点有关。当然在这个问题只能就我所熟悉的研究方向说一些体会。我的科研切入点是非线性科学，在当时这是科学热点。三十多年来，我一直追踪着这个方向，始终关注其研究热点的形成和发展，并且根据自己的能力来调整相应的研究工作。自认为对这个方向是比较熟悉的，对研究热点的来龙去脉是清楚的，整个方向的进展和科学性是有自己的看法的，进一步可能从事独创性和科学性的工作也是有自己看法的。我愿在此把这些告诉有兴趣从事这方面研究的同行。如果对他们今后的研究会有所帮助的话，那么我将感到十分高兴。这样看来，本文不能算为学术论文，也算不上我工作的总结，只是多年来科研工作的一些体会和想法。我想，这些体会和想法也许有一定道理，当然也可能有不正确之处。我愿在此把这些体会和想法告诉年轻朋友们，希望能对他们有所帮助。

从“动力学”谈起

从事科学研究的学者都知道一项科学结论要想得到认可的一个条件是所得结论要得到理论上的论证，换句话说，要从逻辑上得到科学观点的认同。

“动力学”就是实现此种论证的一个有效方法。这个方法的思维逻辑是先设法把所研究问题模型化，并建立相关理论研究模型，再用科学逻辑分析该模型，用所得分析结果来论证研究问题的科学性。

从动力学命名来看，它提出的早期涉及到动力，应当与力学有很大关系。我个人认为这种方法论起源于力学。因为从科学史来看，力学学科是最早总结出三大运动定律的科学，这就建立了施力物体与受力物体产生运动之间的因果关系，这种关系为建立研究模型创造了条件。另一方面建立模型的数学分析工具历史上也伴随着力学的发展建立了起来，这样也为模型的科学逻辑分析提供了可行的基础。由于力学学科在科学早期发展史有这两个优势，这就保证了动力学方法能在力学中生根发芽。早期大学中把数学与力学放在一个系的原因也与此有关。

早期的动力学方法起源于力学。但由于工程技术中许多问题从理论上可以归结为力学问题的分析，所以动力学的思维方式在工程技术上得到广泛认可。又因为力学问题常常可以通过力学原理用数学方程来模型化，所以动力学思维方法又强烈地依赖于数学工具。两方面的需要就使得以动力学思维方式从事研究与应用的数学、力学研究人员和工程技术人员形成了他们各自独特的思想。他们研究工作的目的是解决实际科学问题，但工作方法是依赖于合理的数学逻辑。这是一种解决实际问题的应用数学，当然在数学严格性上与以数学为出发点的应用数学是不同的。

动力学研究的第一波高潮出现在20世纪三四十年代。由于工程技术上大量涉及与力学有关的问题需要研究，力学中有动力学思维的研究者，借助于他们在解题上的优势，通过求解所建模型的解来开展研究。他们发现大多数模型没有精确解，所以只能通过合适的方法来建立某种合理意义下的近似解来讨论模型所提出问题的科学性。首先，他们用力学中无量纲原理把模型无量纲化，结果发现不少模型含有小参数。进一步研究表明，忽略小参数项的模型往往有精确解，那就自然想到可把小参数项看成扰动，那模型方程解可看成精确解的扰动。这样自然想到用小参数的级数展开，为此建立了级数的渐近性的概念，以确保所求近似解在数学上的合理性。当然直接用小参数的级数展开，往往效果不太好，所以研究者把主要精力用于改善展开方法。他们发明了许多方法，比如：PLK方法、匹配渐近方法、WKB方法、平均法、多重尺度法，等等，用这些方法解决了许多科学技术问题。现在把这些方法统称为奇异摄动方法。

奇异摄动方法中用渐近概念代替严格数学中的收敛性要求，作为近似解这样的要求既保证了数学上的合理性，又可避免一些关于收敛性的数学证明，使得有较强数学基础的硬科学学者易于学习和应用，所以这个方法在力学、天文学和其他物理学分支的研究者中得到迅速推广。事实上，作为近似解，收敛性相比问题的科学性显得不那么重要，而且收敛性证明可以通过实验对有关近似解结论进行验证。目前，在动力学领域工作的学者，不管涉及何种学科，只要有需求基本上都会用这种方法来处理实际的科学问题。

同时，数学工作者也注意动力学的发展趋势。除了少数学者关心渐近展开级数的收敛性外，更多学者从动力学发展趋势中认识到要创建一门超越学科界限的动力学的数学理论。他们抓住动力学处理问题的共性，即系统随时间演化的基本特征，建立了动力系统这门学科，学科的命名基本保留了原来的动力含义，但可以处理所有学科中包含与时间演化有关的系统，这样就大大拓广了动力学方法在科学研究中的应用。这门数学理论通过建立相空间和轨道概念，用来描述系统的演化过程。随后又由定性分析方法发展了用来处理研究系统的不变集。最后依赖于稳定性理论在不变集结论的基础上建立了吸引子理论。这样就基本建立起了用动力学思想处理系统行为的理论框架。

动力系统理论的框架使我们意识到用奇异摄动方法研究系统动力学的思路需要发展。因为动力学理论表明一个系统在相空间可能有几个吸引子，每个吸引子都有其吸引盆。从吸引盆出发的轨道最终就到该吸引子。因而奇异摄动方法对整个相空间存在一个吸引子最适用，其渐近展开近似解可以代表该吸引子。对于存在多个吸引子的情形，原则上应该先分析相空间存在吸引子，然后才能对吸引子逐一求解，对这种情形似乎还不存在理论处理框架。另一个要注意的情况是，有的吸引子，比如奇怪吸引子，是不太可能用函数表达，所以用奇异摄动方法求奇怪吸引子近似解也就失效了。后来又注意到动力系统还应该研究系统行为和参数的关系，所以建立了分叉理论。分叉理论告诉我们，一个系统当参数组合发生变化直到参数满足一定条件时，系统行为会发生质的变化，也就是吸引子的本质会发生变化。渐近近似解往往也含有参数，但这时参数变化不可能带来解的本质变化，所以也不能处理吸引子与参数的关系。上述几种情况说明，动力系统理论告诉我们依靠近似解方法来研究系统行为是不完整的。它可能解决系统某个吸引子的行为，但不一定反映系统的全局行为。它也可能反映参数在某些约束下的行为，但不是整个参数在有效范围内的行为。

为了解决这个问题必须发展动力学的研究方法。数学上最严格的方法就是直接用动力系统理论分析相空间中吸引子分布以及产生分叉的参数条件。对分析所得到的存在吸引子可以进一步通过求它表达式和近似表达式来对系统行为进行讨论。可惜能用动力系统进行严格理论分析的系统太少，绝大部分系统是做不到这一点的，或者只能部分做到这一点。于是人们在尽可能的理论分析基础上采用数值模拟做更完整的研究。在计算机应用的早期，科学界并不认可数值模拟结果可以作为科学结论，但随着计算数学理论的建立，人们认识到正确的数值模拟在科学上是可信的。之后，正确的数值模拟在动力学研究上得到认可。所以动力学上一般是用动力系统理论和数值模拟结合的方法来进行研究。这里要指出的是，由于动力学研究涉及各个学科，所以这个方法在各个领域都得到广泛应用。应该讲，物理学界仍是在工作中占主流地位的。另外要指出的是，在数值模拟上只要是采用了正确的模拟方法和计算策略，科学上就可以认可所得的相关结论。

由于动力学方法在处理问题方面的有效性，所以得到越来越广泛的应用。开始时，建模所依赖的因果关系比较简单，模型中所含的参数比较少，且这些参数在实验室都能得到有效控制，因而在研究参数效应时，采用把参数作为常数，或者变化一个参数、固定其他参数两种做法，它们是合理和可行的。随着动力学研究方法的不断拓广，一旦进入了一些复杂技术领域，比如气象和地震，它们涉及众多因果关系，虽然都可以按照科学逻辑在因果关系的基础上建模，但模型必含有大量参数，这些参数与自然环境有关，经常不断地变化，是不可能有效地控制的，也就是说，在分析时是无法确定的。将参数常数化或变化一个参数、固定其他参数的处理方式是与实际情况不吻合的，必须找到更合适的处理方式。然后，再进一步进入存在许多因果关系且这些关系尚处于定性解释阶段尚未达到定量程度的系统时，原则上它也可按照因果关系来建模，但模型中参数的选取更是一件棘手的事。比如生物分子网络和生态系统，其参数不仅由于依赖环境而成为不可控的，同时又由于实验数据定量化上的不确定性，结果导致更大的困难。最后，对于涉及人的心理因素的系统，比如经济系统、传染病系统，可以在极为严格条件下建模，但模型中有关心理活动的参数的测量或选取更是一件大难事。总之，在上述各种情况中，可以依据一定的科学逻辑和假定对系统建模，但模型中参数如何选取使得结果与实际情况相吻合是一个直到现在都没有很好考虑过的问题。

在以往的动力学方法中，除了把参数作为常数处理外，还有另外一种处理方式。它是把参数看成变量的函数，本质上与看成常数无太大的区别。这些都与参数的不确定性相吻合，为此 May 1975 年在 *Nature* 上发表的关于生态的文章中提出了参数随机化想法，他把所有参数看成一个随机分布。这个随机分布的特征是由实验数据决定的。这个想法的新意是把系统参数看成不确定的，问题是把参数看成各自独立的。这种独立性的想法至今没有得到证实，我个人认为是不可信的。如果我们把一个参数不确定性看成一个随机过程，那么系统所有参数就构成一个高维随机变量形成的随机过程。这类高维随机变量的随机过程的处理是属于统计学研究的对象，也是当前大数据科学处理的重点。统计学告诉我们，实际高维变量的分量通过计算协方差并将其归一化后得到变量在每个单位变化上的相似程度，称为相关系数。相关系数的取值从－1 到＋1。＋1 代表完全正相关，－1 代表完全负相关。这个结论告诉我们高维变量随机过程的分量表现出的是并非完全独立而是相互关联。因此，如同先前通过考虑因果关系，建立动力学模型来研究系统行为一样，参数之间的关联性也应该成为系统行为研究必须考虑的因素。我们对因果关系建模有了详细研究，可惜至今对关联性的研究缺乏关注。我个人认为，现在一方面要借助于大数据的研究对实际问题中参数关联性进行研究；另一方要研究如何把关联性的影响体现在模型的参数中，逐步建立相关理论。另外，以我对大数据和人工智能的浅薄理解，既然可以从人脸中抽取有用信息来识别人脸，那么我们也可以从系统实际数据中抽取对系统行为有重要作用的信息，即可以优化参数的选取。把参数关联性和优化相结合可能为建模中涉及的参数配置找到科学方法。

综上所述，我们可以得到以下几个结论：① 动力学作为一个科学论证方法，包含了对系统建模以及以可信的数学逻辑为依据的科学论证。它起源于力学，目前在各领域得到了广泛应用，包括物理、化学、生物、信息、工程、经济以及社会科学。② 动力学的思维方式也在不断地发展。早期在建模上都是围绕因果关系展开，开始以奇异摄动方法求近似解来讨论系统行为。后来发展为用非线性动力系统理论与数值模拟相结合的方法来研究系统行为。最近，逐步认识到建模除了要考虑变量的因果关系，还要考虑参数的关联性。在此基础上如何建模和如何研究系统行为是一个全新的挑战。③ 在历史上，我国由于在力学上曾做出过不少有影响的工作，所以在动力学上也有不小的贡献，尤其在奇异摄动方面。在新时期，不少学者体会到动力学发展趋势，希望能继续做出贡献。钱学森先生生前亲自主持了一个由各学科著名学者组成的讨论班，他主张建立工程学上的基础科学，定名为系统科学。我相信他明白动力学方法已经大大超过了力学范围，但力学界要利用现有的优势，保持在这个方向上的创新地位。力学口原分析力学方向的学者也把研究方向改名为动力学和控制，他们清楚地意识到动力学研究的重要性以及他们身上的责任。我希望这种想法能继续下去，尤其要注意到动力学的发展趋势，注意到创新往往是在交叉的科学问题上产生。所以在以力学问题为主的前提下，要特别注意有动力学研究新思想的课题，比如近年来的网络动力学模型就是力学家提出的。对具有新想法的提议，不管涉及哪个具体学科，只要与动力学有关都要给予支持，这样才能保持我国力学界在动力学研究上的优势。

因果关系与关联性影响

科学技术研究中一个重要步骤是对讨论的系统建立合理的数学模型，然后对模型进行分析，进而得出科学结论。

科学技术发展到今天，在数学建模中，除了科学逻辑思维外，还要涉及大量关于讨论系统有关数据的处理问题。根据我们的体会，建模中除了考虑系统中成分之间作用的因果关系外，还必须考虑数据处理中有关关联性带来的影响。历史上，因果关系的处理在建模中一直起到关键作用。数据处理中关联性处理是当前提出的一个新课题，应该引起足够的重视。

因果关系是系统中两个成分作用存在原因与结果的关系，总结现有做法，大致可分三种。① 在一些硬科学中，存在一些得到举世公认的定律和公式，这些结论在实验室可控条件下得到严格论证。典型例子有力学中牛顿第二定律和电磁学中的麦克斯韦公式。在处理问题时，只要根据具体条件，利用公式和定律把因果关系写出来。② 有些学科积累了大量数据，也有些科学上的结论。比如化学反应、分子生物学中的中心法则、各种经济理论。结合实验定性结果和科学逻辑上的合理分析也可用来建立可表达的因果关系，比如化学反应的动力学表达、种群动力学、基因蛋白质的调空作用、经济调控模型等。③ 对于大部分社会科学问题，目前还停留在从科学逻辑和心理素质分析推导出的因果关系，大部分来自与社会科学和心理分析有关的问题。这些因果关系原则上都是可以用数学描述来表达。

这种因果关系的数学上描述带来科学上的确定性思维模式，原则上可用带参数的微分方程来描述，这些参数反映了对因果关系的影响，也就是实验室可控条件或论文中常提到的环境影响。经过数学家的努力，在微分方程理论的基础上，形成了各个学科因果关系都普遍适用的确定性动力系统理论。该理论定义了相空间、轨道等普适概念，发展了处理系统行为的吸引子、稳定性、分叉理论。用动力系统理论可以分析上述三种因果关系。对第一种因果关系可进行定性与定量分析，对第二种因果关系也已由定性分析为主逐步进入定性分析与定量分析并行，对第三种因果关系主要是以定性分析为主。对这三种因果关系的研究在实际工作中都已取得了巨大成功。

但大量事实证实，对于因果关系可用参数可控的动力系统描述的情形，动力系统理论分析常常是非常有效的。对于存在许多因果关系的系统，虽然也可写出确定性动力系统，但似乎很难用上述确定性动力系统理论进行分析。现在来分析一下原因。参数可控表示可以在实验室确定，因而因果关系的动力系统是完全确定性的，所以有效性是可以有保证的。可是也要指出，分叉理论告诉我们不同参数值的组合可以给出因果关系的结论。在有许多因果关系的系统中，影响系统的参数很多，参数组合方式太多，实验室很难同时控制所有参数，也就是实验再现性很差，系统结果就有不确定性。加上有些因果关系是通过合理的科学逻辑分析给出的，根本不可能给出参数的精确值。由此可见，对于存在许多因果关系的系统，尤其是通过合理逻辑分析给出因果关系的系统，采用由因果关系建立的参数确定性动力系统是不可行的，其关键在于参数的表达。

参数表达常常依赖于实验室的测定以及有关实验数据的积累。在存在许多因果关系的系统中含有大量参数，因而反映所有参数的数据可以看作一个高维数据向量。从统计学角度来看，就是对高维数据向量进行统计分析。现有大数据统计分析表明，这些高维数据向量的分量之间存在着关联性，因而在许多因果关系存在的系统中，建模中除了表达出因果关系外，还必须在参数表达中反映出关联性。这就是当前科学研究方法所面临的重大挑战。因为至今还没有得到认可的成熟处理参数关联性的方法，这就是应用动力系统所面临的巨大挑战。

关联性来自高维数据向量的分量之间的协方差计算。根据协方差的定义，两组数据协方差大表示它们波动幅度大，当然这种波动可同向也可反向。相关系数就是把协方差用分量的标准差归一化后得到的指标。它应当在-1到$+1$之间。由此可见这个指标表示数据分量在变化上的相似程度。关联性的定义来自两组表面看似无关的数据波动性之间的关系，这是建立在统计意义上的。可以肯定，用确定性思维方式是行不通的，比如我们在分叉理论中通过给出明确参数之间的条件来表达行为改变。现在是参数不确定，但在变化中它们不是独立的，彼此是有关联的。如何完成关联性在建模中的作用是科学研究中必须解决的问题。我也不知如何处理，这里提两点看法：① 把参数选取看成各自独立的随机变量是不合适的，各个参数的数据的关联性决定了它们不是各自独立的。② 开始可以以关联指数来协调参数的选取，但我相信仅依靠关联指数来具体处理参数选取是不够的，随着数据科学和大数据技术的发展一定会建立处理关联性的有效方法。

在本文中我提出了一个观点：科学发展到今天，已经从讨论由简单因果关系形成的系统发展到由许多因果关系决定的系统。为了从科学上分析这两类不同系统的行为，建模的处理上是有根本不同的。前者可以基于因果关系的确定性动力系统方式建模，后者要基于因果关系的确定性动力系统和参数的关联性的综合方式建模，这一建模方式将是对科学研究思维方式的挑战。

写在建议前

接到北京航空航天大学陆启韶教授来函，从来函中得知他正在组织力量撰写大百科全书力学篇中关于动力学与控制这部分的有关内容。他希望我帮助周进教授写好“网络化系统的动力学”。我当然会全力支持。

对这部分我有一个大胆推测。这个推测目前仅停留在我多年从事这方面研究的心得上，是否合理尚不清楚，所以我不敢把这不成熟的想法写进大百科全书。我想在这儿把这个想法记录下来，是否正确只能由今后的事实来判断。如果对，那就令我高兴；如果错，就当是我的胡思乱想。

20世纪70—80年代曾掀起了非线性研究热潮，研究对象主要是低维非线性动力系统，研究中所建模型主要是微分方程和映射。通过科学家的努力很快建立了一整套研究这类系统的非线性动力系统理论，包括分叉理论、分形几何和重整化群方法等等。我个人把它称为结合实际科学问题研究的应用数学研究方法的第二阶段，因为用这些方法基本上可以解决研究所需。从80年代末开始，科学家的兴趣开始转入高维非线性动力系统。大量事实表明，这类系统的研究难度远远超过低维系统的研究难度，经过二十来年的努力，从动力系统角度来看，对复杂系统的网络建模基本达成共识，也就是走出了用非线性动力学方法研究这类系统的第一步，也在数值研究上提出了研究自适应性的有效方法，但我们也不得不承认离开建立比较完善的应用数学方法似乎还很远。这个事实促使我们问：为什么会出现这个情况？是否低维非线性系统研究思路不适合高维非线性系统？如果是这样，问题出在什么地方？有无解决方法？这是这篇文章要讨论的问题。

我们先来看低维非线性系统，从数学上讲这个系统的建模是一个微分方程或映射，且相空间维数不高。造成这个建模结果的原因往往是由于研究的实际科学问题的因果关系比较简单，比如力学中质点的受力与加速度因果关系。从应用数学对实际问题研究需要来看都必须揭示系统各种因素对因果关系的具体影响，这种具体影响往往是由模型参数给出的。解决这个问题的最好方法是找出模型的精确解，那么一切参数影响就一目了然了。可惜对极大部分非线性系统是找不出精确解的，因而只能依赖于非线性动力学定性分析和数值分析。好在研究系统维数低，参数不多，自然可以采用在参数空间进行数值分析或是采用固定若干参数、变化一个参数的方法进行数值分析。对于这样的数学逻辑的想法，显然也可以对简单因果关系设计对应实验，因而数值结果也可以由实验加以验证。鉴于上述原因，可以认为低维非线性系统是可以用应用数学方法解决的。

再来看高维非线性系统。这些系统的实际来源是复杂系统，它的基本特征是参与系统的基本单元众多，相互作用方式复杂，从科学观点来说就是形成系统结果的因果关系极为复杂。这种复杂因果关系所建的数学模型是复杂网络，如果把每一个作用的因果关系用数学表达式写出来，复杂网络就成为一个高维的非线性动力系统。这儿的高维都不是一般的高，几十是起码的，一般要成百上千，因而导致参数数目是巨大的。结合实际科学问题的应用数学必须要给出影响因果关系因素的具体分析与研究，需要考虑参数影响。面对巨大的参数数目，如果采用直接在参数空间做数值分析，显然以当前的计算机能力是做不到的；如果采用固定大部分参数仅改变少量参数来做，不知需要多少时间，而且这种做法在实验验证上也极为困难。所以在做结合实际科学问题的应用数学分析就面临一个关于参数选择的重大挑战。

从实际科学问题来看，复杂因果关系建立的高维非线性系统在建模过程中所产生的众多参数问题来源于环境。环境的变化极为复杂，几乎是不可确定的，所以模型中参数确定的数据来自这种不可确定的环境变化。任何二次测量的数据的环境应视为不同。这样在低维非线性系统建立的固定大部分参数而变化极少参数的想法缺乏合理性，即使想通过设计实验来验证这种做法的结果也是做不到的。留下的合理想法是把所有参数以一个整体形式加以处理。在我们查阅文献中，发现已经有人考虑如此处理。1975 年，生物学家 May 在处理生态系统的定态解时就这样做了。他发表于 *Nature* 的文章提出了一种把所有参数做统一处理的思想，具体来说，他提出通过综合实测数据的结果把所有参数看成一个满足一定均值和方差的随机分布。他用这种方法似乎得到了合理结果。但我们认为这种方法存在着两个问题是需要讨论的。首先，是否所有参数满足独立随机分布，这方面还缺乏有力支撑材料。其次，如果是满足随机分布，那么从数学观点来看所求得的解应有统计意义，这样就存在如何理解动力系统中的关于相空间中轨道的想法。

我们认为第一个问题中把各参数看成独立事件是不妥当的。我们认为环境的变化会使各种参数之间呈正关联性、负关联性和无关联性。比如一个相对独立的生态系统中，建模中往往会引进各个物种的生长率。在环境变化时，物种生长率也会变，但这种变不会是独立事件。所以，May 在 1975 年提出的方案要修改，必须考虑参数之间的关联性。这可能涉及大数据处理，要利用现有大量数据找出参数关联性。只能把无关联性的参数看成相对独立的，进行合理随机性处理，对于有关联性的参数必须考虑关联性。

关于动力系统中相空间与轨道的概念，在上述参数处理想法下，似乎也应该有所改变。为此我们要比较理论力学和量子力学。理论力学提出了相空间和轨道来处理质点运动。量子力学的基本观点是粒子有波粒二象性，即粒子既有粒子性的一面又有波动性一面。粒子性表示粒子显然在某一时刻应在空间某个位置，这是确定的，而波动性似乎又反对这个结果。由波粒二相性又得到了测不准原理，它认为粒子的位置和动量不能同时确定。而理论力学描述粒子的相空间恰又是由位置和动量决定的，这就表明相空间的方法不能处理量子力学中粒子状态。为此引进了薛定谔方程，用数学上的谱理论求出粒子状态的概率。借鉴上述过程，我们猜测由于大量参数具有随机关联的选取使得每一次所得结果不可能是系统的精确值，是有差别的。但由于高维系统的适应性，使得参数选取结果保证系统状态的范围基本不会变化很大，就如生物系统适应性表现的那样。也就是我推测，讲这类系统状态的精确性是没有意义的，它们表现出在一定幅度的波动是正常的，应视为一个状态的表现。

目前认同的看法是，复杂系统具有不确定性，但对于出现这种性质缺乏机理上的分析。我们从结合实际科学问题的应用数学研究方法对这个问题做了些探讨。由于实际问题的极为复杂的因果关系，使得所建数学模型的维数巨大，巨大维数带来了描述因果关系的数学模型中的参数数目也是巨大的。这些参数的性质应该体现在对实际系统所处的变化的环境测量的海量数据中。我们认为把参数看成独立随机变量是缺乏科学依据的。我们倾向于用大数据分析方法来分析参数的关联性，从中找出选取参数的合理方法。我们猜测参数合理选取本身就是使参数有合理可变范围，这种可变性就可能出现了系统行为分析上的不确定性。我们也猜想有可能从这种不确定性出发会导致不用从相空间和轨道的角度处理系统行为上的变化。

本文只是对处理复杂系统所碰到的困境提出一种看法，是否正确还有待今后研究来验证。我们想再次强调这些观点只是一种看法，如果认为有合理处，可选用。由于复杂因果关系带来应用数学上的困境促使我们把高维非线性系统研究作为结合实际科学问题应用数学研究第三阶段的主要目标。

机遇与执着

（2014 年 12 月）

从初中学习平面几何开始，我就喜欢上读书和思考问题，特别爱好合乎逻辑的理性思考问题的方法。这种爱好使我更有兴趣从事理性思考研究的科研工作。最终，按照我的喜好一生主要时间从事科研工作，特别是理论研究的科研工作。显然，这个工作是我兴趣所在，也比较符合我个人特长发挥，从这一点来看我是比较幸运的。当然，以我这种出身的人能幸运地走上这条路，并且在这条路上不断地追求，也是一件不易的事。现在回忆起来，能走上这条路也是我抓住各种机遇和执着精神综合的结果。如果在遇到一系列问题上没有抓住机遇或者缺乏执着精神，都可能使我半途而废。这些经历是我一生的宝贵经验，退休后想把有些机遇和执着回忆一下，写出来供有志者在不断前进道路上作参考。

(1) 我是 1955 年小学毕业升初中的，当时学校分公立学校与私立学校。先是由个人报名选择想上的公立学校，然后通过考试决定能否上公立学校。我就是通过考试上了公立的向明中学。在向明中学受到的良好教育为我最后能走上科研工作岗位打下了良好基础。现在看来，这是一个机遇，因为第二年后就没有公立学校和私立学校之分，采用就近入学方式，也就失去了这个选择的机会。这一选择对我是非常重要的，当时我并不了解所在区的学校好坏，只是我的一些发小选择卢湾区排名第一的向明中学，于是我也就报了。现在看来，我这一正确选择是有些蒙的，可对我一生的道路起到了极为重大作用。试想如果没有这一步，凭我的家庭环境(父亲只有初中文化程度，母亲只有小学文化程度)，上了个一般学校，很难会养成我好的学习习惯和思考问题的方法。我的弟弟小学毕业时的成绩比我好，但在其升初中时只能按照就近入学原则选择，结果父母为他选择了一所很普通的中学，他也就失去了培养好的学习习惯的环境，最终走上与我完全不同的人生道路。小学升初中，选择直接考向明中学，是影响我人生道路的一个重要的机遇。做此选择有偶然性，可能也是天意。

（2）1958年我初中毕业，开始向明中学有保送我上向明高中的意向，可就在此时父亲因私人之间债务纠纷被判刑，这种意向自然也成为泡影。同时，整个家庭生活来源发生严重危机，母亲本来是一名家庭妇女，父亲工资收入是家庭经济的唯一来源。在这种背景下，我作为长子的合理选择是初中毕业后去考中专，这样中专毕业后可获得一份工作帮助母亲减轻家庭生活压力。当时的我处于极度矛盾之中，出现过多次不想再上高中的想法，可最终在伟大母爱支持下，凭着对学习的热爱又报名考上了向明中学。在整个高中学习阶段，我每天除了完成学习和自习外，只要母亲能从街道拿到出口绒线衫绣绒线花的任务，我就去做绣花工作，每绣一件获得七角多收入。总之，我是在极艰苦条件下完成高中学业的。这一步走得极艰苦，但对我今后一生却是极为关键，既培养了我在知识追求上的狂热的执着精神，也为我进一步创造了今后有可能做我自己喜欢的工作的基础。这是一次违背常理的选择，做出这种选择有我执着的成分。反过来，如果没有这次选择，也就没有我后来所走的道路。从这个意义下讲，我是以反常理方式抓着了一个机遇。

（3）1967年12月，当时文件规定66届大学毕业生进行毕业分配。分配方案下到系里，我们系有部分上海名额，同学们为留上海争得非常激烈。考虑到我的具体情况，如果报了上海也不会分配给我，这样我还不如选一个对我来说去的可能性较大，而相对来说又有利于今后可能有机会发展的地方，有朝一日知识如果还能有用时就有可能为我寻找发展机会发挥作用。所以我没有选择留上海，而是去了山西大同。当时虽然盛行知识无用论，但我坚持认为知识还是有用的。故去报到时，除了少量的衣服行李外，我带上的最贵重的行李是一箱书，内中包含了我大学期间的所有教材、笔记本以及作业本。这一行为本身表明了我内心对知识的执着追求，即使在“文化大革命”这种高压情况下也没改变。结果这两个选择使我在1978年恢复研究生招生时找到了机会。可以讲，如果没有做这些事，1978年我考研究生会碰到很多困难，甚至于根本考不成。从这个意义上讲，由于对知识的执着追求和知识有用的信念，我冒着一定风险做出了正确选择，无形中为我今后从事自己所喜欢的工作抓住了机遇。

（4）1978年恢复研究生招生，当时我已35岁。当时我爱人在安徽省霍邱县医院工作，一直想解决夫妻两地分居问题，同时也希望能设法改做我喜欢的工作，所以一直想调动工作。经过努力，大同一中最终表示只要有单位要就可放我。我利用1978年春节回家探亲机会去了安徽淮北煤炭师范学院，对方表示可接收我，于是春节后回大同我就提出调动。哪知情况发生变化，大同方面称“打倒四人帮，教育要恢复，你们这类高中教员一个不放”，使我的调动计划出现危机。同时中央又出台了放宽招收研究生年龄到40岁的政策。这样，我面临选择，或与单位磨下去，继续要求调动；或干脆改考研究生。我衡量下来，考研究生更易实现自己的愿望，所以当机立断：考研究生寻出路！决定做出以后，只有一个月要考了，考好学校我明显来不及准备，而安徽差一些学校没有收物理方向的研究生，最后发现安徽大学数学系有一收数学物理方向的导师，考试内容：数学分析、普通物理和数学物理方法。我分析前两门与数学系考生相比各自在一门上占优势，最后一门所考的教材是理论物理学生用的，彼此各有所长，于是我选择了考此研究方向，从此走上了交叉研究的道路。在备考中我又遇到了不少困难，首先大同市当时无高校，找不到相关考试复习资料，好在分配工作时我带上了大学时代的学习资料，就以这些资料从头开始复习。其次，从开始复习到考试只有一个月，我只能抓紧时间复习，每天晚上要到深夜1—2点再睡。另外，当时在大同这样的城市工作，相对比较宽松，可以保证工作和复习两不误。这些保证了我复习工作的进行。现在想起来，这一当机立断的选择可以认为是抓住了我人生中最重要的机遇。事实上，这一步不抓住我就不可能有现在的结果。当然，做这个选择也可看成我执着追求知识的必然结果。但选择这个方向与我爱人工作地点以及其他偶然因素有关，这也可看成是命运的安排。

(5) 研究生时期是我科研的起步阶段，导师派我到中科院力学所从事应用数学方面的学习与研究，接触到奇异摄动法，因而毕业论文与奇异摄动法有关。在查阅大量奇异摄动文献后，我认为这门应用数学方法的研究高潮好像已经过去，要做出有好的科学意义的结果的可能性不大。除非用奇异摄动方法处理某一新的科学发现并给出正确科学解释，否则方法已成为一种比较成熟工具。就在这时候，我得知了科学上近年来有“混沌”的新发现。接触这个新发现后，我认为这个新发现确有科学意义，而且国内似乎还只有很少人做，应该是有发展前途的。我进一步调研后发现，这项研究要有动力系统理论基础和各类实际科学问题的背景。当时，我对动力系统理论知道的极少，如何办是摆在我面前的一个需要做出回答的重要选择。经过慎重考虑，我决定放弃奇异摄动的研究方向，转向以混沌为代表的非线性科学的研究。这是我科研工作中的一项重要选择。从这个选择中表现了我对探索新科学现象的追求，是我对科学热爱和执着的表现。这次选择对于一个刚踏上研究工作岗位的人来说是不容易的，可又是绝对重要的。现在看来，这种选择有冒险的成分，但这种冒险是以我执着精神为基础的。现在看来，我把这两者看成结合实际科学问题的应用数学研究的两个阶段，做出这种选择在科学上是很自然的。

(6) 在我全力以赴投入混沌的研究时，得到了中科院和北大一些有著名学者的帮助，所以对工作充满了信心。但现实生活中的许多事情不像我们想象得那么简单，我的导师与安大领导发生了矛盾，最终调离安大。同时我个人也在职称评审上受到非常不公正对待，没给我评上副教授。当时安大领导同我说，保证下次给我副教授职称。我的回答是当前情况是你们造成的，所以职称是次要的，我要求学校如果我找到合适单位学校得放我。他们同意了我的要求。但是当时我已是一个45岁的人，什么职称也没有，这样使我在找单位时发生了困难。后来我听说苏州大学引进北大数学系姜礼尚教授，并得知姜老师爱才，就设法请北大教授介绍了我的情况，我根本没有提职称上的要求，只想找一个单位做我喜欢做的事。最终我进入苏大，而且苏大在引进时同安大讲明以副教授引进，有关手续应由安大补办。进入苏大后，姜老师征求我对成立数学物理研究所的意见，我建议成立非线性中心。后来苏大非线性中心成为国家攀登计划“非线性科学”参与单位。这个项目参与者除苏大外全部都是中科院下属研究所以及现在为985的高校。在这样一个好的环境下，我自己的科研得到充分发展，并破格提拔为教授。如果当时不抓紧调动，最终也可能在安大评上教授，但事业上的发展会有很大影响。可见一个人在逆境中要做出正确选择，为了自己喜欢的工作该放弃就放弃，在关键时刻要抓着机遇，做出决断。

(7) 进入 20 世纪 90 年代后半期，国际上明显表现出混沌研究的高潮已经过去的迹象，这样摆在我们面前的任务就是找到做结合实际科学问题的应用数学新的研究热点。在这个问题上是各人有各人的看法，这是科学研究中的正常现象。当时我也有自己想法，也就是想做创新特色工作。要顺利开展符合这种想法的工作，经验告诉我依靠个人是很难实现的，最好要有一个团队。显然，这个想法在苏大是不可能实现的。于是为了自己更好地发展，就想换一个能让我组织一个团队开展全新工作的单位。苏大姜礼尚校长有恩于我，没有他的同意直接走似乎不太好，因而我的工作调动进展不顺。在这样的矛盾之中，突然出现了一个我意想不到的机遇，姜教授自己也提出要调走。于是，我抓住此机遇也在随后调入了上海大学。调到上大后，我就给钱伟长校长写了信，谈了想法，得到了支持。后来在周哲玮常务副校长的全力支持下，成立了一个研究团队，有独立性的开展工作，其中克服了许多困难。最终团队实现了在 *Nature NanoTechnology*(影响因子在 34 以上)发表文章的重大突破，在科研工作的理念上达到新的层次。在做这件事中，我也体会到为执着地追求理想，必须要抓住机会，该出手时就出手，做出正确选择。

上述七点是我自己实现人生价值上碰到的几次关键时刻以及我所做的一些选择。由于对知识追求和科研的执着，我个人认为在这些关键时刻基本上都抓住了机遇，并做出了正确的选择，使得我能够沿着科研之路走了下来。应该讲对我自己这样一个出身非知识分子家庭、青少年时期生活在极端贫苦环境中、又受到"文化大革命"影响的普通人，能够取得现在的成绩已经是相当不错了。回想起来，除了上述原因外，在各个阶段曾得到不少好心人的支持，他们有：我的导师许政范教授、北京大学朱照宣教授和钱敏教授、中国科学院理论物理所郝柏林院士、苏州大学姜礼尚校长、上海大学周哲玮常务副校长。利用这个机会，我对他们的帮助和支持表示衷心的感谢。

事实上，每个人在人生成长道路上都会遇到一些机遇，有些是正常出现的，有些是偶发的。面对这些机遇，我们都要做出选择。不管这种选择是如何做出的，甚至于可能不合常理的，但它们都会对你一生是否感到幸福有很大关系。我个人看法，是做出自己喜欢与追求的选择，这样才能使自己生活在快乐中。

父　亲

(2014 年 8 月)

坎坷的一生使得父亲退休回沪后变得沉默寡言。这就使得我们对其内心深层次想法的了解得很有限。但即使如此，我们也可从平时的交流中多少能了解到一些他的想法。现在他已经仙逝，我想把平时积累的一些情况如实写出来，让我们后代能了解到他的一些情况，从而能理解这个大家庭是如何走过来的。

父亲刘子钧生于1919年9月16日，病逝于2014年5月18日。他出生于浙江省宁波市镇海县半西刘，从小生活在宁波乡下。祖父母共育有九个子女，五男四女。父亲排行第五，上有二兄二姐，下有二弟二妹。据说祖父、母家境是比较殷实的，在宁波乡下有不少店铺。祖父自身同时在上海从事参行业工作，不幸在48岁时因中风英年早逝。本来按照中国人的习惯这样的家业应由家中长子继承，但听父母说祖母与父亲的兄姐都染上了吸大烟恶习，所以祖父过世后只能以变卖家产为生，大家庭也就开始败落。这种情况下，父亲也就早早从乡下到上海来学生意，继承父业从事参行业工作。在我记忆中，他一直就职于八仙桥的德昌参行。父亲24岁与母亲结婚。开始由于祖父、母家有些家底，加上他自己又有一个比较好的工作，家中小孩还不多，因而生活还是比较宽舒的，同时他也尽到了对整个大家庭的责任。由于父亲是在大家庭的环境中长大的，养成了过去大户人家的习惯，随着家中小孩的增多，加上改不了的大户人家的生活习惯，家庭生活压力逐步增大，但总体上来说生活上还算过得去。

1949年中华人民共和国成立后，父亲参与了嵩山区参药业工会的筹建工作，据说他主动要求下调工资到每月108元，下调幅度较大。从表面看来，他对生活上要求不高，晚上有二两黄酒，以鸭头、鸭脚和鸭膀之类下酒就行了。但由于小孩越来越多，加上改不了大户人家用佣人的习惯，仅依靠108元维持全家9口人和佣人的费用显得力不从心。虽然父亲在我们面前从不提此事，加上当时我们年幼也不可能了解实情，但是现在回想起来，有不少迹象表明家庭已经有经济上入不敷出的表现，比如辞去了佣人和每天限制母亲的日常开销，但是他并没有针对家庭现实情况采取更强有力的措施。我个人分析父亲没有处理好家庭经济上的安排是父亲一生最大的失误，以至于最后悲剧的发生，影响他本人一生和整个家庭长时间的生存环境。

影响父亲一生的事发生于1958年7月。他被卢湾区人民法院以侵吞罪判处有期徒刑三年。据我们现在的了解是中华人民共和国成立初期一个远房亲戚把一包首饰托父亲存放在银行，父亲建立一本账，每次对方来领钱时都叫对方签字确认。同时父亲也挪用了一部分钱，现在分析下来可能是由于经济上的困难。1958年对方发现部分财产被挪用后就告到法院，法院最初采用调解方式处理此案，父亲提出方案为每月还20元，同时要法院确认对方签字认可的已领部分。不知什么原因，调解最终没有成功，就有了三年有期徒刑判决。对父亲当时的思想活动，我们不十分了解，他也从来不想谈起，至今仍是一个不可能解开的谜。我们只知道父亲终生保留了当时双方签字的有关账本。我们曾多次问及此事，并主张处理掉，但他始终不同意处理。直到他去世后，我们才把此账本做了处理。现在回过头来看，这件事处理的实际效果是双方都是输方，父亲坐了牢，对方从此也不可能从父亲处拿到款项。估计法院也看到这一点，所以从双方利益出发，一直用调解方法解决。从现实的效果来看，此事最大受害者是我的母亲和七个未成年的子女（当时老大只有15岁，最小的只有4岁），因为这件事使8口人的生活陷入了空前的困境。以后20多年母亲以伟大母爱想尽了一切办法才使得全家得以生存。

父亲1958年7月到1961年7月在上海市提篮桥监狱服刑。释放后被直接安排在军工路监狱局所属劳动工具厂工作，当时身份属于刑满释放留厂人员，工资仅能满足其本人的基本生活。1962年在动员城市人口去农村的形势下，被工厂安排到安徽省水利厅的农场，身份仍为刑满释放留场人员，工资仍不能给家庭任何支援。在漫长的、近20年的农场工作中，他只能一年回沪探亲一次。生活的现实告诉他由于他的不理智的行为不仅仅使他本人遭受了长期的磨难，也给全家生活带来巨大困难，而且给七个子女的人生道路带来了不少的麻烦。从后来的接触中，我感到他是逐步明白这些事实的，这是他一生中最大的痛苦。所以，在农场工作近20年中，每次回沪探亲与子女的交流很少涉及这方面的事，我们也理解这一点，所以很少在他面前去回忆这些经历。

一直到"文革"结束后，情况才有了改变，他开始享受了农场工人的待遇。记得20世纪70年代末，有一年他回沪探亲。我当时还在外地工作，回沪看望他时，他给我看了两张证明，一张是工会会员卡，另一张是单位开的证明说明其身份为农场工人。他兴奋地拿出工作证和工会会员证，向我们说起他是农场工人和工会会员正式身份。虽然他没说什么，但行动本身说明他是明白1958年的事情所造成的严重后果。接着，父亲就提出退休，并希望退休后能投亲靠友返回上海。最终，父亲于1980年返回上海。我见到他时，他给我看了如下东西：选民证、退休证、工会证、1958年的判决书和他保留的账本。虽然他没说什么，但我明白他的意思。如果早知道一件本可通过调解的民事案子最后会有这样的结果，也许1958年的事就会以另一种方式结束，那么结局就可能完全不同了。

回沪后，父亲就开始托人找工作。后来找到一个给某公司值夜班的工作，又坚持做了十几年。当时家中经济有了改善，本可以不让他再外出去做工，但考虑他的心情，我们也就没有去阻止这件事。我们知道他这样做是为了寻求心灵上的安慰，一方面是表示弥补他在过去几十年中对家人所欠下的情，另一方面是希望能积累一些钱用于养老，最后能尽量减少子女的负担，也算是对子女的一种补偿。在这一点上我想老天遂了他的愿，心灵上的安慰使他退休后在上海生活了30多年。最后20多年，他基本上在家颐养天年。我们常常去看望他，但彼此很少同他谈起过去的伤心事。老天还是有眼的，让他活到95岁，这也许是对其逝去的中年时代的补偿。

父亲，过去的事就让其过去吧！虽然，母亲和我们经历了许多磨难，但我们都坚强地活下来了。您可安心地走了，安息吧！

母　　亲

我母亲是一个伟大的母亲，是她用博爱的胸怀把我们兄弟姐妹七人养大，此恩情使我们终身不能忘怀。

母亲庄意琴，生于1923年7月。她出生于浙江宁波镇海庄市一个穷苦人家。由于外公早逝，她是由外婆帮佣把她拉扯大的，也没上过什么学，文化程度只有小学。20岁时与父亲结婚,随丈夫到了上海。随后生儿育女,成为一个贤妻良母,过着极为平凡的日子。

家庭的突变改变了我母亲的一生。1958年前,母亲就是一个极普通的家庭妇女,每天忙于买汰烧和照顾七个小孩。1958年7月,父亲出事,家中完全失去了经济来源。母亲面对七个子女,最大15岁,最小4岁,她必须立即设法由一个家庭妇女转变为一个有8口人的大家庭之主,必须设法挣钱养活全家。

当时母亲是里弄居委会的治保委员,人际关系比较好,立即设法转入里弄生产组,做加工出口毛衣的绣花工作。但工资是计件工资,一个人使劲地绣,每天最多也只能做2件,只有1元4角收入。好在有时加工任务多,生产组成员来不及做,母亲就把做不完的带回家,动员我们子女做。在我记忆中年龄大的子女都做过,这样既帮助里弄完成任务,我们家又增加了收入。我的记忆中母亲为生产组做了很多事,如义务登记毛衣的收发和上交,而且从来没有出过差错,她的这些行为给里弄居委会的联系户籍警和里弄居委会干部留下了极好印象。过了一段时间,里弄居委会办起了街道工厂。街道工厂比起生产组有了基本工资保证,于是母亲进了街道工厂工作。也许是母亲的为人感动了里弄居委会干部,母亲还保留了从生产组取得加工毛衣的权利。就这样母亲白天在工厂上班,晚上带着我们几个孩子做加工活。实在过不下去了就变卖一些家具。最难的时候她曾经想到卖血,她告诉我,她曾经去登记过,因不合格,血没有卖成。就是在这样的环境中母亲带着我们度过最初艰难的几年。

后来牛奶公司委托里弄居委会招收送奶员。工作很辛苦,每天半夜3点要起身到固定地方取奶,然后一户户地送,而且这个工作一年365天没有休息,只有大年三十晚上可以睡到初一早上,因为年初一清晨要送的牛奶改为在年三十的下午送出。居委会认为我母亲吃得起苦,做这个工作白天可照顾家中和不误毛衣加工的手工活,就推荐了我母亲。于是,每天清晨3点母亲就起床,不久在里弄内就可听到送牛奶车碰撞地面的声音,我大弟和大妹帮助母亲一起送,我因上了大学就没有参与这个工作。我母亲在这个岗位上任劳任怨,有些小病也坚持,把账本记得清清楚楚,户籍警与里弄居委会干部也都看在眼里记在心中。但这个工作是干一天算一天,老了也没保障,户籍警和里弄居委会干部总觉得应帮助母亲解决这个问题,恰好此时街道出面要设立自行车服务站,这个工作可享受退休待遇,一般都照顾军人家属,但在户籍警和里弄居委会干部极力推荐下,母亲不仅进入了这个岗位,而且还被授命负责这个站的财务,据说居委会会计曾推荐母亲说:"叫庄意琴管账我最放心。"母亲对工作的态度是绝对无话可说的。记得有一次晚上在工作时没有注意路面,不小心踩空造成骨裂,即便这样她也一天没有休息,每天支着一根拐杖坚持去上班。自行车服务站解散后,她又回到里弄公用电话站做传呼电话工作,淮海坊是一条大里弄,加上周围地区,面积不小,一天在里弄里跑进奔出,还要放大嗓子传呼,工作是很累的。但她一直坚持了下来,直到公用电话站关闭。

母亲从35岁开始一直从事着底层的劳动,可以讲上海城市里属于底层的活她都干过,吃过的苦也就可想而知了。做子女的我们都知道母亲所做这一切都是为了把我们养育成人,母亲以一个女人的瘦弱肩膀承担起了几乎不可能完成的任务。这中间表现出的母爱是多么的伟大!所以我们认为母亲是伟大的。

除了上述谈到母亲如何克服经济上的困境把我们七个子女培养成人的伟大母爱外，她还以其高尚的人品为七个子女的成长尽可能创造条件。在这儿我举几个例子来加以说明。父亲释放后留上海工厂工作，1962年被动员到安徽农场工作，实际上就是动员城市人口下农村的政策要求。父亲下了农村，下来就非常可能涉及全家。现在我们得知当时里弄居委会做了讨论，由于母亲为人和品德是大家有目共睹的，所以决定把我们全家留下，使得全家的上海城市户口得以保全。另一件事是我初中毕业面临升高中还是中专的困难选择，是母亲鼓励我从自己兴趣出发报考高中，这一极为重要的鼓励使我做出上高中的决定，才使我一辈子做了我喜爱的工作。还有一件发生于1980年左右的事，按照相关政策，母亲虽然做了各种艰苦工作，但她可计算工龄的时间不长，为了能多拿退休工资，她一直还坚持工作。这时我在新疆的大弟突然传来消息，如果母亲办理退休手续并开出证明，他就可回沪顶替母亲工作。母亲毫不犹豫办理了退休手续让她二儿子回沪。为此，目前她的退休工资都不如子女，我们要给她一些，她总推托"我老了，这些钱够用了，你们不必给我"。她现在共有孙子辈的第三代七人，其中六个在小时都是由我母亲带大，当时母亲还承担着非常艰苦的工作。每当说到这些经历的事情，我们都充满感激之情，感叹母爱伟大，一致公认我们的母亲是一个伟大的母亲。

母亲在中年之后吃了不少苦。就是这种艰苦环境才体现出她的人品，才被我们子女公认为伟大的母亲。好人有好报，现在她已经96岁高龄，思维正常，基本生活还能自理，总之活得很健康。我们希望母亲能健康长寿，期待着为她过百岁生日。

说说我的"美食"观

人生活在世上总希望自己是活得快乐的。快乐包含有各种含义，我认为如果人的一生能尝尝各种口味的美食也应该看成是一件值得高兴的事。但要实现这个愿望也不是一件容易的事。首先要有经济条件，没有经济基础是不可能有条件去品尝各种特色的美食的。其次要有平常心态，美食的含义在各种层次的人中的理解是不同的。作为非美食家的普通人，我想不必去追求美食家眼中的那些高档美食，对于他们所欣赏的美食也许我们普通人是没条件去享受的。即使有条件去享受，也可能品尝不出高档之处。我比较欣赏的"美食"是各地正宗且价廉物美的特色点心和特色菜。

上述看法是我从长期生活环境中逐步形成的，所以是深有体会的。

年轻时家里很穷。从我15岁开始，全家生活重担都压在我母亲一人身上，母亲一人要养活我们七个小孩，能填饱肚子就不错了。记得在我进大学前碰到国家三年困难时期的前两年，兄弟姐妹七人都处在长身体的阶段，一锅面粉糊糊就是全家一顿饭。为了多吃一些，我们七个子女还要排队轮流刮锅底。在以后国家物资短缺凭票供应时期，由于没钱购买，母亲就把家中的肉票之类票证都拿去换了钱，以用来保证全家最低的生活需求。总之，由于家中经济条件的限制，那时我根本不懂得"美食"两字的含义，也不可能去追求"美食"。在我记忆中最好吃的是母亲一年做一次的蒸馍夹霉干菜烤肉和每年的年夜饭。在我大学毕业工作之前，虽然我生长在上海，但我基本上没有进过稍有名气的饭店，甚至于有名的一些点心铺都没有进去过。在我的记忆中唯一一次光顾饭店的机会也是托了我小学同学的福，因为我们一起考上了向明中学，他家经济条件好，请我们吃了一顿西餐。

工作以后，前十年我是在山西大同一中工作。当时正值“文化大革命”，国家物资短缺，我所在的学校食堂，除一年中夏季几个月中能供应一些时鲜蔬菜外，都是千篇一律的土豆和白菜。一年中唯一能得到改善的时候是学校食堂杀自己养的猪，教师们才能吃到几顿猪肉。大同地处北方又在内陆，很少见到鱼的供应，所以几乎是吃不到鱼的。记得有一次我得知在阳高县水库工地接受再教育的朋友从水库中抓到不少鱼的信息后，竟然骑了 90 多公里的自行车去饱餐一顿。当然，由于有了工作，每个月有了 45 元钱的工资，除了寄给母亲家用部分，我自己留下已经不多了。但我也尽量精打细算，每个月挤出很少一部分钱去饭店改善一两次，每次费用也就是 5 角钱。几年下来知道山西特色点心有刀削面和黄米油糕，饭馆中有过油肉和苜蓿肉。这些东西现在看来很不显眼，甚至于拿不上台面，可它们是我当时能享受到的最好“美食”。在此期间，我每年还能回上海休假一次。利用此机会，我用每年省下的极其有限的钱去找那些我小时候尚未进过门的小吃店，尝一下上海小吃。记忆中有淮海中路淮海坊对面“江汉点心店”的豆皮、淮海路重庆路口“老松顺”的双档、淮海路上和合坊的生煎馒头、淮海路浙江路口的排骨年糕。这些普通小吃对于我这个经济条件的人也算是很好的享受了。在那个年代我还是没有条件能上有些名气的饭店或者上档次的点心店，因而同这些名店的美食还是没缘分。也许可以讲，在这一阶段我尝过了一些上海和山西的特色小吃，还根本谈不上享受人们心目中的美食。

1978 年 10 月后，我来到了合肥读研究生。到合肥初期我的工资只有 60 多元，夫妻和小孩分居三地，条件还比较艰苦，加上学习任务重，要多花些时间在学习上，故没有去考虑美食问题，吃的问题基本上依靠学校食堂解决。记得当时为了中午在食堂能打到 2 角 5 分钱一份的小排骨，我和同学们常常要较早到食堂去排队等候。随着市场的开放，物质逐渐丰富，不久，我解决了夫妻分居问题，加上母亲的生存条件变好，我自己的生活条件开始有了改善，我家的餐桌逐渐丰盛起来，以前很少见到的鸡鸭能经常上桌。我记忆中留下较深影响的有夫人自制的酱鸭、安徽霍邱县城西湖的大闸蟹、合肥董铺水库的鲑鱼和小龙虾。在这个基础上，我们有时也想到外面改善一下，但合肥有特色的饮食似乎不多，所以这种外出改善的机会常常体会不到想象中的美食给我带来的快乐。有一点我们是基本做到的，那就是每次周末带女儿上合肥消遥津公园玩时，在回家路上都要带她去长江路上的长江饭店吃点心，或者到长江路上当时合肥唯一供应西点的点心店买奶油蛋糕给她吃。也许这件事在她幼小心灵中留下深刻影响，所以她会在《难忘的记忆》一文中写下了我带她吃“美食”的相关记忆。应该讲这一阶段，由于经济条件得到改善，所以有了寻找美食享受一下的冲动。但合肥没有什么特色的美食，所以对美食的含义是很模糊的。

我的这种欲望在我到苏州工作之后有了很大发展。这得益于苏州的地利和人和。一方面苏州位于我国的东部，在改革开放中经济发展很快，我个人的经济条件逐步得到了较大的改善，有了享用大众化美食的经济条件。另一方面苏州有着悠久的文化历史，其饮食文化保留了许多大众化的美食，这使得我这种欲望有了实现的可能。在这儿我所用的大众化美食是指有苏州特色的、得到大家公认的、价格又公道的美食。黄天源的糕团、朱鸿兴的汤面、绿杨邨的馄饨、陆稿荐的熟食，以及松鹤楼等菜馆的松鼠鲑鱼、东坡肉、鳝背、阳澄湖大闸蟹一些特色苏式点心和苏式菜都是其中的代表。我感觉到这些点心和菜不算贵、味道有特色，值得享用。与那些高档菜的性价比相比较，它们在我的眼中是更值得品尝的美食。由此，我得到启发，作为一个工薪阶层在美食上还是量力而行，享用各地有特色的菜比较实惠。那些超高值的食品，有的不一定对我的胃口，更主要的是我也消费不起，所以还是不作为追求的主要目的为好。在苏州十年中，我有机会从苏州出发到过国内不少地方和国外一些地方。每到一个地方，很少想到找当地的高档饭馆，而是根据我形成的观点去找当地特色的又不太贵的特色点心和特色菜，享用我心目中的美食，从中增加了生活中的乐趣，使得我的人生更值得回味。我也把这种看法告诉了我女儿。后来，我调回到了上海，也坚持上述做法。不过我添加了“正宗”两个字，即要品尝有正宗地方特色的点心和菜肴，因为我们可以发现各地挂有特色招牌的店铺太多了，以至于不少店铺失去了特色，所以要享用到特色美食，还是找正宗的店铺比较可靠。在上海可到杏花楼、新雅、德兴馆、老正兴、绿波廊、老上海、梅隆镇、七重天、沈大成、王家沙、功德林这些老字号店铺去品尝特色的美食。有些特色的东西还一直可以到更接近原始创建的地方去享用，我曾去过周浦吃老八样，到真如百年老店吃羊肉，为了吃汤团而去了七宝镇，等等。我觉得为了品尝某种特色的特有味道去一下近郊相关地方也是值得的。

这30年来，我走遍了国内外的不少地方。每到一个地方，我按照自己的原则以及自我制定的美食标准，尽可能去享受我心目中的美食，结果是花费不算太大，却使我的生活增添了不少乐趣。归结起来，我大致上按以下几条来做：

(1) 要吃各地有特色的点心和特色菜肴。我认为食品种类太多，各地特色点心和特点菜是各地多少年文化的积淀，有些食品虽然不贵，但已经成为当地的标志。尝一下当地的特色点心或菜肴应该是一件很有情调之事。比如到武汉一定要尝一下正宗的热干面，到新疆要尝一下正宗的手抓饭和馕。这些食品虽然都不是很贵，但已经是当地标志之物，伴随着旅游尝一下这些东西有助于增添好心情的。

(2) 这几年各地的特色点心和菜肴都在当地普遍开花，所以在一般的店中去品尝这些东西的话，特色两个字的含义已经不明显了。为了吃到真正有特色的东西，就要宁可到价格贵一些的老店去，也就是要到正宗的特色店去尝。比如，吃无锡的酱排骨就要到三凤桥，吃扬州的早茶就要到富春。过桥米线和兰州牛肉拉面是昆明和兰州特色点心，但兰州和昆明两地到处都有这两种小吃，所以我到昆明和兰州后就专门到这两种小吃的正宗店去品尝，结果发现味道就是不一样。

(3) 由于在外地享用美食一般都是与在该地旅游同时进行的，所以我主张尽可能在旅游风景点品尝一下当地风景点的特有食品，这是件很有情趣的事。可以一边看着太湖美景一边品尝太湖三白，也可以面对宁夏沙坡头特有景色品尝黄河的鲤鱼，在漓江游览桂林到阳朔的美景时尝尝从漓江中捕捞的活鱼能大大激发旅游的热情。结合旅游品尝美食的活动都在我记忆中留下很深刻的影响。这些食品本身也许很普通，但配上美景的享用却是令人难忘的。

(4) 品尝高价美食的价格可以高得惊人，不是一般人经济上能承担得起的，所以必须量力而行。心态一定要放得正，我有什么样的条件就去尝什么样价位的食品。事实上，有不少高档饭店所用的原料与中档饭店也差不多，至于为什么卖惊人的高价，可能是由各种因素造成的。我不过是一个平头百姓，就应该享用对应的档次。当然在这个前提下，条件允许的话偶尔去享用一下自己喜爱的又从没有品尝过的东西应该也是人生的一种乐趣。

从上面叙述可知，我并不是一个饮食界公认意义下的美食家，所以我在本文题目中的美食两个字中加了引号。事实上，由于所处环境，我在 45 岁之前主要还是求温饱。随着改革开放的深入，我的条件有了改善，对于食品的要求也有所提高。我的要求主要表现在追求各地有特色的正宗点心和菜肴上。我想这种观点可能代表了不少与我有类似处境的人的观点，我女儿可能也是接受了我的这种观点。我们这种观点反映了我们这一代人在条件许可下不断地积极追求快乐人生的一种努力。

附录一

百年林家翘*

丁　玖

今年的7月7日是一位杰出的华人数学家100周岁的诞辰。他的名字叫林家翘(1916年7月7日—2013年1月13日)。在中国大陆,知道他大名的理工科学生远不及知道陈省身的多,因为后者回国定居早,且因创办南开数学研究所等伟绩而频上媒体,家喻户晓。可是在美国的应用数学界,他被同行的尊崇程度丝毫不输后者在纯粹数学界的显赫声名。林家翘的21周岁生日,伴随着他清华大学物理系的毕业喜悦和卢沟桥上响起的日寇枪声。20世纪40年代的第一年,他踏上北美大陆的求学之路,先后获得硕士、博士学位。从1947年起直至退休,他在麻省理工学院辛勤耕耘40年,35岁成了美国国家艺术和科学院院士,42岁被遴选为台湾的“中央”研究院院士,46岁当上美国国家科学院的院士,50岁成为麻省理工学院最高档次的学院教授(Institute Professor)。他同样杰出的麻省理工数学系同事中,控制论之父、第二届美国国家科学奖得主维纳(Norbert Wiener, 1894—1964)比他年长22岁,1959年65岁时得此殊荣;而维纳最杰出的学生、数学系大发展时期的主要建筑师列文森(Norman Levinson, 1912—1975)比他大4岁,却比他迟5年戴上桂冠;比他年轻8岁、现已92高龄的辛格(I. Singer, 1924—　),以Atiyah-Singer指标定理著称于世,2004年与阿蒂亚(Michael Atiyah, 1929—　)共享阿贝尔奖,1987年63岁时才被冠以本校教授群中荣誉最高的这个头衔。整个70年代,林家翘获得了他一生中的几个主要奖项,包括1973年美国物理学会的第二届奥托·拉波特(Otto Laporte)奖(此奖2004年合并到流体力学奖)、1975年美国机械工程师学会的铁木辛柯(Timoshenko)奖(这个应用力学领域公认的最高奖表彰他“对流体力学特别是流动稳定性、湍流、超流氦、空气动力学和星系结构的杰出贡献”)、1976年美国国家科学院的应用数学及数值分析奖、1979年美国物理学会的首届流体力学奖。从1972年起,林家翘就开始访问中国,并以他的名望和影响力邀请了

---

* 摘自《数学文化》,2016,7(4):28-47.

众多美国知名学者来华演讲，如比他年轻一代的同事斯特朗(Gilbert Strang，1934—)。同时他也安排多位国内学者去麻省理工进修深造，培养了立足国内的应用数学带头人，开辟了流体力学等研究领域的新疆场。1994年，林家翘与陈省身(1911—2004)、杨振宁(1922—)及李政道(1926—)等当选为中国科学院的第一批外籍院士。又过了8年，他叶落归根，回到母校清华大学出任周培源应用数学研究中心的名誉主任，继续为祖国的应用数学发展壮大贡献力量，直至3年前的1月13日去世。陈省身先生曾被选为美国数学会的副会长，而林家翘先生则担任过美国数学会应用数学委员会的主任，也当过两年美国工业与应用数学协会(SIAM)的会长，任期是1972年至1974年，是这个学术组织(2013年时已有超过14 000个会员)自1951年创立后迄今为止唯一的华人会长，也是唯一的亚裔会长。美国国家科学奖首届得主冯·卡门(Theodore von Kármán，1881—1963)指导过四位中国名人的博士论文：钱学森(1911—2009)、郭永怀(1909—1968)、林家翘以及理论物理学家胡宁(1916—1997)。日后他们都有傲人的科学成就。前两人50年代中期先后回到祖国，为中国的航空及国防科技贡献巨大，郭永怀甚至因公牺牲，英年早逝。我10年前曾有幸与郭永怀先生的夫人李佩(1918—)合影一张。《中国青年报》在林家翘逝世后两天的报道中引用了她的一次公开回忆：在这师兄弟中，“最聪明的是林先生”。林家翘是个值得追忆的名数学家。回顾他的科学生涯、聆听他关于纯粹数学与应用数学的真知灼见，可以帮助我们更好地理解数学的真谛与文化，更深地领略数学家的使命与功能。

留学时代

林家翘祖籍福建，却在北京长大。他的父亲林凯虽无大名气，却是名人戊戌六君子之一林旭(1875—1898)的弟弟，英年早逝前为清末铁道部的一名文职人员。他的母亲则是民国期间先后担任过北京师范大学校长和厦门大学首任校长的邓萃英(1885—1972)之妹。他的妻子梁守潆为福州人，是中国航天事业的奠基者之一梁守槃(1916—2009)院士的妹妹。中国前几年对高考状元宣传热烈，但许多状元仅成了昙花一现的过客。林家翘也曾是某种意义下的“状元”，1933年以全校第一名的成绩考进了清华大学物理系。但他是读书种子常青树，四年后依然以第一名的成绩毕业于清华大学物理系，随即留校担任助教，成了抗战时期西南联合大学的一员。

当年，日寇的铁蹄正在践踏祖国的山河。林家翘一毕业，日军就进攻了上海。我最近在中央电视台的纪实频道中，看到国民党桂系军队与日军殊死搏斗的历史镜头。但是，就像一百年前大刀高举的义和团不敌洋枪在手的西方列强一样，缺乏空中优势的我军，再强的爱国主义激情也难以转换成杀敌扬威的战场捷报。深知保卫上海的第三代柯蒂斯鹰双翼飞机远比不上速度更快的日本战机，林家翘的老师周培源(1902—1993)敏锐地感到空气动力学及航空工程等应用力学的人才是国家所迫切需要的。他大力呼吁有机会出国深造的留学生尽快学习研究这些知识。

1939年，林家翘与比他年长近7岁的北京大学物理系毕业生郭永怀、比他大近4岁弃文从理的同系学长钱伟长(1913—2010)，以及其他18个英才同期考取了庚子赔款留英公费生。他们三人5门的考试总成绩均超过了350分，都被原本只配给一个名额的力学专业录取。英国是诞生牛顿的国家，是应用数学的发源地，并且其传统几百年不衰。20世纪上半叶的世界流体力学权威泰勒爵士（Sir Geoffrey Ingram Taylor，1886—1975）正担任着皇家学会的研究讲座教授，提出了对付湍流的新方法。但那年年底希特勒纳粹对波兰的闪电式入侵导致第二次世界大战的爆发，船只交通中断，他们无法赴英。第二年，在周培源教授的帮助下，他们改道留学加拿大，8月份一同抵达多伦多大学的应用数学系攻读研究生。

有趣并且幸运的是，林家翘与郭永怀及钱伟长三人都跟随了爱尔兰籍的系主任辛格（John Lighton Synge，1897—1995）教授做学问，日后都成了东西方有名的应用数学家。他们三人都在第二年拿到硕士学位，钱伟长研究的是板壳理论，而郭永怀和林家翘做的属于流体力学。如此看来，具有深厚英国应用数学学派传统、1943年成为英国皇家学会院士的数学家及物理学家辛格，让这三位华人分别选择固体及包括液体和气体在内的流体作为他们硕士论文的力学对象，已经穷尽了人类通常见到的物质三态。

一拿到硕士学位，这留加"桃园三结义"中的"大哥"与"小弟"都奔赴美国加州理工学院深造而去，那是周培源的博士母校；中间的"二哥"钱伟长则继续跟辛格读博，又过了一年就神速地将博士帽戴在头顶，然后也去与他们会合了，只不过摇身一变为博士后性质的研究工程师。辛格在那个时期可能已经是"身在曹营心在汉"，经常朝国境线南边的美国跑。学生的快速毕业说不定也与此有关。辛格的英文维基传记上说，1941年，他成了美国布朗大学的访问教授，1943年被任命为俄亥俄州立大学数学系主任，三年后又成了卡内基理工学院[中国桥梁之父茅以升（1896—1989）是那个学校的第一个工学博士]的数学系主任，到了1948年他回归自己的祖国，当上1940年建立的都柏林高等研究院理论物理部的高级教授（Senior Professor），当时另一个高级教授是大名鼎鼎的理论物理学家薛定谔（Erwin Schrödinger，1887—1961）。如果说，辛格日后成为学界名人的三位中国弟子是他加拿大事业的骄傲，那么他在美国的最大成就可能是他回国前将天才学生纳什（John Nash，1928—2014）推荐给普林斯顿大学读数学博士。当然，他对后代的一大贡献是生育了一个未来的美国科学院院士及美国数学会的女会长Cathleen Synge Morawetz（1925—　）。

郭永怀与林家翘从遥远的加拿大东南部扑向美国的西海岸，原因很简单，那里有赫赫有名的空气动力学家冯·卡门坐镇加州理工学院。1939年，比林家翘年长不到5岁的钱学森已经在冯·卡门的门下获得博士学位，1943年当上了加州理工的助理教授，两年后提升为副教授，36岁时由于导师的推荐而成为麻省理工学院当时最年轻的正教授，过了两年又回到母校加州理工学院担任喷气推进中心的主任。他大概是冯·卡门的最优秀弟子，虽然一生的学术成就难说已经"青出于蓝而胜于蓝"，但他对祖国国防科技的贡献可以和他的老师对居住国的贡献并驾齐驱，甚至有过之而无不及。冯·卡门从肯尼迪总统手中接受首届国家科学奖奖章时，已经有81岁的高龄，获奖后不到三个月就去世了。当45岁的总统想搀扶这位德高望重的科学家时，一生幽默的他微笑着轻轻挣脱，又不忘吐出一句调侃之语："总统先生，一个人向下时不需要扶助，只有向上时需要。"钱学森是迄今为止唯一的中国"国家杰出贡献科学家"称号获得者，他获奖感言喷发出的爱国烈火感动了许多中国人。我20年前读过冯·卡门的自传 *The Wind and Beyond*，其中专列一章只谈他的学生：Dr. Tsien of Red China（红色中国的钱博士）。作者认为钱学森是他的最杰出弟子（"my most brilliant student"）。加上"最"字就说明了一切，因为西方人一般慎用形容词的最高级，一旦用了，往往只说"之一"。二十多年前美国大学助理教授位置难拿时，我听说一位数学大教授给他每个弟子的推荐信中都说此人是他"最好的学生之一"，于是他那些位居下游的博士们也可以到处耀武扬威一番了。虽然冯·卡门在他的自传中没有提到他的其他中国学生（原因之一大概是他们没有钱学森与美国移民局苦斗五年的生动故事），但就一生的学术贡献而言，或许林家翘可以和他的最优秀师兄相提并论。

冯·卡门慧眼识能人，看出了林家翘不是只会考试的平庸之辈，因此他给这位中国小伙子出的博士题目不是一个小问题。那是一个关于平行剪切流的稳定性问题，是在德国著名理论物理学家索默菲（Arnold Sommerfeld，1868—1951）指导下，1923 年于慕尼黑大学拿到博士学位的海森伯格（Werner Heisenberg，1901—1976）的博士论文主题。索默菲本人虽然获奖无数，就是缺了一枚诺贝尔奖牌，后来由他的几个杰出学生为之弥补了，其中最有名的是海森伯格，1932 年因共同创立量子力学以及他最有名的"测不准原理"而得奖。无论怎样给全世界历史上最伟大的物理学家排名，他的名字都会在前十之内。

地球的表面大部分是海洋，地球的上空到处是气流。自然界每时每刻发生的从层流到湍流的变化，就是不稳定性作祟的结果，其变幻无常对于物理学家来说，简直就是扑朔迷离，至今都有重重迷雾。索默菲对湍流一直怀有敬畏之情。据说早在量子力学刚刚显山露水的 20 年代，他只指望"在我去世前，有人告诉我量子力学的秘密。"而当别人问他"那湍流的问题呢？"他回答道："那只有等待圣·彼得在我上天堂时告诉我了。"他相信年轻的海森伯格足够聪明、足够独特，就让他去"抽刀断湍流"。

海森伯格的博士论文研究湍流的本质及层流的稳定性。这要求利用关于层流小扰动的一个线性四阶微分方程，称为奥尔-索默菲方程。它的求解极具挑战性，因为方程有某种物理意义上的边界奇异性。海森伯格非凡的直觉使得他找到了总共四个的可能解。他并且推测到当稳定流边界条件被打破时所产生的湍流性质。但是他没有给出令人信服的物理解释，不太精密的求解过程说服不了比较谨慎的理论家。这常常是物理学家和数学家之间处理问题的相异之处。海森伯格的著名论文《关于流体流动的稳定性和湍流》就是他博士论文研究的结晶。

林家翘严谨化了海森伯格留下的存疑部分，本质上是求解上述方程的特征值问题。他通过某种数学变换，采用了一种称为渐近逼近法的解析手段来处理海森伯格未能严格解决的问题。此法基于从稳定过渡到不稳定时临界雷诺数会很大的这样一个观念，因此可用一个大的参数给出渐近展开式。这种情形我们在微积分的应用中也会遇到。比如一个收敛级数可能及其缓慢地收敛，而采用某种渐近方法，其收敛速度可以出奇的迅速。现已成熟的偏微分方程数值解的奇异摄动理论就是这种思想的后继者。林家翘如此得到的解析解与海森伯格从直观上"猜"出的结果定性相符。后来，人们将这段历史戏称为"海森伯格猜出而林家翘算出了二维湍流解"。

但是林家翘有点超越时代了。那时，渐近方法还没有什么完整的理论，导致一些人不承认他的奇思妙想。用差商近似导数的有限差分法似乎是当时近似求解微分方程的不二法门，于是一位名叫 Pekeris 的德国数学和物理学家就用有限差分的通常技术，设计了对付同样的平面层流问题的直接数值方法，其结果却与海森伯格和林家翘得到的恰恰相反。这个时候，海森伯格已经丢开了流体力学这个“小题目”，而早已成长为量子力学新天地中的一名骁将。二战后，作为战败国一员并曾为希特勒的原子弹计划挂过帅的科学家，他有机会再次回到流体力学这个论题。40 年代初林家翘还仅仅是个二十多岁的博士生，名气上远远不敌那个 Pekeris 教授。有一天，林家翘的导师与同胞大数学家冯·诺伊曼在一家中国餐馆聚餐，抓住机会把林家翘介绍给这个现代电子计算机的创始人。这两位匈牙利人大部分时间都用母语交流，幸运的是，冯·诺伊曼可以讲一口比冯·卡门流利得多的英语[后者在其自传中讲过一则美国记者把他嘴里吐出的“实验室”英文 laboratory 听成“洗手间(lavatory)”的笑话]，因此林家翘可以请求他帮助用差分法验证海森伯格问题的答案。最终，在那个时代最强大的 IBM 电脑帮助下，计算证实了海森伯格和林家翘是正确的，而对方的错误在于对这类奇异诡秘的方程，步长取得过大，以至于不能对依赖于变化率很大的雷诺数的函数取得可靠的数值逼近。

林家翘这个早期学术生涯的争论经历，让他更坚定地相信科学研究中的物理直觉，而不是盲目地相信数值计算，无独立思考地服从权威。常规方法的数值计算，对于通常的非奇异问题，结果常常是令人信服的，是与实验或事实相符的。但是自然界是复杂多变的，看似确定性的变化过程却时有可能显示出随机性的不可预测。这是混沌学里司空见惯的现象。如果 60 年代初的日本研究生上田晥亮(Yoshisuke Ueda，1936—　)敢于冒犯导师的权威而坚持自己的观点，那么“混沌之父”的桂冠说不定就戴到了他的头上。当初他在计算中发现了对初始条件的敏感性这个杜芬微分方程的内在混沌特性，但是东方文化浓厚的导师训斥他：不要想入非非，这仅是计算误差的传播而已。另一方面，如果麻省理工的洛伦兹(Edward Lorenz，1917—2008)教授在他的气象玩具模型微分方程组的计算中死抱“误差传播”的教条而看不到本质的区别，他也会痛失“蝴蝶效应”的发现权。

林家翘的博士论文打响了他日后成为流体力学“稳定性之父”的第一炮。这个杰出的工作被他收进 1955 年由剑桥大学出版社出版的著作《流体稳定性理论》，这是世界上第一本系统讲述流动稳定性的专著。40 年代后期，当海森伯格又回到自己的博士论文课题时，在哈佛大学召开的一次美国数学会年会上，他对林家翘的工作赞不绝口，说一个中国人运用深刻的数学方法，得到了更好的结果。于是林家翘的名气开始在应用数学界和物理界冉冉升起。后来，林家翘进一步证明了一类微分方程解的存在性定理，为最终彻底解决海森伯格问题所引起的长期学术争议建立了数学基本理论。林家翘 1944 年博士毕业后，留在喷气推进实验室从事了一年的博士后研究，继续与导师合作研究湍流的理论。同时，他还研究了用于飞机设计和火箭发展的燃气涡轮的空气动力学、振荡机翼和冲击波理论，这些工作在他第二年开始的教授生涯中延续了下去。

教授生涯

林家翘的正式教职起始于1945年,那年他被聘为美国布朗大学的应用数学助理教授。一年后,他被提升为副教授。1947年,他就被麻省理工数学系挖去当副教授,1953年晋升为正教授。麻省理工创校之初的几十年,数学系基本上是只管教书的服务系,尽管创造型的大数学家维纳一直待在那里。那些年,每个教授每周要教十几小时的繁重课程,包括维纳。但是从40年代开始,尤其是二战结束后,学校领导懂得了数学研究的重要性,开始重视数学系的发展,从此数学系的定位由教学型转为研究型。之后的一甲子直至今日,麻省理工的数学系从地面飞到天上,甚至可以和旁边的哈佛比比高低了。

林家翘加盟麻省理工学院,可以说是该校应用数学研究的起点。他发展了解析特征线法和WKBJ方法,解决了关于微分方程渐近解理论的一个长期未决问题。命名WKBJ方法的四个字母来自四个先驱者的姓Wentzel、Kramers、Brillouin及Jeffreys。这个方法用于一类带小参数的线性常微分方程,其未知函数最高阶导数的系数就是那个几乎为零的小参数。当参数等于零时,方程的阶数至少下降一阶,因而解的结构和性质发生大的变化,这和动力系统领域的分支现象类似。WKBJ方法的基本思想是将解写成带有参数δ的一个渐近级数当δ趋于0后的极限。将这个渐近级数代入原方程,可以通过逐项比较的方法决定级数中δ幂次的系数函数。这是当今已经广泛使用的奇异摄动法的一个典型范例。我在密歇根州立大学数学系读博士学位的第二个短学期,修过一门课程"应用数学高等论题",内容为奇异摄动方法,是一位数学系和机械工程系的双聘教授讲授的。那位来自台湾的风度翩翩的高个头王教授,其50年前的应用数学博士学位就来自麻省理工学院。我那时还不知道林家翘身兼奇异摄动大军的教头,否则我修这门课的劲头会更大,尽管我还是拿了个A。

林家翘是美国当代应用数学学派认可的领路人之一,也是国际公认的力学和应用数学权威之一。就像陈省身被誉为"现代微分几何之父",有人将他尊为"应用数学之父"。除了上述的两项杰出工作外,他在应用数学方面的最大成就之一当属流体力学,其主要贡献包括:平行剪切流和边界层的稳定性理论、与冯·卡门共同提出的各向同性湍流的谱理论及冯·卡门相似性理论的发展,以至于被国际同行戏谑为"不稳定性先生",引领了一代人的探索与研究。林家翘在清华本科的老师周培源毕生着迷于探索湍流的奥秘,也希望自己的弟子沉浸其中。现任的中国南方科技大学校长陈十一,20世纪80年代中期跟随他念的博士,专攻湍流。林家翘晚年在清华大学回忆道:"周先生已经吩咐我,一定要研究'湍流',因为这是一类基础科学研究。"在这一极具挑战性的领域,林家翘为老师争了光,与自己的博士导师成了早期湍流统计理论的主要学派。2010年5月7日《光明日报》上登载了周培源应用数学中心主任、清华大学教授雍稳安的评述:"第一个系统地建立了流体(比如水、空气、血液)流动稳定性理论的是林家翘先生。这个理论是迄今为止的湍流理论的基础和一个重要组成部分。"

一名学者终其一生,即便只有一个较大的科学发现,就足以引为自豪了。有位数学系的主任曾经做过统计,美国所有高校的数学博士一生发表数学论文的平均篇数差不多是一。

几乎所有的科学家一辈子只在一个领域里劳作，只在一处矿场中寻觅，发现一块稀有矿石就可用“杰出”来形容了。更多的大学教授拿到终身位置后就开始享受人生，不再用功，因为他们的业余爱好丰富，为之不吝时间。林家翘不仅有第二大学术成就，而且这个成就是在他成为正教授跨入中年后，踏足全新的一个领域里取得的。这个领域就是天体物理学，而他载入史册的贡献是创立了盘状星系螺旋结构的密度波理论，从而解决了困扰天文界数十年的“缠卷疑难”，并进一步完善了星系旋臂长期维持的动力学理论。

1960—1961 这一学术年，林家翘在普林斯顿高等研究院度过了他在那里的第一个学术休假。那时，超流体的研究受到重视，在高等研究院当永久教授的杨振宁正在探讨玻色-爱因斯坦凝聚问题，而凝聚就会产生超流体，因此他希望同既懂物理、又精流体力学的人合作。“不稳定性先生”林家翘两者俱强，于是杨教授想到了西南联大曾经的学长兼老师林家翘(据说林家翘曾带过杨振宁的班)，这就是林家翘在那里访问一年的缘故。然而，普林斯顿之旅却把他引入了一个全新的领域——天体物理学。这次，流体力学界的“不稳定性先生”被天体物理学中的不稳定性问题抓着了。

1961 年 4 月，林家翘应邀参加了使用着爱因斯坦曾经待过的办公室的高等研究院首位理论天体物理学教授、丹麦人斯特龙根(Bengt Stromgren，1908—1987)组织的一次星系学术会议，从中得知天文学家们对大多数盘状星系都呈现漩涡结构这个问题不知如何回答。盘状星系靠近中心之处比远离中心的物质旋转一圈花时更少，这就是所谓的“差异旋转”(differential rotation)。但是星系的旋臂并非因此像线团那样越绕越紧。这个问题如此之大，使得美国那个时代最伟大的物理学家费曼(Richard Feynman，1918—1988)在他脍炙人口的《物理学讲义》中都说：“如果你想寻找一个好问题，试一试螺旋结构吧”。荷兰莱顿大学的天文学家奥尔特(Jan Oort，1900—1992)提出的这个“缠卷疑难”，强烈地吸引着林家翘。或许因为在加州理工学院的博士生阶段，林家翘曾选修过天文学大牌教授 Fritz Zwicky(1898—1974)的一门课而产生对天文的业余爱好，一旦风吹草动，他的潜意识就被唤醒，这是弗洛伊德学说可以解释的。

一回到麻省理工，林家翘马上邀请了这个领域的两大专家前去演讲，并且鼓励他的年轻同事组成讨论班，其中一人名叫图穆尔(Alar Toomre，1937—　)，是爱沙尼亚人，十多岁时移民美国，本科毕业于麻省理工，1957 年作为竞争激烈的“马歇尔学者”去了英国的曼彻斯特大学深造流体力学，三年后回到母校当了两年的“应用数学讲师”。此时正值林家翘摩拳擦掌准备在天体理论中大干一场之际，他帮助安排已经就此课题有了薄圆盘不稳定性新想法的年轻有为的图穆尔去普林斯顿的高等研究院待了 8 个月。1963 年图穆尔回到原校，从助理教授起一直干到退休。1983 年，恰好与林家翘 1962 年当选时同样的 46 岁，图穆尔也成了美国科学院的院士。

后来的几年，林家翘带领他的团队，紧锣密鼓地探索盘状星系的动力学。除了像图穆尔这样的年轻教授外，一位更年少的大学生徐遐生(1943—　)在 1962 年秋跟他做了本科学位论文，探讨涡旋密度波的理论，最终成了他一生中最优秀的弟子，44 岁就当上了美国科学院院士，长期为伯克利加州大学的天文学教授。徐遐生的父亲徐贤修(1912—2002)在 1946 年就去了林家翘任教的布朗大学读研究生，两年后获得应用数学的博士学位，那时林家翘已被麻省理工挖走。徐氏父子两人先后于1970年和2002年出任台湾新竹清华大学的校长，一时传为佳话。

林家翘再次大耍应用数学的板斧，将他研究流体力学的办法应用于星系力学的版图。天体物理与地面物理的研究有一个巨大的不同，就是前者不能做实验，只靠观察数据，而后者可以用可重复的实验来检验理论。因此无实验条件的研究更需丰富的想象力。林家翘具有跨越学科的分析能力和想象天赋。他推导出的理论是：盘状星系中看到的旋臂不是一种物质结构，而是一组波，并且这种波是长期存在的。林家翘和学生徐遐生用这个理论解释了某些盘状星系的哈勃图和盘星系的其他性质，如星系M51。他们最初的合作文章"盘状星系的螺旋结构"1964年刊登在《天体物理杂志》上，迄今已被引用1 000次。

林家翘密度波理论中的"密度波"概念得到了广泛承认，但是谦谦君子的他却把密度波创始人的荣誉让给1942年首先提出密度波理论来解释漩涡星系旋臂结构的星系动力学先驱、瑞典天文学家林德布拉德(B. Lindblad，1895—1965)，尽管按照台湾中央研究院天文研究所的袁旂(1937—2008)教授在回忆文章《我认识的林家翘先生》中的说法，后者"提出的密度波，其实是非常粗略、原始，绝不是林先生精心构建、演绎出来的理论。"

然而，密度波显现出的漩涡结构是否如林家翘和徐遐生所断言是"长期存在的"还是"短暂的"或来自其他星系的影响，这个争论持续了几十年，而后者曾是天文学界的主流观点。徐遐生教授在纪念老师诞辰100周年的文章中这样写道："这场争论引发的矛盾超越了专业层面，有些地方甚至涉及了人身攻击。对于他的崇拜者来说见证这种攻击是不愉快的。"

林家翘的外部特征一看就是文质彬彬的书生形象。1966年从密歇根大学拿到流体力学博士学位后跟随林家翘做天体物理博士后研究的袁旂，40年后在他为国内的《力学进展》杂志撰写的回忆录中这样描绘了林教授："他个头不高，一副恂恂儒者彬彬君子的模样，是一个温文儒雅的长者，他对人十分和气，完全没有丝毫盛气凌人的神态……"但是，文雅的举止包住的是坚韧的内心，在必须捍卫真理之时，他有雷霆万钧之势。面对甚嚣尘上的"密度波只能短时存在"之异议，他立刻胸有成竹地用"驻波"的概念阻挡了对密度波理论的反驳。这种成功并且见地深刻的快速反击，让几十年之后的袁教授依然赞叹不已。

争论的另一方代表人物就是林家翘曾经寄予厚望并且提携有加的本系同事图穆尔。他去普林斯顿的逗留及麻省理工数学系正式教职的回聘，都是林家翘的功劳。如果在中国，很难想象学生辈或受过恩典的晚生会对前辈"大逆不道"地学术叫板，但在西方，"吾爱吾师，但吾更爱真理"。图穆尔只是坚持了自己的不同学术观点，并没有对林家翘进行过"人身攻击"。

我在今年的暮春初夏，通读了一本441页、出版于2009年的英文书，名叫*Recountings: Conversations with MIT Mathematicians*(《回顾：与麻省理工数学家交谈》)。这是林家翘1959年带出的博士Lee A. Segel(1932—2005)之子Joel Segel，对麻省理工数学系的一打资深教授及该系灵魂人物列文森教授未亡人的采访记。30年前我在密歇根州立大学修过一门一学年课程"应用数学基础"，授课的颜宪尧教授为孔子门徒颜回的直系后代，也是系里给我指定的学术导师(Academic Advisor)；这有别于论文导师(Thesis Advisor)。他为这门课选用的教材就是70年代林家翘与Lee A. Segel合著的大书《自然科学中确定性问题的应用数学》(*Mathematics Applied to Deterministic Problems in the Natural Sciences*)。该书1988年的第二版被美国工业与应用数学协会作为应用数学经典丛书第一号出版。

那年我一边修颜教授的课,一边充当他这门课的教学助理,替他批改作业,我甚至自己都可以不做作业了。颜教授毕业于台湾大学机械系,后去密歇根州立大学机械工程系念博士,快拿到学位时发现那些工程知识的基础都是数学,觉得先把这些基础数学搞懂再说,于是他转往纽约大学,念了应用数学的博士学位,最终回到密歇根州立大学任教。今天为写这篇文章,我打开了他曾经送给我的这本Lin-Segel大书,扉页上有他的手写名字D. Yen,也有我留下的记录Presented by Prof. Yen to Jiu Ding, 1987(1987年颜教授赠予丁玖)。这使我陷入了沉思,想起了他当年对我的关怀和教导。在他退休后因病去世前不久,我十年前在他亚特兰大的居所最后一次看到他时,留下了一张珍贵的合照。

Joel Segel书中采访的第六个教授就是图穆尔,记录的内容与林家翘直接相关的三章标题分别是C. C. Lin; Princeton; MIT and the Spiral Galaxy Controversy(林家翘;普林斯顿;麻省理工学院及螺旋星系争论)。当我看到林家翘那张儒雅的中年头像时,完全被他的风度吸引住了,当今中国的知识分子群体中,这样的君子风范不很多了。难怪图穆尔教授谈及林家翘教授时,一开始就表露了他的钦佩:“我记得当我刚来时,一件事立马震撼我:‘我的天,真是一位有教养口才好的人!(My goodness, what a cultured and articulate guy!)’”口才好的原因之一:“他是我见到过的英文棒极了的第一个中国科学家”(He was the first Chinese scientist I knew whose English was terrific)。

在关于学术争论那一章的最后,Segel问图穆尔是否不同学术见解导致了个人化情绪并影响了彼此关系。对方回答道:“没有。当他说某事时我退避,当我说到其他事时他也这样。我们彼此以礼相待,15年间都是自然科学基金项目资助下的共同研究者,直到80年代中期他逐步淡出江湖退休为止。”他再次强调“家翘与他太太是非常优雅(graceful)的人”。“我在许多方面都非常感激他,虽然专家们知道林和图穆尔之间有许多学术分歧,然而这只是家庭之内的纷争。”

几十年学术争论迄今为止是否已尘埃落定?我们还是听听权威人士徐遐生先生在纪念文章中说的一段话吧:“在这段艰难的时期,他始终让自己保持冷静和严肃。如果说在他以前关于平行流的稳定性上的争论显示了他‘胜利的气度’,那么现在他表现出的则是‘在受到攻击时的勇气’,也许这是因为他知道他总是会在最后取得胜利。对于他的过早离世,我感到十分遗憾,因为他没有听到我在2013年6月24—28日在北京召开的纪念座谈会上做的总结报告。在报告中我告诉大家,虽然该理论在细节上仍然存在一定的不确定性,但林先生对于密度波理论的认知,已经通过观测和更好的数值模拟被证明是正确的。”

家翘之忧

林家翘在其职业生涯中不遗余力地宣扬“应用数学”的宗旨、意义和方法论,始终如一地为之摇旗呐喊,并且越老越起劲,因为他不幸地看到这四个字常被曲解,常会误导,就像气象学家被等同于气象预报员或统计学家被视为车间统计员一样。早在70年代，他就应用数学家的教育发表演说，其讲稿刊登在美国工业与应用数学协会旗下的杂志 *SIAM Review* 上(1978年10月第20卷第4期)。他关于应用数学的哲学理念也体现在他和学生合著的那本教科书中，书的第一章简直就是应用数学的宣言书：What is Applied Mathematics? 可惜这只是一本教科书内的一章标题，如果他把它写成了一本大书，完全可以成为同样是应用数学家的柯朗(Richard Courant，1888—1972)和罗宾斯(Herbert Robbins，1915—2001)的名著 What is Mathematics 的姊妹篇。

数学一般分为两大类：纯粹数学和应用数学，随着计算机科学的快速发展，后者现在也分出一块叫作计算数学，并且被誉为与实验和理论并驾齐驱的第三种科学方法。纯粹数学在英国数学家及哲学家怀特海(Alfred N. Whitehead，1861—1947)的名著《科学与近代世界》中被看成是"人类灵性最富于创造性的产物"，而他的同胞数学家哈代(Godfrey H. Hardy，1877—1947)在其随笔集《一个数学家的辩白》中则自豪于纯粹数学的"无用"，因此在他的眼里，纯粹数学就是"无用数学"的代名词，而微积分之类的那些"有用的数学"却鲜有美学的意义，所以只会留给工程师们用用罢了。

在美国研究型大学的数学系，纯粹数学与应用数学的教授们一般都能友好相处，教授的学术地位只看成就，不管专业。固然，彼此的偶尔轻视也会浮现在系内同呼共吸的空气中。比如，在美国一所历史悠久的名牌大学，一位纯粹数学的大牌教授公然给全系教员写了一封公开信，将本系某某应用数学教授的研究贬得几乎一钱不值："你做的不是数学，而只是将数学应用到一些问题。"这位"大学杰出教授"(University Distinguished Professor)以为自己证明的拓扑学抽象定理统统都是"人类灵性最富于创造性的产物"，因而把应用数学视为上不了厅堂的丑媳妇。这激怒了系里作为应用数学家的另一位"大学杰出教授"，因为他的几篇论文都是顶天立地的开创性工作，其中有一篇对科学界的影响力可能抵得上本系几乎所有正教授的论文之和。

我耳闻过这样一个故事：一位美籍华裔数学教授访问国内名校，闲聊中顺便问了该校的数学教授一个非数学问题：在大陆，是否第一流的做纯数学，第二流的做应用数学，第三流的做计算数学？回答是大致如此。中国的近邻日本也是类似的情景，比起纯粹数学家，应用数学家的地位相对低下。这让他十分惊奇，因为这种分类法和比较法在美国一般不对头。在那里一个不争的事实是应用数学系教授的平均工资通常会高于同一档次的数学系教授，当然这不能推理出学术地位上也成正比，更不能成为"反向歧视"的理由。但是，至少在美国的拔尖大学里，比如加州大学或纽约大学，那些应用数学教授的数学功底好生了得，你很难说他们不能称为纯粹数学家，例如在应用数学领域做出若干基础性杰出工作的拉克斯(Peter Lax，1926—)教授，也是一位了不起的纯粹数学家。另一方面，历史上许多伟大的纯粹数学家，同时也是伟大的应用数学家，他们的名单包括庞加莱、冯·诺伊曼、乌拉姆，他们常常是为了解决大的科学难题而发展了数学的思想和方法。庞加莱为了求解三体问题，创立了微分方程的定性理论；冯·诺伊曼为了厘清统计力学的玻耳兹曼遍历假设，推出了他的"平均遍历定理"；乌拉姆在曼哈顿原子弹工程的实践中提炼出了蒙特卡洛法。再往前几百年，伟大的物理学家牛顿正是为了发现物体的运动规律而创立了微积分。陈省身教授早就对把数学分成纯粹的和应用的说法嗤之以鼻，在他眼里数学就是数学，哪有“纯粹”与“应用”的人为之分？

话虽这么说，纯粹数学家与应用数学家放在一起掂量轻重，孰优孰劣，彼此有时感到不爽，就像搞数学教育的教授长期待在数学系也会觉得别扭，难觅知音，做梦都想跳槽到数学味不太浓的教育系。有些研究数学的学者瞧不起探讨教学法的名师，其不屑一顾的神态会让人惊讶。我曾经听过一位出身欧洲牛校的美国数学教授这么说：搞数学教育的是那些不懂数学的人告诉我们怎样教数学。此语说在美国固然有些事实根据，但总是缺乏绅士风度的挖苦之语。其实，邓小平的一句名言“不管白猫黑猫，逮到老鼠就是好猫”这里可以用上一个翻版：不管纯数应数，做出第一流贡献的就是好数。

但是，相异研究领域的不同哲学要素与实际追求，在同一个屋檐下，的确容易造成“文人相轻”式的摩擦。不要说国内，国外也是如此。就拿美国来说，哈佛大学的应用数学在个个都是纯数大牛的数学系难有立锥之地，干脆搬到工程与应用科学系去了。林家翘待过的布朗大学的应用数学独立成系，其国际学术名望超过了对应的数学系。至于林家翘终生服务的麻省理工学院，一些活跃的应用数学家曾经希望从数学系中分离出去，但是大权在握的教务长却坚决反对，理由十分充足：我们的校名是理工学院，数学系的数学对所有系都有应用，怎么可能再成立一个应用数学系？真是咄咄怪事！

于是一个折中的方案出现了：数学系下面建立两个委员会，纯粹数学委员会和应用数学委员会，各司其职，分别处理各自的教授招聘、课程设置等等与专业特色相关的事宜。60年代初，心目中早已酝酿好应用数学哲学基础的林家翘被任命为应用数学委员会的第一任主任。他年轻一代的搭档格林斯潘（HarveyP. Greenspan，1933—　）1960年从哈佛大学搬到麻省理工从副教授干起，是个出生纽约、敢说敢为的美国汉子。他天生就与林站在一起（格林），作为委员会处理具体事务的秘书，很快与师长级的林家翘唱起了壮大应用数学的二人转，一个幕后指挥，一个幕前活动。资深的一位喝过东方的儒教墨水，缜密远虑，不露声色；年少的那个在熔炉之都铸造成型，气盛性急，风风火火。他们的配合就像李文华与姜昆的相声一样天衣无缝。在维纳的盛年时代，尽管他是应用数学大师，但他孤家寡人，独木难支。现在，天时地利人和，林格二人之姓加起来有三根巨木，他们合伙建成了麻省理工的应用数学大厦。几年之后，格林斯潘接棒林家翘，当了第二任的应用数学委员会的主任，长达十多年。1964年，由于校方特别看重应用数学，特地又成立了一个校级应用数学委员会，只向教务长负责。它的首脑是院长，成员都是各系名教授，包括电子工程系的“信息论之父”香农（Clauder Shannon，1916—2001）。从此以后，纯粹数学家与应用数学家的良好合作与彼此尊重，使得数学系人事关系的摩擦系数趋于理想极限，迄今都是“一衣带水的友好邻邦”。

格林斯潘是Jeol Segel采访的第八个麻省理工资深数学家。那篇采访记很耐看，讲的几乎都是应用数学的哲学理念、前因后果、名人故事，甚至和纯粹数学的争执与抗衡。不过最有趣的还是他对林家翘无意中展示东方文化特点的一个细节回忆。在应用数学委员会尚未建立前，有一次林家翘牵头开了一个咨询会，讨论是否雇佣没有数学博士学位的应用数学家。会前，林和格林斯潘都主张雇，后者在会上尤其积极，但这遭到来自纯粹数学家的巨大阻力。大约40分钟后，有个明显忘记是林召集这个会议的教授问他：“家翘，您的意见呢？(C. C., what do you think about all this?)”

林家翘回答：“我无所谓。(I am indifferent.)”

听到这话，纽约城布鲁克林区长大的格林斯潘只能耸耸肩膀，大笑一下，然后泄了气。他知道，北京知书达理士大夫阶层家庭沐浴出的林不是像他那样的咄咄逼人之辈。他也知道，林可能避免树敌，他需要更多的时间说服别人，最终以迂回曲折的策略取胜。然而，40年后，当垂垂老矣90岁的林家翘目睹国内应用数学之现状，他再也不能“无所谓了”，大概此时的他忘记了中国人要听赞美歌的古训。

林家翘的“有所谓”来自他对“应用”与“实用”的哲学思辨。一部分应用数学家未能得到纯粹数学家的尊敬，原因之一可能是他们做的是如同林家翘所观察到的“实用数学”。林家翘对实用数学的诠释是：用数学方法服务社会需要，如计算导弹的发射及登月等。这很像工程数学，是工程师对数学现有知识的具体应用，并没有质变到完美解释科学现象的新的数学理论。“实用数学”家充其量只能当科学家或工程师的“婢女”或“奴仆”，沦为学术界的“二等公民”，因为他们只是“拿来主义”的信徒，绝非新鲜知识的创造者。而真正的应用数学，在林家翘的眼里，则是一门独立的专业学科，通过数学来揭示自然界的规律，注重的是主动提出研究对象中的科学问题，通过问题的解决加深对研究对象的认识，或创造出新的知识，最终解决科学问题。这样的“应用数学”家，至少与科学家或工程师平起平坐，成为学术舞台上的主角，甚至可以当对方的主人，因为他们创造了解决问题的数学，而这常常是科学家或工程师的相对弱项！这就能解释为什么数学家乌拉姆是科学界公论的“氢弹之父”，虽然这个誉称在一般人眼里属于物理学家特勒(Edward Teller, 1908—2003)。

2002年，带着“我要提高应用数学的水平”的愿望，林家翘以86岁的高龄回到了祖国，扎根于母校清华大学周培源应用数学中心。一年后杨振宁定居清华，继续掌舵那里的高等研究院。又过了一年，年富力强的“图灵奖”唯一华人得主姚期智(1946—)加盟清华，培育计算机高手。三位科学大师中，除了杨教授因参加公众活动较多而常在媒体上露面外，最老的林教授和最少的姚教授都不大现身公开场所。十年前，杨振宁教了大一的普通物理课后，对清华的新生质量赞不绝口，认为不亚于哈佛学子。但是林家翘却深居简出，只出席中心的学术活动，几乎不接受记者采访。有次采访记者足足等了他一年，因为他要集中精力修改研究论文，无暇顾及其他。可是他一旦接受了采访，则“语不惊人誓不休”，而且多是“报忧不报喜”，讲的大都是自己的忧虑之情。晚年的他，为了祖国的科学进步，已经把中庸之道的中国文化让位给他生活了60年直抒胸臆的美国文化。正如新浪教育在清华百年校庆时刊登的文章《林家翘：大师之忧》中所云：“他更像是一个美国学者，而不是一个中国‘知识分子’。”

1970年的菲尔兹奖获得者广中平佑(Heisuke Hironaka, 1931—)在1976年从哈佛大学搬回日本担任京都数学解析研究所所长。多年后当《美国数学会公告》的资深撰稿人杰克逊(Allyn Jackson)女士采访他时，他告诉她刚回国时怎样对付令人捉摸不定的日本式东方思维交流术，这比钻研数学难多了。直言不讳甚至不近情面是晚年林家翘难能可贵的人格魅力。

林家翘是怎样评价国内的“应用数学”的呢？“现状堪忧”四个字概括了他的整体看法。即便在清华大学这所中国最好的高等学府，在他生命的最后十年，也招不到几个在他眼目中“全面发展”的博士生或博士后。对他而言，一个应用数学家的全面发展就是：强大的数学分析与计算能力、能承担一个系统而完整的工作、对所研究的应用学科某一领域有全面整体的了解、能熟练使用英文撰写学术论文并能用英文同国际同行交流。这些高标准的综合要求，使得培养一个好的应用数学家比纯粹数学家要难得多！纯粹数学家的成长之路相对单一笔直，高智商、好导师、多坚持，大都能进入角色而至少小有斩获。但是应用数学家的成才环境荆棘丛生，开辟新路绝非易事。这有点像中美高考的区别。在中国考上北大清华，需要但也只需要最高的高考成绩；在美国要进哈佛耶鲁，不仅高考成绩优异，而且平时成绩、社区服务、领导能力、业余爱好等等综合素质缺一不可。这就不难理解在目前国内的高等教育环境下，为什么林家翘在偌大的中国招不到足够多的好学生。

他担心的是“应用数学的薄弱对整个科学的发展非常不利，非常不利。”他发现问题的本质在于，我们的学校对纯粹数学与应用数学各自的特点混淆不清，把应用数学也只看成是论证定理的逻辑推导或模拟计算的实现过程。纯粹数学与应用数学都促进数学的发展，但后者更关注数学与科学的相互依赖。傅里叶分析是反映应用数学特点的最佳例子之一。它来自于对热传导问题的研究，反过来又推动了调和分析和泛函分析这些纯数学分支的发展。纯粹数学是面向自身的一门学问，研究的是数量关系和空间模式的逻辑结构。它被视为一种像音乐、绘画或书法那样的艺术，可以自视清高而无视其应用的前景。但它毕竟也是一门精致的学问，“无用”的外衣下罩住的是无穷无尽的应用潜能。应用数学家应是愿意走出象牙塔的纯粹数学家，他要跳到物理世界的大舞台上大显身手、施展拳脚，用数学的思想方法解决实际的科学问题。他不仅需要精深的数学知识，更需要自然科学的广博知识。因此，应用数学是不同于纯粹数学的一门独立的基础学科，其专业定位、课程设置、人才培养等都应与后者有相当大的区别。

面对目前存在的本科教育与研究生培养脱节的现实问题，他在清华大学一开始做的事居然是向大家解释什么是应用数学。在一次公众演讲中，他给出了应用数学家的信仰：“自然界的事物基本上都很简单，所有的基础原理及主要问题都可以用数学方式表达。”他不光做这种启蒙性的宣传工作，也身体力行地从事他一生中的最后探索——生物学，致力于这个新世纪最热门领域的应用数学研究，撰写了一篇关于蛋白质结构问题和细胞凋亡问题的学术论文。对此，他展望道：“将数学应用到生物科学的研究具有长远的前途，充满了机会。我预期 15 年以后，这类研究的成果会成为生物学及应用数学两科中的主流，成为本科生教育的一个主要部分。”

十几年来，从我家乡的扬州大学开始，国内高校纷纷合并，系科也升格为学院。包括应用数学在内的数学系，也大都进化成学院，名字却套上了“数学科学”的外衣。这个长长院名的第一家不知是谁起的。美国有部分大学的数学系也命名为数学科学系，但绝非主流，这些学校多半偏重工科，数学科学系主要以应用数学为主。但在中国，“数学科学学院”的牌子几乎各大学都在挂，连数学第一学府北京大学也不能脱俗，不以陈省身的意志为转移。好在我的母校南京大学不仅不与他校合并，而且坚持数学系不改名，其独立精神，鹤立鸡群，难能可贵。林家翘最反感“数学科学”这个短语，认为这个笼统的称谓甚至模糊了各独立学科之间的关系，直言他“不明白什么是‘数学科学’”，是指富含数学的科学还是指数学这门学科？我想陈省身也会同意他的观点，因为数学就是数学，而不是哪一种科学。通常，数学与科学是有并列关系的两个名词，比如它们都出现在高斯的名言“数学是科学的皇后”中。语法修辞的一条基本原理就是部分不能与全体并列，例如“我们学习代数和数学”就是明显的病句。至少从汉语修辞的角度看，“数学科学”是不伦不类的名词组合。

不管“数学科学”的提法到底科学不科学，“提高应用数学的水平”应该是中国数学家严肃面对的重大任务。林家翘在美国生活了一甲子，帮助那个国家“使应用数学从不受重视的学科成为令人尊敬的学科”。14 年前，86 岁的他带着这个雄心壮志回到祖国。3 年前，他壮志未酬，带着深深的遗憾驾鹤西去。但是，他报效祖国的拳拳之心、他敞开心扉的苦口良药，已经在学术界引起了共鸣。8 年前，中国国家自然科学基金委员会设立了“问题驱动的应用数学研究”专项基金，紧接着中国科学院数学与系统科学研究院也成立了交叉学科研究中心。半个世纪前，以关肇直（1919—1982）、冯康（1920—1993）、周毓麟（1923—　）等为代表的杰出应用数学家为中国的国防科技和国家经济贡献非凡，留下好的传统。相信林家翘所期待的中国应用数学家的新生代很快也一定会一批批地涌现。

附录二

钱学森：中国大学为何创新力不足*

今天找你们来，想和你们说说我近来思考的一个问题，即人才培养问题。我想说的不是一般人才的培养问题，而是科技创新人才的培养问题。我认为这是我们国家长远发展的一个大问题。

中国还没有一所大学能够按照培养科学技术发明创造人才的模式去办学

今天，党和国家都很重视科技创新问题，投了不少钱搞什么“创新工程”“创新计划”等等，这是必要的。但我觉得更重要的是要具有创新思想的人才。问题在于，中国还没有一所大学能够按照培养科学技术发明创造人才的模式去办学，都是些人云亦云、一般化的，没有自己独特的创新东西，受封建思想的影响，一直是这个样子。我看，这是中国当前的一个很大问题。最近我读《参考消息》，看到上面讲美国加州理工学院的情况，使我想起我在美国加州理工学院所受的教育。我是在20世纪30年代去美国的，开始在麻省理工学院学习。麻省理工学院在当时也算是鼎鼎大名了，但我觉得没什么，一年就把硕士学位拿下了，成绩还拔尖。其实这一年并没学到什么创新的东西，很一般化。后来我转到加州理工学院，一下子就感觉到它和麻省理工学院很不一样，创新的学风弥漫在整个校园，可以说，整个学校的一个精神就是创新。在这里，你必须想别人没有想到的东西，说别人没有说过的话。拔尖的人才很多，我得和他们竞赛，才能跑在前沿。这里的创新还不能是一般的，迈小步可不行，你很快就会被别人超过。你所想的、做的，要比别人高出一大截才行。那里的学术气氛非常浓厚，学术讨论会十分活跃，互相启发，互相促进。我们现在倒好，一些技术和学术讨论会还互相保密，互相封锁，这不是发展科学的学风。你真的有本事，就不怕别人赶上来。我记得在一次学术讨论会上，我的老师冯·卡门讲了一个非常好的学术思想，美国人叫“good idea”，这在科学工作中是很重要的。有没有创新，首先就取决于你有没有一个“good idea”。所以马上就有人说：“卡门教授，你把这么好的思想都讲出来了，就不怕别人超过你？”卡门说：“我不怕，等他赶上我这个想法，我又跑到前面老远去了。”所以我到加州理工学院，一下子脑子就开了窍，以前从来没想到的事，这里全讲到了，讲的内容都是科学发展最前沿的东西，让我大开眼界。大家见面都是客客气气，学术讨论活跃不起来。这怎么能够培养创新人才？更不用说大师级人才了。我本来是航空系的研究生，我的老师鼓励我学习各种有用的知识。

---

* 摘自《文汇报》，2009－11－17。

我到物理系去听课，讲的是物理学的前沿，原子、原子核理论、核技术，连原子弹都提到了。生物系有摩根这个大权威，讲遗传学，我们中国的遗传学家谈家桢就是摩根的学生。化学系的课我也去听，化学系主任 L. 鲍林讲结构化学，也是化学的前沿。他在结构化学上的工作还获得了诺贝尔化学奖。以前我们科学院的院长卢嘉锡就在加州理工学院化学系进修过。L. 鲍林对于我这个航空系的研究生去听他的课、参加化学系的学术讨论会，一点也不排斥。他比我大十几岁，我们后来成为好朋友。他晚年主张服用大剂量维生素的思想遭到生物医学界的普遍反对，但他仍坚持自己的观点，甚至和整个医学界辩论不止。他自己就每天服用大剂量维生素，活到 93 岁。加州理工学院就有许多这样的大师、这样的怪人，决不随大流，敢于想别人不敢想的，做别人不敢做的。大家都说好的东西，在他看来很一般，没什么。没有这种精神，怎么会有创新?!

加州理工学院给这些学者、教授们，也给年轻的学生、研究生们提供了充分的学术权力和民主氛围。不同的学派、不同的学术观点都可以充分发表。学生们也可以充分发表自己的不同学术见解，可以向权威们挑战。过去我曾讲过我在加州理工学院当研究生时和一些权威辩论的情况，其实这在加州理工学院是很平常的事。那时，我们这些搞应用力学的，就是用数学计算来解决工程上的复杂问题。所以人家又管我们叫应用数学家。可是数学系的那些搞纯粹数学的人偏偏瞧不起我们这些搞工程数学的。两个学派常常在一起辩论。有一次，数学系的权威在学校布告栏里贴出了一个海报，说他在什么时间什么地点讲理论数学，欢迎大家听讲。我的老师冯·卡门一看，也马上贴出一个海报，说在同一时间他在什么地方讲工程数学，也欢迎大家去听。结果两个讲座都大受欢迎。这就是加州理工学院的学术风气，民主而又活跃。我们这些年轻人在这里学习真是大受教益，大开眼界。今天我们有哪一所大学能做到这样？大家见面都是客客气气，学术讨论活跃不起来。这怎么能够培养创新人才？更不用说大师级人才了。

科学上的创新光靠严密的逻辑思维不行，创新的思想往往开始于形象思维

有趣的是，加州理工学院还鼓励那些理工科学生提高艺术素养。我们火箭小组的头头马林纳就是一边研究火箭，一边学习绘画，他后来还成为西方一位抽象派画家。我的老师冯·卡门听说我懂得绘画、音乐、摄影这些方面的学问，还被美国艺术和科学学会吸收为会员，他很高兴，说你有这些才华很重要，这方面你比我强。因为他小时候没有我那样良好的条件。我父亲钱均夫很懂得现代教育，他一方面让我学理工，走技术强国的路；另一方面又送我去学音乐、绘画这些艺术课。我从小不仅对科学感兴趣，也对艺术有兴趣，读过许多艺术理论方面的书，像普列汉诺夫的《艺术论》，我在上海交通大学念书时就读过了。这些艺术上的修养不仅加深了我对艺术作品中那些诗情画意和人生哲理的深刻理解，也学会了艺术上大跨度的宏观形象思维。我认为，这些东西对启迪一个人在科学上的创新是很重要的。科学上的创新光靠严密的逻辑思维不行，创新的思想往往开始于形象思维，从大跨度的联想中得到启迪，然后再用严密的逻辑加以验证。像加州理工学院这样的学校，光是为中国就培养出许多著名科学家。钱伟长、谈家桢、郭永怀等等，都是加州理工学院出来的。郭永怀是

很了不起的，但他去世得早，很多人不了解他。在加州理工学院，他也是冯·卡门的学生，很优秀。我们在一个办公室工作，常常在一起讨论问题。我发现他聪明极了。你若跟他谈些一般性的问题，他不满意，总要追问一些深刻的概念。他毕业以后到康奈尔大学当教授。因为卡门的另一位高才生西尔斯在康奈尔大学组建航空研究院，他了解郭永怀，邀请他去那里工作。郭永怀回国后开始在力学所担任副所长，我们一起开创中国的力学事业。后来搞核武器的钱三强找我，说搞原子弹、氢弹需要一位搞力学的人参加，解决复杂的力学计算问题，开始他想请我去。我说现在中央已委托我搞导弹，事情很多，我没精力参加核武器的事了。但我可以推荐一个人，郭永怀。郭永怀后来担任九院副院长，专门负责爆炸力学等方面的计算问题。在我国原子弹、氢弹问题上他是立了大功的，可惜在一次出差中因飞机失事牺牲了。那个时候，就是这样一批有创新精神的人把中国的原子弹、氢弹、导弹、卫星搞起来的。

所谓优秀学生就是要有创新。没有创新，死记硬背，考试成绩再好也不是优秀学生

今天我们办学，一定要有加州理工学院的那种科技创新精神，培养会动脑筋、具有非凡创造能力的人才。我回国这么多年，感到中国还没有一所这样的学校，都是些一般的，别人说过的才说，没说过的就不敢说，这样是培养不出顶尖帅才的。我们国家应该解决这个问题。你是不是真正的创新，就看你是不是敢于研究别人没有研究过的科学前沿问题，而不是别人已经说过的东西我们知道，没有说过的东西，我们就不知道。所谓优秀学生就是要有创新。没有创新，死记硬背，考试成绩再好也不是优秀学生。我在加州理工学院接受的就是这样的教育，这是我感受最深的。回国以后，我觉得国家对我很重视，但是社会主义建设需要更多的钱学森，国家才会有大的发展。我说了这么多，就是想告诉大家，我们要向加州理工学院学习，学习它的科学创新精神。我们中国学生到加州理工学院学习的，回国以后都发挥了很好的作用。所有在那学习过的人都受它创新精神的熏陶，知道不创新不行。我们不能人云亦云，这不是科学精神，科学精神最重要的就是创新。

附录三

【2013 诺贝尔奖】生理学奖深度解读：囊泡运输，细胞的“物流系统”*

一个细胞就好比一个人类社会。人类社会有多复杂，细胞活动就有多精妙。在日常生活中，我们需要进行有效率的生产生活，就必须有效率地调配生产资料与生活资源——因此，我们需要建立周密有效、安排得当的物流系统。细胞也一样，基因的表达产物需要定位到不同的地点行使功能：膜蛋白需要奔向自己的靶位点、胰岛素需要分泌出细胞外、神经递质需要扩散到下一个神经细胞……要在正确的时间把正确的细胞货物运送到正确的目的地，细胞的物质转运机制之精妙，比无数物流师呕心沥血的杰作都更胜一筹。而囊泡运输(vesicle trafficking)，正是这一机制的重要组分。

2013 年诺贝尔生理学或医学奖于 10 月 7 日颁布。图片来源：nobelprize.org

昨天，2013 年诺贝尔生理学或医学奖被授予发现囊泡转运机制的詹姆斯·罗斯曼、兰迪·谢克曼和托马斯·聚德霍夫 3 位科学家。今天，让我们来看一下，大自然的物流师究竟是如何运筹于帷幄之中，决胜于细胞内外的呢?

细胞中包括蛋白质在内的大多数分子都太大了，以致于不能直接穿过细胞中的膜结构。于是，这些分子的运输需要依赖一种叫囊泡的细胞结构——这种有膜包被的小型泡状结构能够将待运输的分子包裹起来，送到目的地去释放掉。可以想象，这种泡状的“集装箱”在运送细胞货物的过程中是极为重要的装备。因此，在细胞中，尤其是在细胞质膜、内质网以及高尔基体中，囊泡的形成是持续不断的。这些“集装箱”一旦被生产出来就马上投入使用，带着它们的货物奔向细胞内或细胞外的目的地。囊泡之所以能够完成转运任务，是因为囊泡的膜与细胞质膜以及细胞内膜系统的组成成分是相似的，能够通过出芽的方式脱离转运起点、通过膜融合的方式归并到转运终点。

---

* 摘自 *Calo*，2013 - 10 - 08.

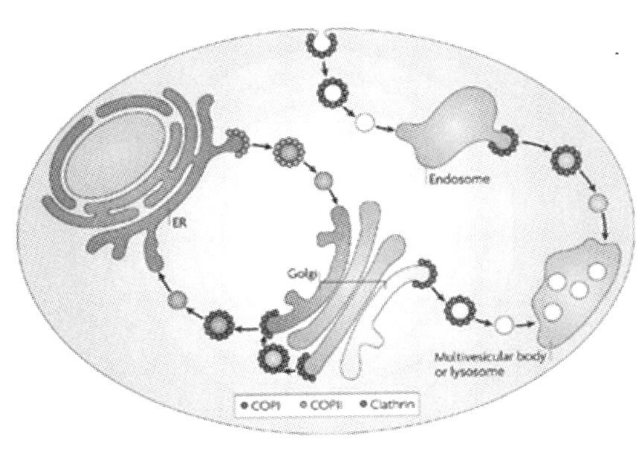

三类囊泡运输通路的示意图，箭头指示囊泡运输方向。红色：COPI 被膜小泡；绿色：COPII 被膜小泡；深蓝色：披网格蛋白小泡；ER：内质网；Golgi：高尔基体；Endosome：内体；Multivesicular body orlysosome：多泡体或溶酶体。图片来源：nature.com

囊泡转运过程的第一步是膜通过出芽方式形成一个囊泡。囊泡的外表面被蛋白包被。通过改变膜结构的构象，这些蛋白将促使囊泡形成。这些囊泡被分成披网格蛋白小泡、COPI 被膜小泡以及 COPII 被膜小泡三种类型。披网格蛋白小泡穿梭于外侧高尔基体和细胞质膜之间，COPI 被膜小泡则主要介导蛋白质从高尔基体运回内质网。COPII 被膜小泡则介导非选择性运输。利用无细胞反应，兰迪・谢克曼成功分离了 COPII 复合体，并首次纯化了跨细胞器转运的囊泡。利用一系列研究成果，谢克曼最终发现了囊泡转运机制。

三种囊泡介导不同途径的运输，分工井井有条。在“细胞码头”中，这些“集装箱”的吞吐量是惊人的。在培养的成纤维细胞中，光是从细胞质膜上脱离下来的披网格蛋白小泡，每分钟就大约有 2 500 个之多。然而，光有足够多的箱子装载货物显然是不够的。在这种熙熙攘攘的细胞环境下，囊泡转运系统的运作不但要有条不紊，更要及时高效。为了让囊泡朝着正确的方向前进，细胞会布置坚固的微丝和微管为囊泡构筑“快速运输通道”。在这些细胞骨架之上，一些特别的分子马达，如动力蛋白和驱动蛋白会背负着囊泡的一步一步向目的地迈进。分子马达与装载特定货物的囊泡之间是严格配对的，一些类型的囊泡甚至可以配备“飞行器”级别的运输动力。

有了箱子，也有了车子，剩下的问题，就是将货物准确地送到目的地了。细胞物流的精

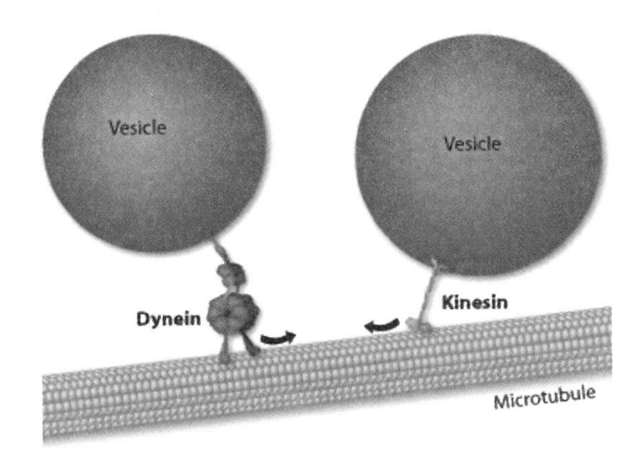

附着在微管之上的分子马达示意图。Dynein：动力蛋白；Kinesin：驱动蛋白；Vesicle：囊泡；Microtubule：微管。图片来源：learn.genetics.utah.edu

髓便在于精确地转运和投放货物。要实现这一点,膜融合的过程就不能出现半点差池。囊泡与靶位点膜结构的融合过程包括两个事件：首先,囊泡必须特异性地识别目标膜。例如运输溶酶体酶的囊泡就只能把货物转运到溶酶体。其次,囊泡必须与目标膜发生融合,从而释放内容物。

经过大量研究,科学家们已经建立了一个囊泡膜融合模型。模型中,囊泡与靶位点之间的相互作用由独特的跨膜蛋白介导。詹姆斯·罗斯曼和同事提出了 SNARE 假说：他们发现动物细胞融合需要可溶性蛋白 NSF 以及可溶性 NSF 附着蛋白 SNAP 的参与。NSF 蛋白和 SNAP 蛋白能够介导不同类型的囊泡的膜融合过程,这意味着它们本身没有特异性。因此,罗斯曼假设,膜融合的特异性是由 SNAP 受体蛋白,也就是 SNARE 提供的。按照他的假设,每一种运输囊泡中都有一个特殊的 V-SNARE 标志,能够与目标膜上的 T-SNARE 相互作用。只有接触到相互对应的位点,囊泡和目标膜才会形成稳定的结构进行融合。除了 SNARE 蛋白之外,膜融合还需要 Rab 蛋白的参与,在不同的囊泡转运过程中行使功能的 Rab 蛋白超过 30 种。这些蛋白能够结合 GTP 并将 GTP 水解,从而改变自己的构型,帮助囊泡与目标膜结合。

由于细胞物流系统的正常运作对细胞乃至有机体的健康实在是至关重要,上述的一系列过程都在严格的调控之下进行。而突触位置的囊泡运输又可谓是重中之重。托马斯·聚德霍夫致力于神经突触的研究。他发现了一种被称为突触结合蛋白的跨膜蛋白,这种蛋白是钙离子感受器,能够发动囊泡融合,释放神经递质。当受到刺激时,神经细胞内部的钙离子浓度会增加。一旦囊泡上的突触结合蛋白与钙离子结合,囊泡就会通过与 SNARE 等蛋白的相互作用,按需要快速或缓慢地释放神经递质。除了突触结合蛋白之外,聚德霍夫还发现了一系列 SNARE 蛋白成员(如 SNAP-25),以及包括 RIM 蛋白和 Munc 蛋白在内的、协助囊泡释放神经递质的

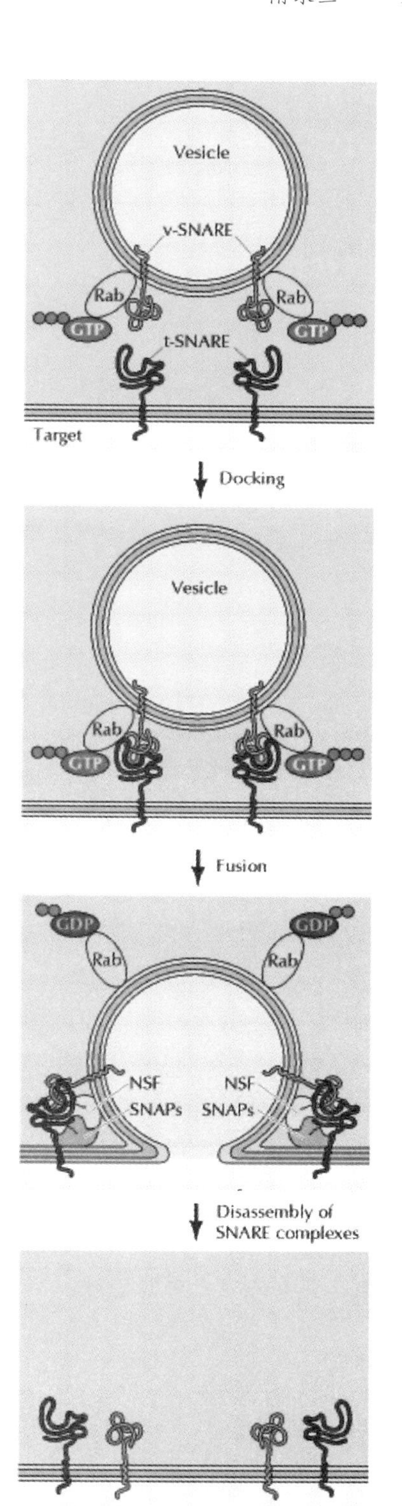

膜融合过程示意图。膜融合由特定的 V-SNARE(位于囊泡上)与 T-SNARE(位于目标膜上)蛋白结合介导。Rab 蛋白促进 V-SNARE/T-SNARE 复合体的形成。图片来源：www.ncbi.nlm.nih.gov

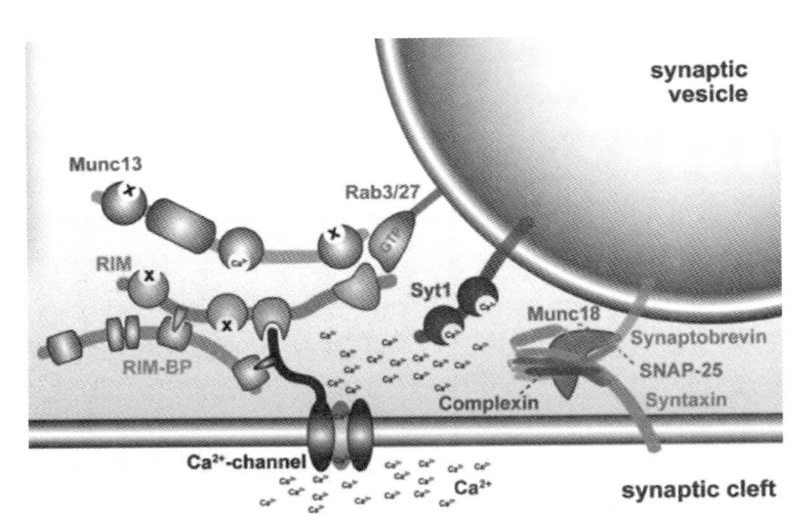

神经递质释放机制模型局部示意图。突触结合蛋白 Syt1 与钙离子结合，发动膜融合过程。图中所示为激活区主要蛋白(RIMs，Munc13s，RIM - BPs)的结构、钙离子通道以及已完成部分组装的SNARE 复合体(由囊泡相关膜蛋白 Synaptobrevin、SNAP - 25、突触融合蛋白 Syntaxin 组成)。图片来源：Thomas C. Südhof et al. 2011.Cell

蛋白质。这些发现支持并丰富了罗斯曼的 SNARE 假说，使得囊泡转运的分子机制越发明朗起来。

向细胞学习如何构建出色的物流管理系统也许离我们的生活有些远，但从囊泡转运过程洞察我们的健康状况，却是科学家们已经在做的事情。对很大一部分生理过程而言，囊泡转运系统的正常运作都是至关重要的。在包括一系列神经和免疫学疾病、糖尿病等疾病中，科学家们从患者身上观察到了的囊泡转运的缺陷。这些缺陷与这些疾病的具体关系一旦得以阐明，我们或许有可能找到攻克这些疾病的思路。这些未来的可能性，都建立在罗斯曼、谢克曼和聚德霍夫和无数科研人员在囊泡转运领域的探索之上。细胞能教给我们的事情还有很多很多，而科研人员的每一步探索，都是向生命求教，并向新生命提供知识与希望的过程。对此，我们也许应该心存感激。

参考资料：

1. 王金发.细胞生物学，科学出版社，2003：387 - 407.
2. O'Connor，C. M. & Adams，J. U. Essentials of Cell Biology. Cambridge，MA：NPG Education，2010，Unit 3.3.
3. Geoffrey M. Cooper. The Cell：A Molecular Approach. 2nd edition. Sunderland（MA）：Sinauer Associates，2000：416 - 420.
4. Kaeser PS，Deng L，Wang Y，Dulubova I，Liu X，Rizo J，Südhof TC. RIM proteins tether Ca2＋ channels to presynaptic active zones via a direct PDZ-domain interaction，Cell，2011，144：282 - 295.
5. Sollner T，Whiteheart W，Brunner M，Erdjument-Bromage H，Geromanos S，Tempst P，Rothman JE. SNAP receptor implicated in vesicle targeting and fusion，Nature，1993，362：318 - 324.
6. The University of Utah. Directing traffic：how vesicles transport cargo.

附录四

2013 年诺奖解读*

生理学或医学奖：囊泡运输的调控

撰文/李巍　鲍岚　孙坚原

2013 年 10 月 7 日，诺贝尔生理学或医学奖揭晓，该奖授予了发现细胞囊泡运输调控机制的 3 位科学家，分别是美国耶鲁大学细胞生物学系主任詹姆斯·罗斯曼（James E. Rothman）、美国加州大学伯克利分校分子与细胞生物学系教授兰迪·谢克曼（Randy W. Schekman）以及美国斯坦福大学分子与细胞生理学教授托马斯·聚德霍夫（Thomas C. Südhof）。

詹姆斯·罗斯曼，1976 年获得美国哈佛医学院博士学位。由于他与兰迪·谢克曼在囊泡运输研究领域的出色工作，曾分享 2002 年拉斯克奖基础医学奖。

兰迪·谢克曼，1974 年获得美国斯坦福大学博士学位，导师阿瑟·考恩伯格（Arthur Kornberg）为 1959 年诺奖得主。曾任《美国科学院院刊》（*PNAS*）主编，现担任 *eLife* 主编。1992 年当选美国国家科学院院士。

托马斯·聚德霍夫，1982 年获得德国哥廷根大学医学博士学位。曾在迈克尔·布朗（Michael Brown）和约瑟夫·戈登斯坦（Joseph Goldstein，这两人曾因发现“低密度脂蛋白受体内吞机制”获得 1985 年诺贝尔生理学或医学奖）指导下从事博士后研究。由于在突触前传递的分子机制的研究成果，他和理查德·舍勒分享了 2013 年拉斯克基础医学奖。

詹姆斯·罗斯曼

兰迪·谢克曼

托马斯·聚德霍夫

---

* 摘自《科学世界》，2013(11)：4－6。

什么是“囊泡”和“囊泡运输”?

生物膜构成了细胞及细胞器之间的天然屏障,使得一些重要的生命活动能在相对独立的空间内进行,由此产生了细胞之间、细胞器之间的物质、能量和信息交换的过程。细胞内的膜性细胞器之间的物质运输(如蛋白质、脂类),主要是通过囊泡完成的。囊泡是由单层膜所包裹的膜性结构,从几十纳米到数百纳米不等,主要司职细胞内不同膜性细胞器之间的物质运输,称之为囊泡运输。细胞内的囊泡有很多种,按结构特征,可以分为包被囊泡和无包被囊泡两类;按生理功能,可分为转运囊泡、储存囊泡、分泌囊泡等。通过囊泡运输的物质主要有两类,一类是囊泡膜上的膜蛋白和脂类等,参与细胞器的组成与特定的细胞功能(如细胞代谢和信号转导等),另一类是囊泡所包裹的内含物,如神经递质、激素、各种酶和细胞因子等,这些物质可参与蛋白质或脂类的降解或剪切功能等,或者分泌到细胞外,调节自身或其他细胞的功能。

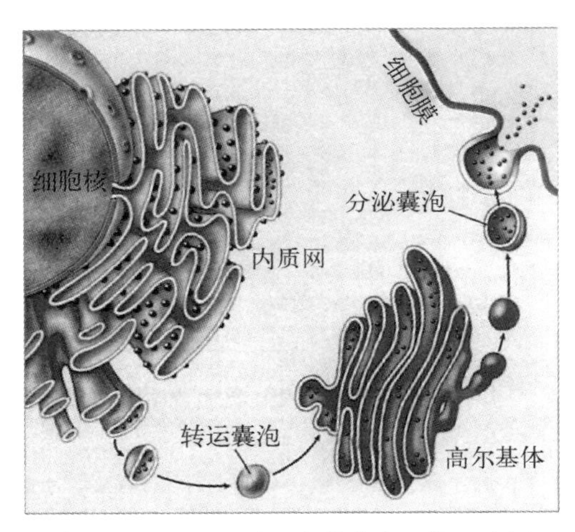

囊泡及蛋白分泌过程中的囊泡运输示意图

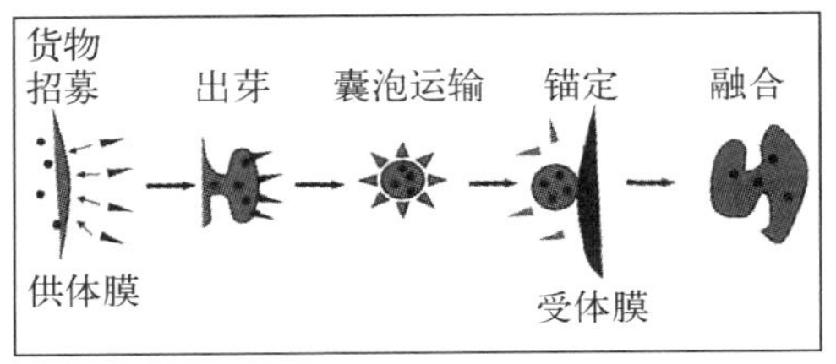

囊泡运输过程示意图

囊泡运输既是生命活动的基本过程,又是一个极其复杂的动态过程,在高等真核生物中尤其如此,涉及许多种类的蛋白质和调控因子。囊泡运输一般包括出芽、锚定和融合等过程,需要货物分子、运输复合体、动力蛋白和微管等的参与以及多种分子的调节。细胞内的囊泡运输系统,就好比一个城市的交通运输系统,各种具有动力(即动力蛋白)的不同车辆(即运输复合体)装载着所运输的不同货物(即囊泡上的货物分子),按照指定的行驶路线(即微管)抵达目的地后,完成货物的卸载。一个城市的良好交通运输状况,需要精细的交通控制(即调节分子)。如果控制得不好,某些地方就会出现交通拥堵,严重时整个城市的交通都会瘫痪。当类似情况出现在我们的细胞内时,这些细胞就无法实现正常功能,甚至会因此死亡。

在传统细胞生物学中,对各种细胞器的描述往往以静态结构为主。随着近年来活细胞成像、超高分辨显微成像等技术的发展,人们对细胞器的认识已上升到动态的层面,即各种类型的细胞器虽然分别局限在特定分区内完成细胞的某些生理功能，但细胞器之间也在发生不断的物质交换，以保障细胞器的稳态和发挥其正常功能。由此，细胞生物学家所面临的基本科学问题就是：细胞内经囊泡运输的成千上万种货物，究竟是怎样被标记和识别，再精确地运送到特定的地点并卸载的呢？（即囊泡运输过程是如何被精细地调控而有条不紊地进行的）。另外，一旦这个运输过程发生紊乱，对细胞又将产生什么样的后果？

囊泡运输引起科学家的关注，主要开始于 20 世纪 60 年代，乔治·帕拉德（George Palade）等发现，细胞分泌的蛋白需要先进入内质网，再到高尔基体，然后分泌到胞外。这个细胞分泌途径的重大发现，使他获得了 1974 年诺贝尔生理学或医学奖。尽管如此，这个分泌途径的细节并不清楚。1975 年，甘特尔·布洛贝尔（Gunter Blobel）进一步提出了分泌蛋白进入内质网的信号肽学说，并因此获得了 1999 年诺贝尔生理学或医学奖。

本次获奖的 3 位科学家，也都在这一领域做出了杰出的工作。

兰迪·谢克曼，他所领导的课题组以酵母为研究材料，通过遗传学筛查以及生物化学方法，发现了参与蛋白质分泌运输过程中经内质网到高尔基体运输过程中的 50 多个关键调控基因及其作用环节。而詹姆斯·罗斯曼，他的实验室主要以哺乳动物细胞为研究材料，着重阐明了一个特殊的蛋白质复合物 SNARE（可溶性 N-乙基马来酰亚胺敏感的融合蛋白附着蛋白受体）在囊泡锚定和融合中的作用机制。囊泡运输是所有细胞都具有的物质运输方式，神经细胞在囊泡运输研究中最具代表性，主要是因为神经细胞内存在着一种特殊类型的囊泡（突触囊泡），它参与了神经递质的释放。至于托马斯·祖德霍夫，他的实验室发现了触发突触囊泡融合的钙感受器（synaptotagmin），并证实它能快速准确地将钙信号传递到突触囊泡，通过与 SNARE 复合体等的作用，实现与细胞膜融合并释放神经递质，最终完成神经信息的传递。以这三个实验室具有代表性的工作为基础，囊泡运输出芽、锚定和融合等基本过程及其调节机制，得到了初步的揭示。

尽管作为“获奖大户”，“囊泡运输”这个研究领域已经收获了 4 次诺贝尔生理学或医学奖（1974 年、1985 年、1999 年和 2013 年，每隔 10 来年就获奖一次），但我们必须承认，目前人们对细胞内复杂而精细的交通运输系统的认识，仍然是初步的和框架性的，关于囊泡运输的更精细的调控机制，尚有待于进一步阐明。生物学家所面临的一个基本命题，仍然是细胞内高负荷的物质运输，如何保证其有条不紊、忙而不乱？其中，对于所运送货物的精确识别、定向运输以及目的地卸载，是囊泡运输的关键环节。现有的研究表明，细胞内可能存在精确调控货物分选与运送的一套指令，由货物分子、运输复合体、动力蛋白、运输轨道及相关调节因子共同组成，称之为“运输密码”。解码这套指令，对于理解细胞功能和生命活力至关重要。这有赖于多学科交叉（如物理、化学、生物等）和新技术发展（如新一代显微成像技术），以实现对细胞内的囊泡运输过程的实时和长时程监控。

这项发现的意义在哪里？

对细胞内囊泡运输机制的阐明，是理解细胞功能的基础。这项发现将促使人们更加以动态的观点去认识细胞及其功能。“生命在于运动”，没有囊泡运输，就没有细胞的活力，也就没有生命力。一个城市如果缺乏交通运输系统，就是一座死城；一个细胞如果缺乏囊泡运输系统，也只不过是一个“死”细胞了，这就是我们通常在图片上看到的静态细胞。科学家在已经解码DNA密码的基础上，发展出蛋白质组学、表观遗传组学等技术手段，对于基因组所编码的全套蛋白质的功能及其相互作用和调控规律有了更进一步的认识，从而构筑了蛋白质的工作网络。在此基础上，需要在细胞的动态变化这一更高的层面上来解析它们的工作方式，重点是解读囊泡运输的密码，这样才能更好地理解生命力的本质。此外，对于细胞内如此精密的交通运输控制机制的认识，是否对于我们现实生活中的城市交通运输管理也会产生有益的启示呢？

囊泡运输参与细胞多项重要的生命活动，如神经递质的释放及信息传递、激素分泌、天然免疫等，其运输障碍会导致多种细胞器发生缺陷和细胞功能紊乱，并与许多重大疾病（如神经退行性疾病、精神分裂症、糖尿病等代谢性疾病、感染与免疫缺陷、肿瘤等的发生发展）密切相关。研究细胞的囊泡运输，不仅会对细胞生物学的基础理论研究产生积极的推进作用，也将揭示一些影响人类健康的重大疾病机理，为其治疗提供新的策略或靶点，对人类健康产生重要和积极的影响。

附录五

Defining Network Topologies that Can Achieve Biochemical Adaptation*

Wenzhe Ma,[1,2,3] Ala Trusina,[2,3] Hana El-Samad,[2,4] Wendell A. Lim,[2,5,*] and Chao Tang[1,2,3,4,*]

[1] Center for Theoretical Biology, Peking University, Beijing 100871, China

[2] California Institute for Quantitative Biosciences

[3] Department of Bioengineering and Therapeutic Sciences

[4] Department of Biochemistry and Biophysics

[5] Howard Hughes Medical Institute and Department of Cellular and Molecular Pharmacology

University of California, San Francisco, CA 94158, USA

* Correspondence: lim@cmp.ucsf.edu (W.A.L.), chao.tang@ucsf.edu (C.T.)

DOI 10.1016/j.cell.2009.06.013

SUMMARY

Many signaling systems show adaptation — the ability to reset themselves after responding to a stimulus. We computationally searched all possible three-node enzyme network topologies to identify those that could perform adaptation. Only two major core topologies emerge as robust solutions: a negative feedback loop with a buffering node and an incoherent feedforward loop with a proportioner node. Minimal circuits containing these topologies are, within proper regions of parameter space, sufficient to achieve adaptation. More complex circuits that robustly perform adaptation all contain at least one of these topologies at their core. This analysis yields a design table highlighting a finite set of adaptive circuits. Despite the diversity of possible biochemical networks, it may be common to find that only a finite set of core topologies can execute a particular function. These design rules provide a framework for functionally classifying complex natural networks and a manual for engineering networks.

For a video summary of this article, see the PaperFlick file with the Supplemental Data available online.

---

* Reprinted from *Cell*, 2009, 138: 760-773.

INTRODUCTION

The field of systems biology is largely focused on mapping and dissecting cellular networks with the goal of understanding how complex biological behaviors arise. Extracting general design principles — the rules that underlie what networks can achieve particular biological functions — remains a challenging task, given the complexity of cellular networks and the small fraction of existing networks that have been well characterized. Nonetheless, growing evidence suggests the existence of design principles that unify the organization of diverse circuits across all organisms. For example, it has been shown that there are recurrent network motifs linked to particular functions, such as temporal expression programs (Shen-Orr et al., 2002), reliable cell decisions (Brandman et al., 2005), and robust and tunable biological oscillations (Tsai et al., 2008).

These findings suggest an intriguing hypothesis: despite the apparent complexity of cellular networks, there might only be a limited number of network topologies that are capable of robustly executing any particular biological function. Some topologies may be more favorable because of fewer parameter constraints. Other topologies may be incompatible with a particular function. Although the precise implementation could differ dramatically in different biological systems, depending on biochemical details and evolutionary history, the same core set of network topologies might underlie functionally related cellular behaviors (Milo et al., 2002; Wagner, 2005; Ma et al., 2006; Hornung and Barkai, 2008). If this hypothesis is correct, then one may be able to construct a unified function-topology mapping that captures the essential barebones topologies underpinning the function. Such core topologies may otherwise be obscured by the details of any specific pathway and organism. Such a map would help organize our ever-expanding database of biological networks by functionally classifying key motifs in a network. Such a map might also suggest ways to therapeutically modulate a system. A circuit function-topology map would also be invaluable for synthetic biology, providing a manual for how to robustly engineer biological circuits that carry out a target function.

To investigate this hypothesis, we have computationally explored the full range of simple enzyme circuit architectures that are capable of executing one critical and ubiquitous biological behavior — adaptation. We ask if there are finite solutions for achieving adaptation. Adaptation refers to the system's ability to respond to a change in input stimulus then return to its prestimulated output level, even when the change in input persists. Adaptation is commonly used in sensory and other signaling networks to expand the input range that a circuit is able to sense, to more accurately detect changes in

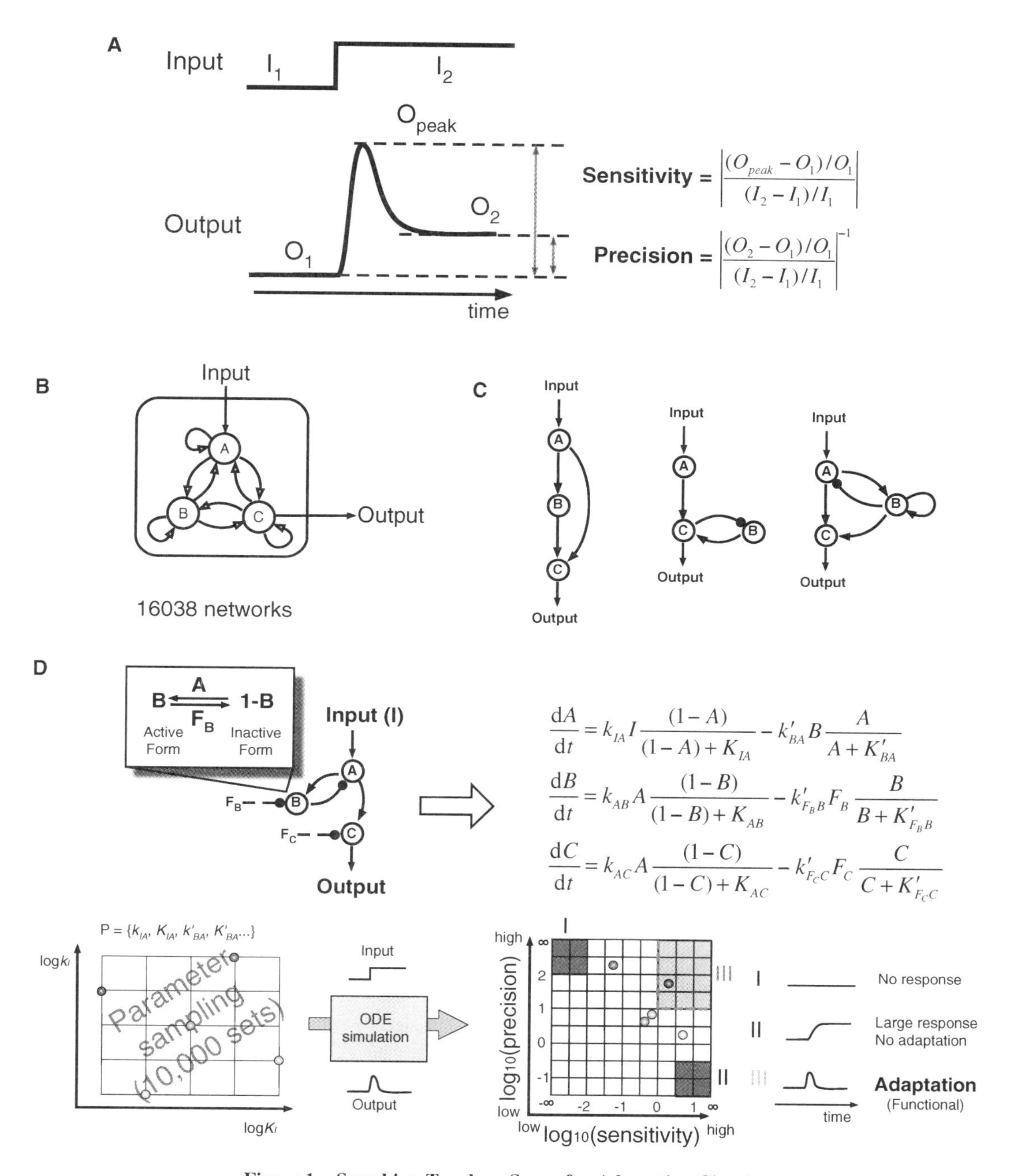

Figure 1 Searching Topology Space for Adaptation Circuits

(A) Input-output curve defining adaptation.

(B) Possible directed links among three nodes.

(C) Illustrative examples of three-node circuit topologies.

(D) Illustration of the analysis procedure for a given topology.

the input, and to maintain homeostasis in the presence of perturbations. A mathematical description of adaptation is diagrammed in Figure 1A, in which two characteristic quantities are defined: the circuit's sensitivity to input change and the precision of adaptation. If the system's response returns exactly to the prestimulus level (infinite precision), it is called the perfect adaptation. Examples of perfect or near perfect adaptation range from the chemotaxis of bacteria (Berg and Brown, 1972; Macnab and Koshland, 1972; Kirsch et al., 1993; Barkai and Leibler, 1997; Yi et al., 2000; Mello and Tu, 2003; Rao et al., 2004; Kollmann et al., 2005; Endres and Wingreen, 2006), amoeba (Parent and Devreotes, 1999; Yang and Iglesias, 2006), and neutrophils (Levchenko and Iglesias, 2002), osmo-response in yeast (Mettetal et al., 2008), to the sensor cells in higher organisms (Reisert and Matthews, 2001; Matthews and Reisert, 2003), and calcium homeostasis in mammals (El-Samad et al., 2002).

Here, instead of focusing on one specific signaling system that shows adaptation, we ask a more general question: What are all network topologies that are capable of robust adaptation? To answer this question, we enumerate all possible three-node network topologies (restricting ourselves to enzymatic nodes) and study their adaptation properties over a range of kinetic parameters (Figure 1B). We use three nodes as a minimal framework: one node that receives input, a second node that transmits output, and a third node that can play diverse regulatory roles. There are a total of 16,038 possible three-node topologies that contain at least one direct or indirect causal link from the input node to the output node. For each topology, we sampled a wide range of parameter space (10,000 sets of network parameters) and characterized the resulting behavior in terms of the circuit's sensitivity to input change and its ability to adapt. In all we have analyzed a total of $16{,}038 * 10{,}000 \approx 1.6 \times 10^8$ different circuits. This search resulted in an exhaustive circuitfunction map, which we have used to extract core topological motifs essential for adaptation. Overall, our analysis suggests that despite the importance of adaptation in diverse biological systems, there are only a finite set of solutions for robustly achieving adaptation. These findings may provide a powerful framework in which to organize our understanding of complex biological networks.

RESULTS

Searching for Circuits Capable of Adaptation

Adaptation is defined by the ability of circuits to respond to input change but to return to the prestimulus output level, even when the input change persists. Therefore, in this study we monitor two functional quantities for each network: the circuit's sensitivity to input stimulus and its adaptation precision (Figure 1A). *Sensitivity* is defined as the height of output response relative to the initial steady-state value. *Adaptation precision* represents the difference between the pre- and poststimulus steady states, defined here as the inverse of the relative error. We have limited ourselves to exploring circuits consisting of three interacting nodes (Figures 1B and 1C): one node that receives inputs (A), one node that transmits output (C), and a third node (B) that can play diverse regulatory roles. Although most biological circuits are likely to have more than three nodes, many of these cases can probably be reduced to these simpler frameworks, given that multiple molecules often function in concert as a single virtual node. By constraining our search to three-node networks, we are in essence performing a coarse-grained network search. This sacrifice in resolution, however, allows us to perform a complete search of the topological space.

For this analysis, we limited ourselves to enzymatic regulatory networks and modeled network linkages using Michaelis-Menten rate equations. As described in Experimental Procedures, each node in our model network has a fixed total concentration that can be interconverted between two forms (active and inactive) by other active enzymes in the network or by basally available enzymes. For example, a positive link from node A to node B indicates that the active state of enzyme A is able to convert enzyme B from its inactive to active state (see Figure 1D). If there is no negative link to node B from the other nodes in the network, we assume that a basal (nonregulated) enzyme would inactivate B. We used ordinary differential equations to model these interactions, characterized by the Michaelis-Menten constants (K_M's) and catalytic rate constants (k_{cat}'s) of the enzymes. Implicit in our analysis are assumptions that the enzyme nodes operate under Michaelis-Menten kinetics and that they are noncooperative (Hill coefficient = 1). In the Supplemental Experimental Procedures available online, section 10, we show that these assumptions do not significantly alter our results — similar results emerge when using mass action rate equations instead of Michaelis-Menten equations, or when using nodes of higher cooperativity.

Our analysis mainly focused on the characterization of the circuit's sensitivity and adaptation precision, which can be mapped on the two-dimensional sensitivity versus precision plot (Figure 1D). We define a particular circuit architecture/parameter configuration to be "functional" for adaptation if its behavior falls within the upper-right rectangle in this plot (the green region in Figure 1D) — these are circuits that show a strong initial response (sensitivity>1) combined with strong adaptation (precision>10). In most of our simulations we gave a nonzero initial input ($I_1=0.5$) and then changed it by 20% ($I_2=0.6$). The functional region corresponds to an initial output change of more than 20% and a final output level that is not more than 2% different from the initial output. Nonfunctional circuits fall into other quadrants of this plot, including circuits that show very little response (upper-left quadrant) and circuits that show a strong response but low adaptation (lower-right quadrant). For any particular circuit architecture, we focused on how many parameter sets can perform adaptation — a circuit is considered to be more robust if a larger number of parameter sets yield the behavior defined above.

To identify the network requirements for adaptation, we took two different but complementary approaches. In the first approach, we searched for the simplest networks that are capable of achieving adaptation, limiting ourselves to networks containing three or fewer links. We find that all circuits of this type that can achieve adaptation fall into two architectural classes: *n*egative *f*eed*b*ack *l*oop with a *b*uffering node (NFBLB) and *i*ncoherent *f*eed*f*orward *l*oop with a *p*roportioner node (IFFLP). In the second approach, we searched all possible 16,038 three-node networks (with up to nine links) for architectures that can achieve adaptation over a wide range of parameters. These two approaches converge in their conclusions: the more complex robust architectures that emerge are highly enriched for the minimal NFBLB and IFFLP motifs. In fact all adaptation circuits contain at least one of these two motifs. The convergent results indicate that these two architectural motifs present two classes of solutions that are necessary for adaptation.

Identifying Minimal Adaptation Networks

We started by examining the simplest networks capable of achieving adaptation (defined as sensitivity >1 and precision >10) for any of their parameter sets. For networks composed of only two nodes (an input receiving node A and output transmitting node C, with no third regulatory node), there are 4 possible links and 81 possible networks, none of which is capable of achieving adaptation for the parameter space that we scanned (Figure S1).

Next, we examined minimal three-node topologies with only three or fewer links between nodes (maximally complex three-node topologies contain nine links). None of the two-link, three-node networks were capable of adaptation (Figure S2) — the minimal number of links for this to be functional is three. The simplest topologies capable of adaptation, under at least some parameter sets, are eleven three-node, three-link networks. These network architectures are listed in Figure 2 along with examples of the distribution of sensitivity/precision behaviors for the 10,000 parameter sets that were searched (see also Figure S3). An architecture is considered capable of adaptation if this distribution extends into the upper-right quadrant (high sensitivity, high precision). The

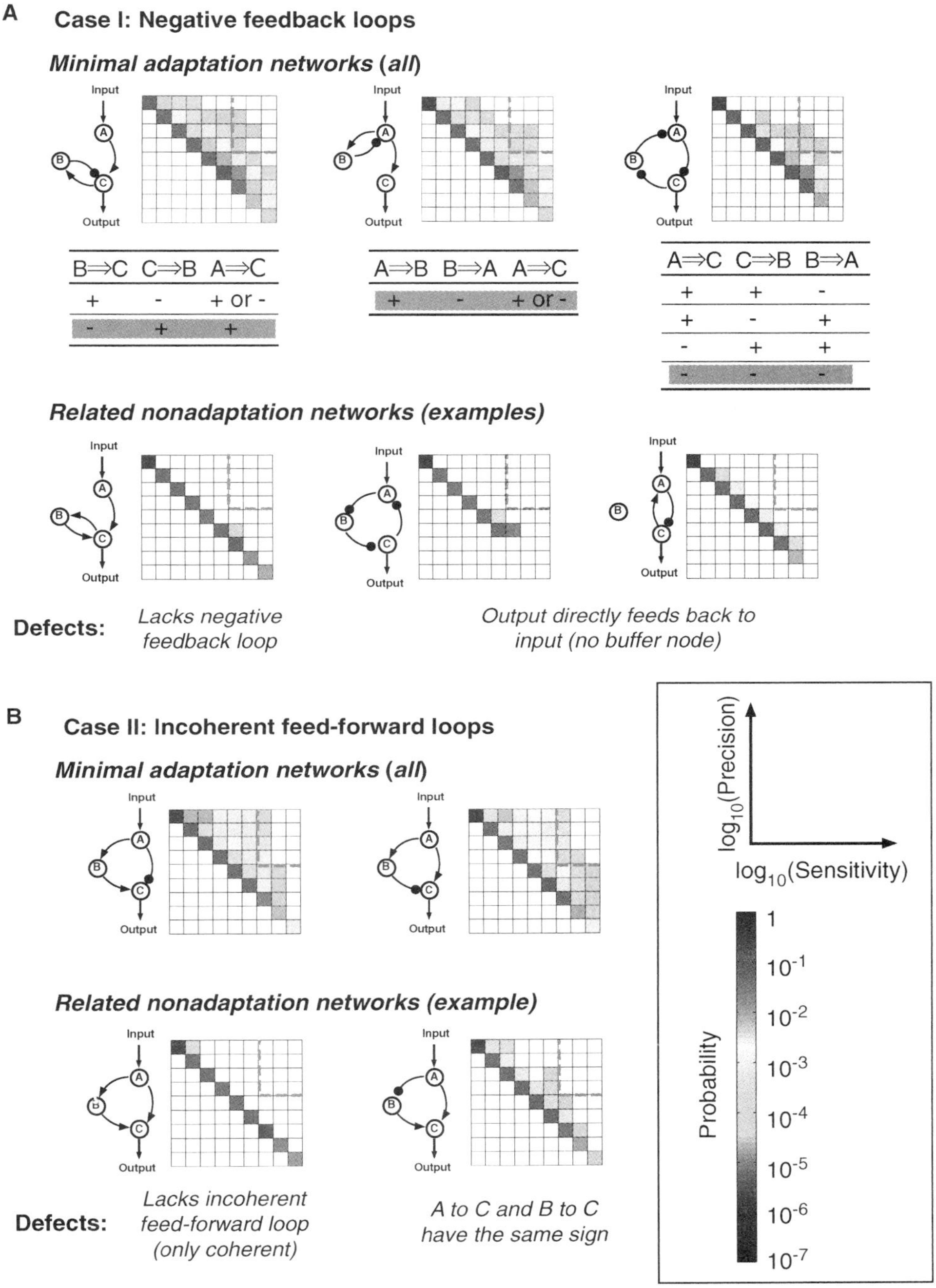

A Case I: Negative feedback loops

Minimal adaptation networks (all)

Input Output

B⇒C	C⇒B	A⇒C
+	-	+ or -
-	+	+

A⇒B	B⇒A	A⇒C
+	-	+ or -

A⇒C	C⇒B	B⇒A
+	+	-
+	-	+
-	+	+
-	-	-

Related nonadaptation networks (examples)

Input Output

Defects: *Lacks negative feedback loop* *Output directly feeds back to input (no buffer node)*

B Case II: Incoherent feed-forward loops

Minimal adaptation networks (all)

Input Output

Related nonadaptation networks (example)

Input Output

Defects: *Lacks incoherent feed-forward loop (only coherent)* *A to C and B to C have the same sign*

$\log_{10}$(Precision) $\log_{10}$(Sensitivity)

Probability 1 10^{-1} 10^{-2} 10^{-3} 10^{-4} 10^{-5} 10^{-6} 10^{-7}

Figure 2 Minimal Networks (≤3 Links) Capable of Adaptation

(A) Adaptive networks composed of negative feedback loops. Three examples of adaptation networks are shown in the upper panel. Each is one member (shaded) of a group of similar adaptation networks, whose signs of regulations are listed underneath. For comparison, three examples of nonadaptive networks are shown in the low panel, with their "defects" for adaptation function listed underneath.

(B) Adaptive networks composed of incoherent feedforward loops. The only two minimal adaptation networks in this case are shown in the lower panel. Examples of nonadaptive networks are shown in the lower panel.

common features of the networks capable of adaptation are either a single negative feedback loop or a single incoherent feedforward loop. Here, we define a negative feedback loop as a topology whose links, starting from any node in the loop, lead back to the original node with the cumulative sign of regulatory links within the loop being negative. We define an incoherent feedforward loop as a topology in which two different links starting from the input-receiving node both end at the output-transmitting node, with the cumulative sign of the two pathways having different signs (one positive and one negative). The first row of Figure 2 shows several examples of three-link, three-node networks capable of adaptation; the second row shows related counter parts that cannot achieve adaptation. Overall incoherent feedforward loops appear to perform adaptation more robustly than negative feedback loops — they are capable of higher sensitivity and higher precision as indicated by the larger distribution of sampled parameters that lie in the upper-right corner of the sensitivity/precision plot.

While it not surprising that positive feedback loops cannot achieve adaptation (Figure 2A), it is interesting to note that negative feedback loop topologies differ widely in their ability to perform adaptation (Figure 2A, lower panel). Notably, there is only one class of simple negative feedback loops that can robustly achieve adaptation. In this class of circuits, the output node must not directly feedback to the input node. Rather, the feedback must go through an intermediate node (B), which serves as a buffer. The importance of this buffering node will be discussed in detail later.

Among feedforward loops (Figure 2B), coherent feedforward is clearly very poor at adaptation (Figure 2B, lower panel). The three incoherent feedforward loops in Figure 2B also differ drastically in their performance. Of these, only the circuit topology in which the output node C is subject to direct inputs of opposing signs (one positive and one negative) appears to be highly preferred. As will be seen later, the reason this architecture is preferred is because the only way for an incoherent feedforward loop to achieve robust adaptation is for node B to serve as a proportioner for node A — i.e., node B is activated in proportion to the activation of node A and to exert opposing regulation on node C.

Key Parameters in Minimal Adaptation Networks

Two major classes of minimal adaptive networks emerge from the above analysis: one type of negative feedback circuits and one type of incoherent feedforward circuits. Why are these two classes of minimal architectures capable of adaptation? Here we examine their underlying mechanisms, as well as the parameter conditions that must be met for adaptation.

Negative Feedback Loop with a Buffer Node

The NFBLB class of topologies has multiple realizations in threenode networks (Figure 2A), all featuring a dedicated regulation node "B" that functions as a "buffer." We show how the motif works by analyzing a specific example (Figure 3A), which has a negative feedback loop between regulation node B and outputtransmitting node C.

The mechanism by which this NFBLB topology adapts and achieves a high sensitivity can be unraveled by the analysis of the kinetic equations

$$\begin{aligned} \frac{\mathrm{d}A}{\mathrm{d}t} &= IK_{IA}\frac{(1-A)}{(1-A)+K_{IA}} - F_A K'_{FAA}\frac{A}{A+K'_{FAA}} \\ \frac{\mathrm{d}B}{\mathrm{d}t} &= CK_{CB}\frac{(1-B)}{(1-B)+K_{CB}} - F_B K'_{FBB}\frac{B}{B+K'_{FBB}} \\ \frac{\mathrm{d}C}{\mathrm{d}t} &= AK_{AC}\frac{(1-C)}{(1-C)+K_{AC}} - BK'_{BC}\frac{C}{C+K'_{BC}} \end{aligned} \tag{1}$$

where F_A and F_B represent the concentrations of basal enzymes that carry out the reverse reactions on nodes A and B, respectively (they oppose the active network links that activate A and B). In this circuit, node A simply functions as a passive relay of the input to node C; the circuit would work in the same way if the input were directly acting on node C (just replacing A with I in the third equation of Equation 1). Analyzing the parameter sets that enabled this topology to adapt indicates that the two constants K_{CB} and K'_{FBB} (Michaelis—Menten constants for activation of B by C and inhibition of B by the basal enzyme) tend to be small, suggesting that the two enzymes acting on node B must approach saturation to achieve adaptation. Indeed, it can be shown that in the case of saturation this topology can achieve perfect adaptation. Under saturation conditions, i.e., $(1-B) >> K_{CB}$ and $B >> K'_{FBB}$, the rate equation for B can be approximated by the following:

$$\frac{\mathrm{d}B}{\mathrm{d}t} = CK_{CB} - F_B K'_{FBB}. \tag{2}$$

The steady-state solution is

$$C^* = F_B K'_{FBB}/K_{CB}, \tag{3}$$

which is independent of the input level I. The output C of the circuit can still transiently respond to changes in the input (see the first and the third equations in Equation 1) but eventually settles to the same steady state determined by Equation 3. Note that Equation 2 can be rewritten as

$$\frac{\mathrm{d}B}{\mathrm{d}t} = K_{CB}(C - C^*),$$

$$B = B^{*}(I_0) + K_{CB}\int_0^t (C - C^{*})\mathrm{d}\tau. \tag{4}$$

Thus, the buffer node B integrates the difference between the output activity C and its input-independent steady-state value. Therefore, this NFBLB motif, node C—| node B→node C, implements integral control — a common mechanism for perfect adaptation in engineering (Barkai and Leibler, 1997; Yi et al., 2000). All minimal NFBLB topologies use the same integral control mechanism for perfect adaptation.

The parameter conditions required for more accurate adaptation and higher sensitivity can also be visualized in the phase planes of nodes B and C (Figure 3A). The nullclines for nodes B and C ($\mathrm{d}B/\mathrm{d}t=0$ and $\mathrm{d}C/\mathrm{d}t=0$, respectively) are shown for two different input values. For this topology, only the C nullcline (red curve) depends explicitly on the input through A (Equation 1). The B nullcline (black curve) does not depend on A. The steady state of the system is given by the intersection of the B and C nullclines. Thus, the change in steady state for any input change is only determined by the movement of the input-dependent C nullcline (e.g., dashed red curve in Figure 3A). The adaptation precision is therefore directly related to the flatness of the B nullcline near the intersection of the two nullclines. The smaller the dependence of C on B, the smaller the adaptation error. One way to achieve a small dependence of C on B, or equivalently a sharp dependence of B on C, in an enzymatic cycle is through the zeroth order ultrasensitivity (Goldbeter and Koshland, 1984), which requires the two enzymes regulating the node B to work at saturation. This is precisely the condition leading to Equation 2. All NFBLB minimal topologies have similar nullcline structures and their adaptation is related to the zeroth order ultrasensitivity in a similar fashion.

The ability of the network to mount an appropriate transient response to the input change before achieving steady-state adaptation depends on the vector fields ($\mathrm{d}B/\mathrm{d}t$, $\mathrm{d}C/\mathrm{d}t$) in the phase plane (green arrows, Figure 3). A large response, corresponding to sensitive detection of input changes, is achieved by a large excursion of the trajectory along the C axis. This in turn requires a large initial $|\mathrm{d}C/\mathrm{d}t|$ and a small initial $|\mathrm{d}B/\mathrm{d}t|$ near the prestimulus steady state. For this class of topologies, this can be achieved if the response time of node C to the input change is faster than the adaptation time. The response time of node C is set by the first term in the $\mathrm{d}C/\mathrm{d}t$ equation — faster response would require a larger k_{AC}. The timescale for adaptation is set by the equation for node B and the second term of the equation for node C — slower adaptation time would require a smaller k'_{BC}/K'_{BC} and/or a slower timescale for node B. This illustrates an important uncoupling of adaptation precision and sensitivity: once the Michaelis-Menten constants are tuned to achieve operation in the saturated regimes, the timescales of the system can

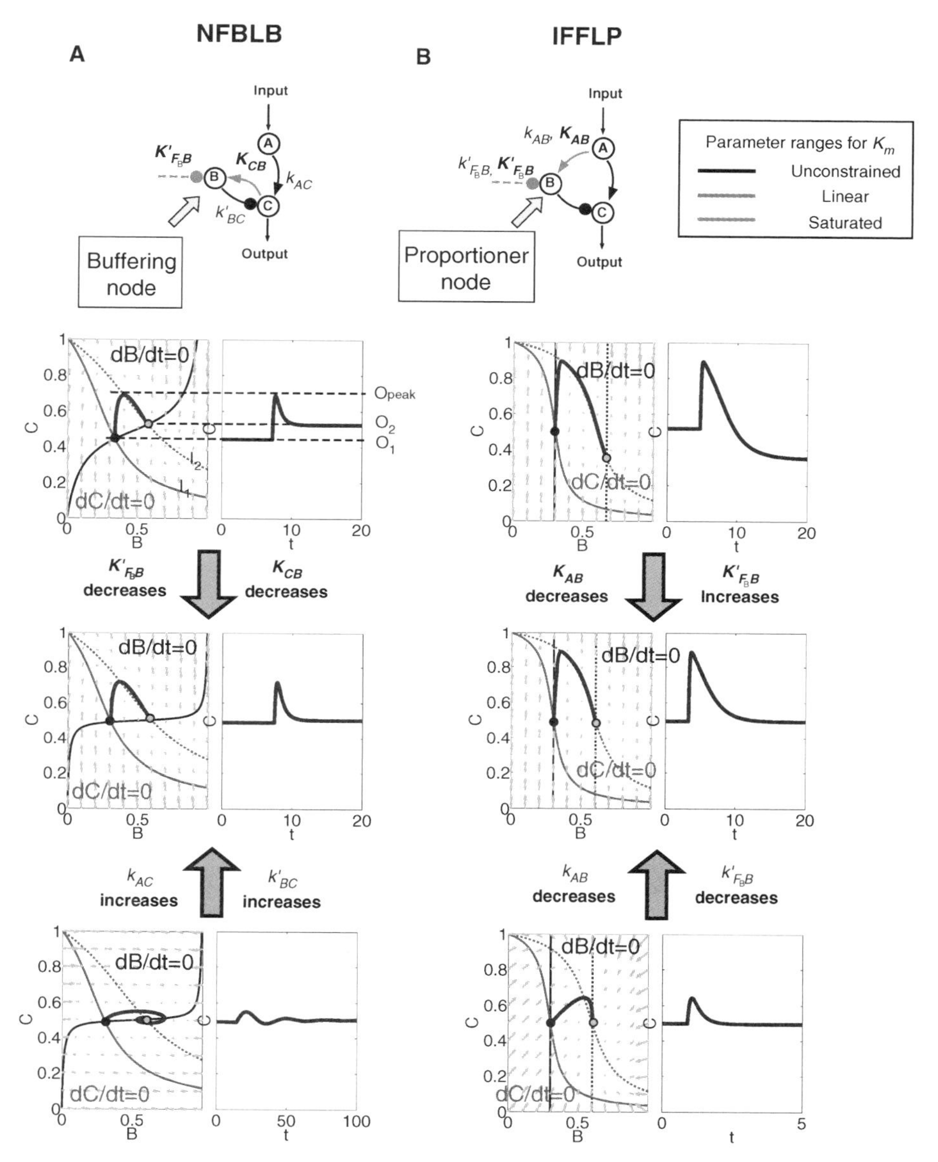

Figure 3 Phase Diagram and Nullcline Analysis of Representative Networks from the Two Classes of Minimal Adaptive Topologies

The two networks are shown on the top with the key regulations colored to indicate the parameter constraints for achieving perfect adaptation.

(A) Phase planes of the variables B and C for a NFBLB topology. The B nullclines are drawn in black lines and C nullclines in red (solid red for the initial input I_1 and dashed red for the changed input I_2). The steady states with input I_1 and I_2 are the intersections of the nullclines and are highlighted by black and gray dots, respectively. When the input is changed from I_1 to I_2, the trajectory (blue lines) of the system variables follows the vector field ($\mathrm{d}B/\mathrm{d}t$, $\mathrm{d}C/\mathrm{d}t$) (with input I_2), which is denoted by the green arrows. The trajectory's projection on the C axis is the system's output and is shown separately right next to the phase plane. (Refer to Figure 1A for the functional meaning of O_1, O_2, and O_{peak}.) Two sets of key parameters (K_M's on B) are used to illustrate their effect on adaptation precision: $K'_{F_BB}=0.1$ and $K_{CB}=0.1$ for the top panel and $K'_{F_BB}=0.01$ and $K_{CB}=0.01$ for the middle and lower panels. Two sets of rate constants are used to illustrate their effect on sensitivity: $k_{AC}=10$ and $k'_{BC}=10$ for the top and the middle panels and $k_{AC}=0.1$ and $k'_{BC}=0.1$ for the lower panel.

(B) Phase planes for an IFFLP topology. $K'_{F_BB}=1$ and $K_{AB}=0.1$ for the top panel. $K'_{F_BB}=100$ and $K_{AB}=0.001$ for the middle and the lower panels. $k_{AB}=0.5$ and $k'_{F_BB}=10$ for the top and the middle panels. $k_{AB}=100$ and $k'_{F_BB}=2\,000$ for the lower panel.

be independently tuned to modulate the sensitivity of the system to input changes.

Incoherent Feedforward Loop with a Proportioner Node

The other minimal topological class sufficient for adaptation is the incoherent feedforward loop with a proportional node (IFFLP) (Figure 2B). In an incoherent FFL, the output node C is subject to two regulations both originating from the input but with opposing cumulative signs in the two pathways. There are two possible classes of incoherent FFL architectures, but only one is able to robustly perform adaptation (Figure 2B, upper panel): the functional architectures all have a "proportioner" (node B) that regulates the output (node C) with the opposite sign as the input to C. We denote this class IFFLP.

The IFFLP topology achieves adaptation by using a different mechanism from that of the NFBLB class. Rather than monitoring the output and feeding back to adjust its level, the feedforward circuit "anticipates" the output from a direct reading of the input. node B monitors the input and exerts an opposing force on node C to cancel the output's dependence on the input. For the IFFLP topology shown in Figure 3B, the kinetic equations are as follows:

$$\begin{aligned}\frac{\mathrm{d}A}{\mathrm{d}t} &= IK_{IA}\frac{(1-A)}{(1-A)+K_{IA}} - F_A k'_{FAA}\frac{A}{A+K'_{FAA}} \\ \frac{\mathrm{d}B}{\mathrm{d}t} &= Ak_{AB}\frac{(1-B)}{(1-B)+K_{AB}} - F_B k'_{FBB}\frac{B}{B+K'_{FBB}} \\ \frac{\mathrm{d}C}{\mathrm{d}t} &= Ak_{AC}\frac{(1-C)}{(1-C)+K_{AC}} - Bk'_{BC}\frac{C}{C+K'_{BC}}.\end{aligned} \tag{5}$$

The adaptation mechanism is mathematically captured in the equation for node C: if the steady-state concentration of the negative regulator B is proportional to that of the positive regulator A, the equation determining the steady-state value of C, $\mathrm{d}C/\mathrm{d}t=0$, would be independent of A and hence of the input I. In this case, the equation for node B generates the condition under which the steady-state value B^* would be proportional to A^*: the first term in $\mathrm{d}B/\mathrm{d}t$ equation should depend on A only and the second term on B only. The condition can be satisfied if the first term is in the saturated region ($(1-B)\gg K_{AB}$) and the second in the linear region ($B\ll K'_{FBB}$), leading to

$$B^* = A^* \cdot k_{AB}K'_{FBB}/(F_B k'_{FBB}). \tag{6}$$

This relationship, established by the equation for node B, shows that the steady-state concentration of active B is proportional to the steady-state concentration of active A. Thus B will negatively regulate C in proportion to the degree of pathway input. This effect of B acting as a proportioner node of A can be graphically gleaned from the plot of the B and C nullclines (Figure 3B). In this case, maintaining a constant C^* requires the B nullcline to move the same distance as the C nullcline in response to an input change. Here again, the sensitivity of the circuit (the magnitude of the transient response) depends on the ratio of the speeds of the two signal transduction branches: A→C and A→B —| C, which can be independently tuned from the adaptation precision.

Analysis of All Possible Three-Node Networks: An NFBLB or IFFLP Architecture Is Necessary for Adaptation

The above analyses focused on minimal (less than or equal to three links) three-node networks and identified simple architectures that are sufficient for adaptation. But are these architectures also necessary for adaptation? In other words, are the identified minimal architectures the foundation of all possible adaptive circuits, or are there more complex higher-order solutions that do not contain these minimal topologies? To investigate this question, we expanded our study to encompass all possible three-node networks, each with combinations of up to nine intra-network links. Again, for each network architecture, we sampled 10,000 possible parameter sets. Figure 4A shows a comprehensive map of the functional space, expressed as the distribution of all topologies and all sampled parameter sets on the sensitivity/precision plot. Only the regions above the diagonal are occupied, since by definition sensitivity cannot be lower than adaptation error (Experimental Procedures). The vast majority of the circuits lie on the diagonal where sensitivity=1/error. This very common functional behavior is simply a *monotonic* change of the output in response to the input change, a hallmark of a direct, nonadaptive signal transduction response. The distribution plot quickly drops off away from the diagonal as the number of circuits with increasing sensitivity and/or adaptation precision drops. Overall, only 0.01% of all 1.6×10^8 possible architecture/parameter sets fall within the upper-right corner of the plot in Figure 4A — i.e., those circuits that can achieve both high sensitivity and high adaptation precision. We are interested in topologies that are overrepresented in these regions. By overrepresentation, we require that the topology be mapped to this region more than 10 times when sampled with 10,000 parameter sets. There are 395 out of 16,038 such topologies.

Analysis of these 395 robust topologies shows that they are overrepresented with feedback and feedforward loops (Supplemental Experimental Procedures, section 4). Strikingly, all 395 topologies contain at least one NFBLB or IFFLP motif (or both) (Figure 4B). These results indicate that at least one of these motifs is necessary for adaptation.

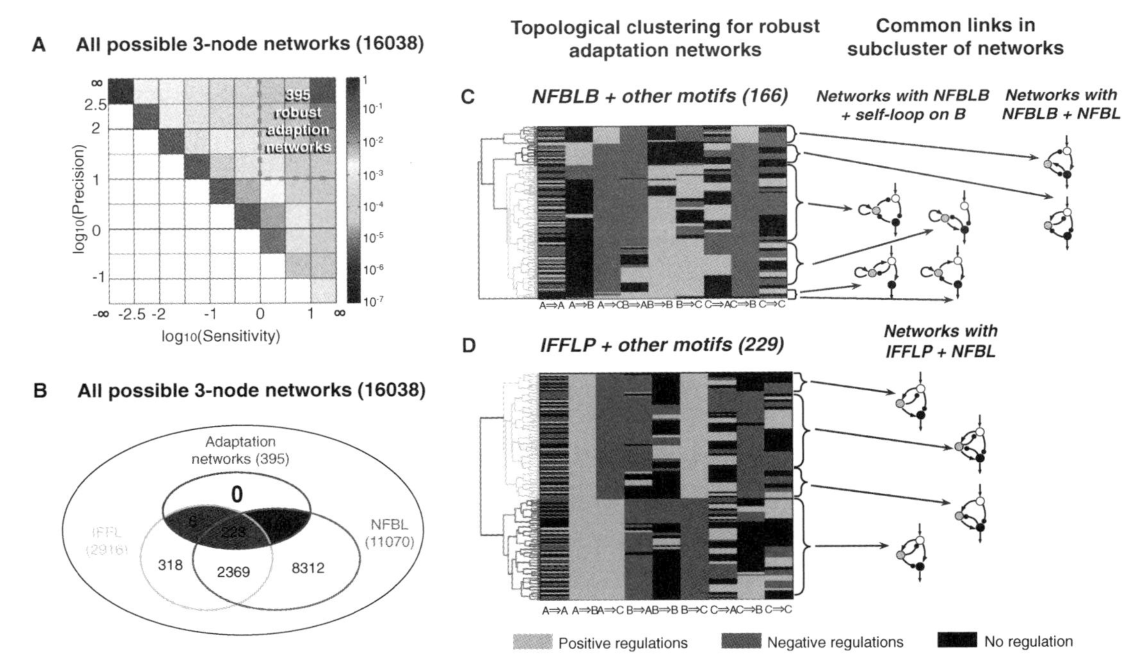

Figure 4 Searching the Full Circuit-Space for All Robust Adaptation Networks

(A) The probability plot for all 16,038 networks with all the parameters sampled. Three hundred and ninety-five networks are overrepresented in the functional region shown by the orange rectangle.

(B) Venn diagram of networks with three characters: adaptive, containing negative FBL, and containing incoherent FFL.

(C) Clustering of the adaptation networks that belong to the NFBLB class. The network motifs associated with each of the subclusters are shown on the right.

(D) Clustering of adaptation networks that belong to the IFFLP class.

Motif Combinations that Improve Adaptation

Comparing the sensitivity/precision distribution plot of all networks (Figure 4A) with that of the minimal networks (Figure 2), it is clear that some of the more complex topologies occupy a larger functional space than the minimal topologies. We wanted to investigate what additional features can improve the functional performance in these networks. To address this question, we separated the 395 adaptation networks into the two categories, NFBLB and IFFLP. We then clustered the networks within each category using a pair-wise distance between networks. The results, shown in Figures 4C and 4D, clearly indicate the presence of common structural features (subclusters) in each category, some of which are shown on the righthand side in the figure. One striking feature shared by some of the more complex adaptation networks in the NFBLB category is a positive self-loop on the node B in the case where the other regulation on B is negative. This type of topology, with a saturated positive self-loop on B and linear negative regulation from other nodes, implements a special type of integral control to achieve perfect adaptation — here the Log (B), rather than B itself, is the integrator (Supplemental Experimental Procedures, section 5). Another common feature of the more complex networks, which is present in both categories, is the presence of additional negative feedback loops that go through node B. We found that this feature also enhances the performance — the networks with more such negative feedback loops have larger Q values (defined as the number of sampled parameter sets that yield the target adaptation behavior) than the minimal networks (Supplemental Experimental Procedures, section 12).

Analytic Analysis: Two Classes of Adaptation Mechanisms

In order to elucidate all possible adaptation mechanisms for more complex networks, we analyzed analytically the structure of the steady-state equations for three-node networks. The steady-state equations for any three-node network in our model can be written as $\mathrm{d}A/\mathrm{d}t = f_A(A^*, B^*, C^*, I) = 0$, $\mathrm{d}B/\mathrm{d}t = f_B(A^*, B^*, C^*) = 0$ and $\mathrm{d}C/\mathrm{d}t = f_C(A^*, B^*, C^*) = 0$, where A^*, B^*, and C^* are the steadystate values of the three nodes, and f_A, f_B, and f_C represent the Michaelis-Menten terms contributing to the production/decay rate of A, B, and C, respectively. In response to a small change in the input: $I \rightarrow I + \Delta I$, the steady state changes to $A^* + \Delta A^*$, $B^* + \Delta B^*$, and $C^* + \Delta C^*$, correspondingly. The conditions for perfect adaptation, $\Delta C^* = 0$, can then be obtained by analyzing the linearized steady-state equations. We refer the reader to Supplemental Experimental Procedures (section 6) for technical details and only summarize the main results below (as schematically illustrated in Figure 5).

These analyses again indicate that there are only two ways to achieve robust perfect adaptation without fine-tuning of parameters. The first requires one or more negative feedback loops but occludes the simultaneous presence of feedforward loops in the network (Figure 5B). In this category, the node B is required to function as a feedback "*buffer*," i.e., its rate change does not depend directly on itself ($\partial f_B/\partial B = 0$) at steady state. This implies that f_B either does not explicitly depend on B ($f_B = g(A, C)$) or takes a form of $f_B = B \times g(A, C)$ so that the steady-state condition $g(A^*, C^*) = 0$ guarantees that $\partial f_B/\partial B = 0$ at steady state. In either case, within the Michaelis-Menten formulation, the steady-state condition for B, $g(A^*, C^*) = 0$, establishes a mathematical constraint $\alpha A^* + \gamma C^* + \delta = 0$ that is satisfied by A^* and/or C^*, with α, γ, and δ constant. This equation plays a key role in setting the steady-state value C^* to be independent of the input. All the minimal adaptation networks in the NFBLB class discussed before are simple examples of this case. In particular, the minimal network analyzed in Figure 3A is characterized by $f_B = g(C)$ when both enzymes on B work in saturation. Hence, the

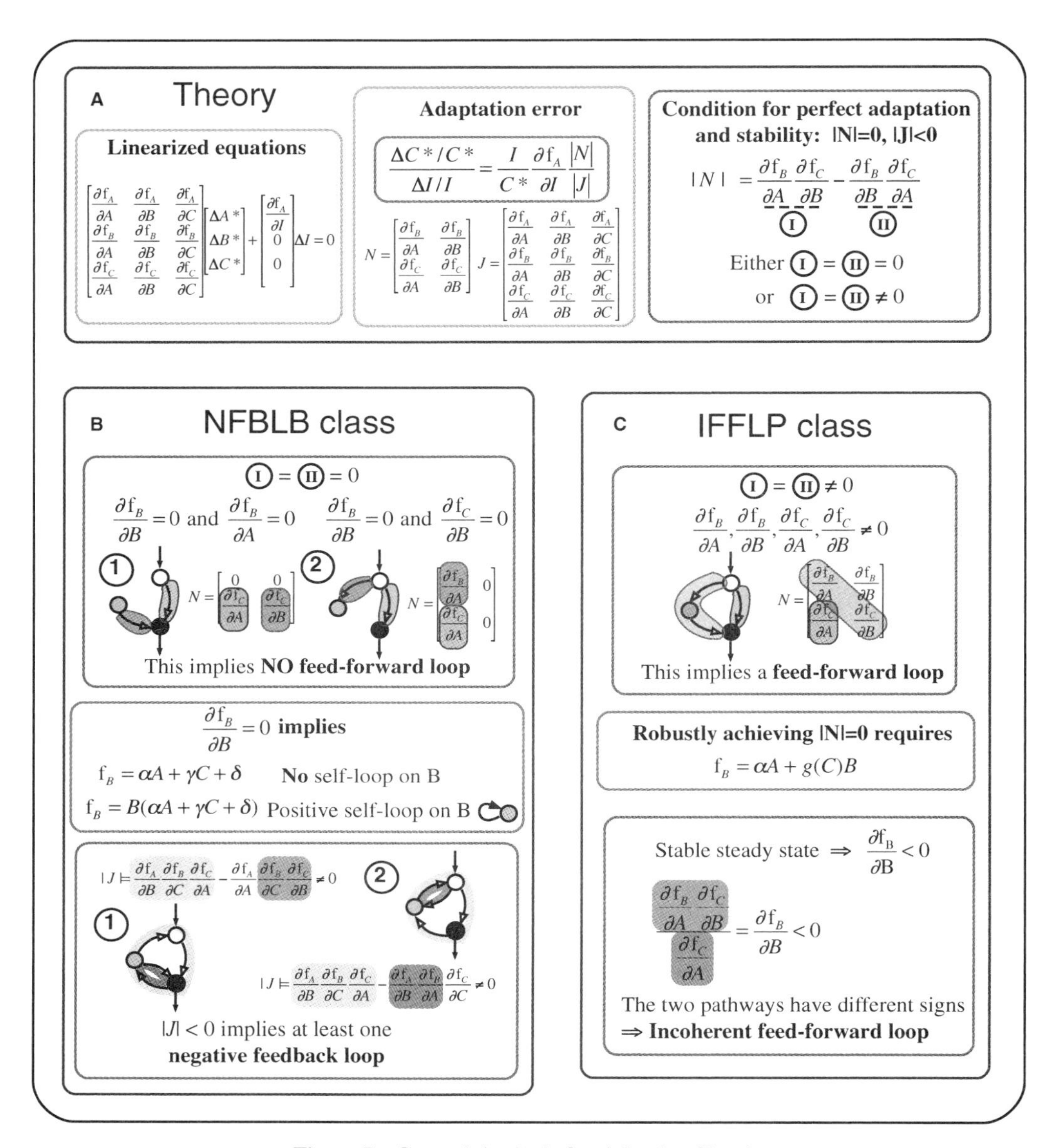

Figure 5 General Analysis for Adaptive Circuits

(A) Relevant equations. The steady-state output change ΔC^* with respect to the input change ΔI can be derived from the linearized steady-state equations. A zero adaptation error around a stable steady state requires a zero minor $|N|$ and a nonzero determinant $|J|<0$. There are two terms I and II in $|N|$, and $|N|=0$ implies either both terms are zero or they are equal but nonzero. We are only interested in robust adaptation, i.e., the cases where the condition leading to $|N|=0$ holds within a range of parameters and input values.

(B) NFBLB class of adaptive circuits (I=II=0). In this category $\partial f_C/\partial A\neq 0$, which means that there is always a link from node A to node C. (Otherwise, there would be no direct or indirect path from A to C.) Then II=0 implies that $\partial f_B/B$ is always zero. I=0 implies that at least one of $\partial f_B/\partial A$ and $\partial f_C/\partial B$ is zero. This condition implies that there is no feedforward loop in this category. In our enzymatic model $\partial f_B/\partial B=0$ can be robustly achieved either by saturating the enzymes on the node B so that f_B does not depend on B explicitly or by adding a positive self-loop on node B so that the dependence of f_B on B can be factored out. An example of the latter is when node B is regulated by itself positively and by C negatively, so that $f_B=k_{BB}B(1-B)/(1-B+K_{BB})-k'_{CB}CB/(B+k'_{CB})\approx k_{BB}B-k'_{CB}CB/=k'_{CB}=B(k_{BB}-k'_{CB}/k'_{CB}C$, in the limits $(1-B)\gg K_{BB}$ and $B\ll K'_{CB}$. The terms in the determinant $|J|$ correspond to different feedback loops as colored in the figure. Thus, there should be at least one, but can be two, negative feedback loops in this category. (C) IFFLP class (I=II≠0). In this category, none of the factors in $|N|$ are zero. This implies the presence of the links colored in the figure and hence a FFL. The condition for $|N|=0$ can be robustly satisfied if the FFL exerts two opposing but proportional regulations on C. The proportionality relationship can be established by f_B taking the form shown in the figure.

steady-state equation for the node B reduces to $\gamma C^* + \delta = 0$ (Equation 3). The case in which $f_B = B \times g(A, C)$ corresponds to adaptation networks in which node B has a positive self-loop.

The other way to achieve robust perfect adaptation requires an incoherent feedforward loop, but in this case *allowing* for other feedback loops in the network (Figure 5, panel C). In this category, $\partial f_B / \partial B \neq 0$ and the condition for robust perfect adaptation implies a form of f_B to be $f_B = \alpha A + g(C)B$. The steady-state condition $f_B = 0$ establishes a proportionality relationship between B and A: $B^* = G(C^*)A^*$, where G is a nonzero function of C^*. Thus, the node B here is required to function as a "proportioner." All minimal adaptation networks in the IFFLP class are special cases of this category. For example, the network in Figure 3B sets $B^* = \text{constant} \times A^*$ (Equation 6).

Therefore, the above analyses indicate that all robust adaptation networks should fall into one of these two categories, which can be viewed as the generalization of the two classes of the minimal topologies for adaptation. Indeed, we found that all 395 robust adaptation networks can be classified based on their membership of the broad NFBLB and IFFLP categories (indicated by the two different colors in Figure 4B).

Design Table of Adaptation Circuits

Our results can be concisely summarized into a design table for adaptation circuits, as exemplified in Figure 6. Overall, there are two architectural classes for adaptation: NFBLB and IFFLP.

In each class, the minimal networks are sufficient for perfect adaptation. These minimal networks also form the topological core for the more complex adaptation networks that, with additional characteristic motifs, can exhibit enhanced performance. Figure 6 illustrates three examples in which such motifs can be added to minimal networks to generate networks of increasing complexity and increasing robustness (Q values).

Let us first focus on the example shown in the middle column of Figure 6. On the top is a minimal network in the NFBLB class. Adding one C —| B link (or equivalently, adding one more negative feedback loop) to the minimal network results in a network with two negative feedback loops that go through the control node B that has a larger Q value. Note that no more negative feedback loops that go through B can be added to the network without creating an incoherent feedforward loop. Adding a link B→C generates one more negative feedback loop that goes through B but results in an IFFLP motif. This changes the network to the IFFLP class — consequently, the adaptation mechanism and the key regulations on B are changed (C —| B changed from saturated to linear).

In the example shown in the left column of Figure 6, we start with one of the minimal networks in the NFBLB class that have inter-node negative regulations on B. Adding a positive selfloop on B to this type of network significantly improves the performance. One additional negative feedback loop further increases the performance. When we arrive at the network shown at the bottom of the left column, no negative feedback loops that go through B can be added without resulting in an incoherent feedforward loop.

In the last example (Figure 6, right column), a minimal IFFLP network is layered with more and more negative feedback loops to increase the Q value. A comprehensive design table with all minimal networks and all their extensions that increase the robustness, along with the analysis of their adaptation mechanisms, is provided in Supplemental Experimental Procedures, section 12 and Figure S15. (The readers can simulate and visualize the behavior of these and other networks of their own choice with an online applet at http://tang.ucsf.edu/applets/ Adaptation/Adaptation.html.)

DISCUSSION

Design Principles of Adaptation Circuits

Despite the great variety of possible three-node enzyme network topologies, we found that there are only two core solutions that achieve robust adaptation. The main functional feature of the adaptation circuits is to maintain a steady-state output that is independent of the input value. This task is accomplished by a dedicated control node B that functions to establish different mathematical relationships among the steady-state values of the nodes that regulate it (see Supplemental Experimental Procedures, section 7 for a comprehensive analysis) with the goal of setting a constant steady-state output C^*. Importantly, these desired relationships necessary for perfect adaptation are not achieved by fine-tuning any of the circuit's parameters but rather by the key regulations on the control node B approaching the appropriate limits (saturation or linear) (Barkai and Leibler, 1997). This is the reason behind the functional robustness of the adaptation circuits of either major class. Furthermore, the requirements central to perfect adaptation are relatively independent from other properties. In particular, the circuit's sensitivity to the input change can be separately tuned by changing the relative rates of the control node to those of the other nodes.

Several authors have computationally investigated the circuit architecture for adaptation (Levchenko and Iglesias, 2002; Yang and Iglesias, 2006; Behar et al., 2007). In particular, François and Siggia simulated the evolution of adaptation circuits using fitness functions that combine the two features of adaptation we considered here:

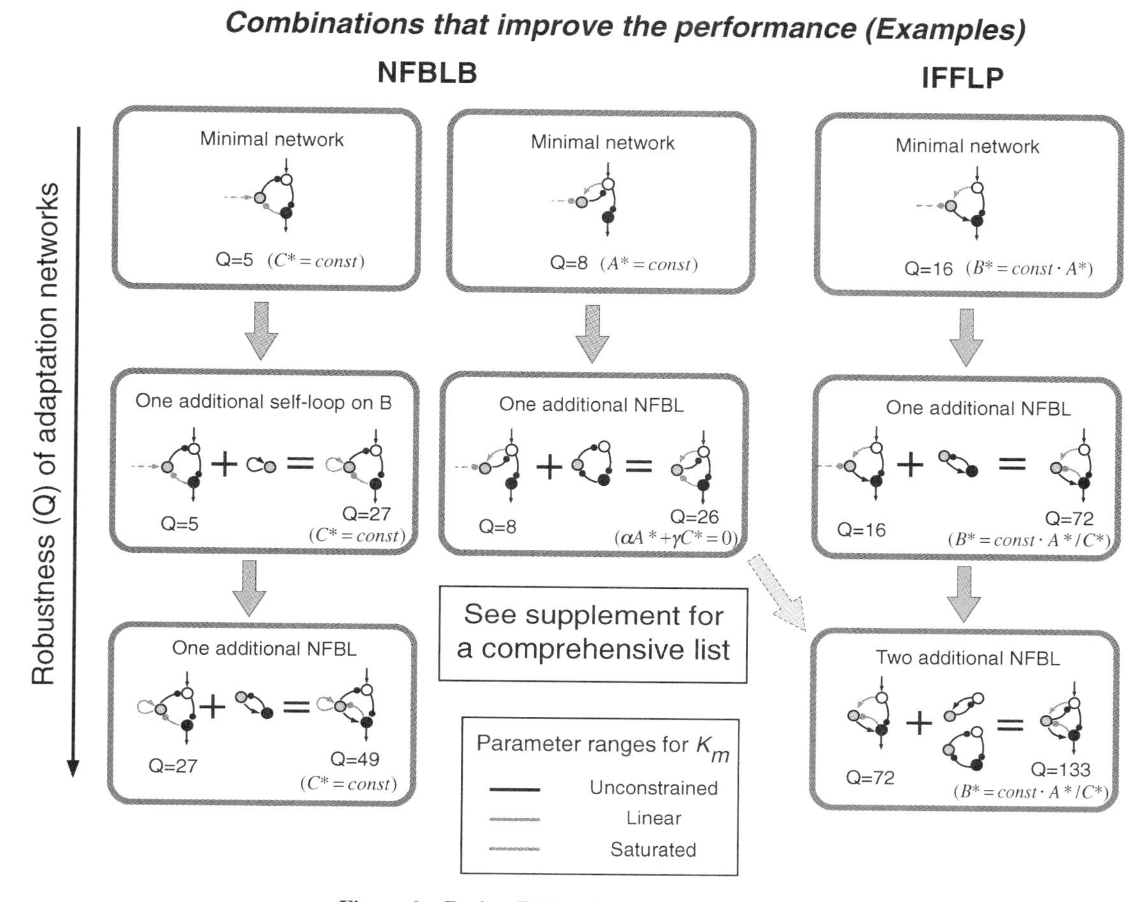

Figure 6 Design Table of Adaptation Networks

Two examples are shown on the left for the NFBLB class of adaptation networks, which require a core NFBLB motif with the node B functioning as a buffer. One example is shown on the right for the IFFLP class, which require a core IFFLP motif with the node B functioning as a proportioner. The table is constructed by adding more and more beneficial motifs to the minimal adaptation networks. The Q value (*Robustness*) of each network is shown underneath, along with the mathematical relation the node B establishes.

sensitivity and precision (François and Siggia, 2008). Starting from random gene networks, they found that certain topologies emerge from evolution independent of the details of the fitness function used. Their model circuits have a mixture of regulations (enzymatic, transcriptional, dimerization, and degradation), and they did not enumerate but focused on only a few adaptation circuits. Nonetheless, it is very interesting to note that the adaptation architectures that emerged in their study seem to also fall into the two general classes we found here. Further studies are needed to systematically investigate the general organization principles for the adaptation circuits made of other (than enzymatic) or mixed regulation types.

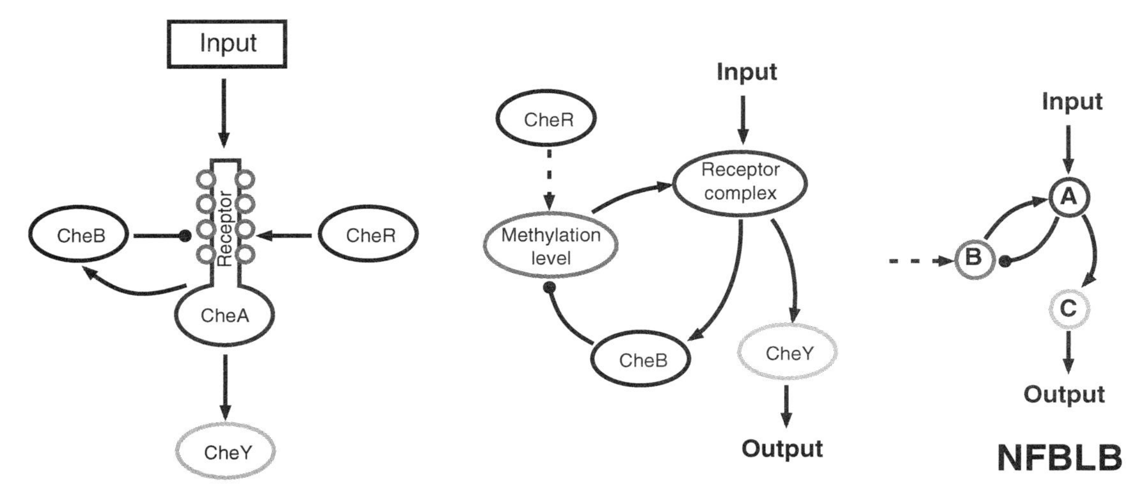

Figure 7　The Network of Perfect Adaptation in *E. coli* Chemotaxis Belongs to the NFBLB Class of Adaptive Circuits

Left: the original network in *E. coli*. Middle: the redrawn network to highlight the role and the control of the key node "Methylation Level." Right: one of the minimal adaptation networks in our study.

Biological Examples of Adaptation

A well-studied biological example of perfect adaptation is in the chemotaxis of *E. coli* (Barkai and Leibler, 1997; Yi et al., 2000) (Figure 7). Intriguingly, we found that one of the minimal topologies (NFBLB) we identified is equivalent to the Barkai-Leibler model of perfect adaptation (Barkai and Leibler, 1997). In *E. coli* the binding of the chemo-attractant/repellant to the chemoreceptor R and its methylation level M modulate the activity of the histidine kinase CheA, which forms a complex with the chemoreceptor R. CheA phosphorylates the response regulator CheY, which in turn regulates the motor activity of the flagella. The methylation level M of the receptor/CheA complexes is determined by the activities of the methylase CheR and the demethylase CheB. According to the Barkai-Leibler model, CheR works at saturation with a constant methylation rate for all receptor/CheA complexes, independent of the methylation level M, whereas CheB binds only to the active receptor/CheA complexes, resulting in a demethylation rate that is dependent only on the system's output (CheA activity). Therefore, the network structure or topology of the *E. coli* chemotaxis is very similar to one of the topologies we found (Figure 7), with the buffer node B corresponding to the methylation level of the chemoreceptors.

In our theoretical study of adaptation circuits with Michaelis-Menten kinetics, the IFFLP class consistently performs better than the NFBLB class. However, there have so far not been clear cases where IFFLP is implemented in any biological systems to achieve good adaptation. Does IFFLP topology have some intrinsic differences concerning adaptation from NFBLB that are not captured by our study? Is it harder to implement in real biological systems? Or, do we simply have to search more biological systems? A clue might be found when we add cooperativity in the Michaelis-Menten kinetics (replacing $ES/(S+K)$ with $ES^n/(S^n+K^n)$ in the equations; see Supplemental Experimental Procedures, section 10.2). A higher Hill coefficient $n>1$ would help achieve the two saturation conditions necessary for adaptation in the NFBLB class but would hamper the linearity required to establish the proportionality relationship necessary in the IFFLP class. This requirement for noncooperative nodes in the IFFLP class may effectively reduce its robustness and might be one of the reasons behind the apparent scarceness of the IFFLP archi-tecture in natural adaptation systems. The FFL motifs, both coherent and incoherent, are abundant in the transcriptional networks of *E. coli* (Shen-Orr et al., 2002) and *S. cerevisiae* (Milo et al., 2002). These transcriptional FFL circuits can perform a variety of functions (Alon, 2007), including pulse generation — a function rather similar to adaptation. It is difficult to draw conclusions from these findings, however, since preliminary analysis (W. M., unpublished results) suggests that the requirements for transcription-based adaptation networks may differ from those of enzyme-based adaptation networks.

Guiding Principles for Mapping, Modulating, and Designing Biological Circuits

The general approach outlined here — to generate a function-topology map constructed from a purely functional perspective — could be applied to many different functions beyond adaptation. The resulting function-topology maps or design tables could have broad usage. First, an increasing number of biological network maps are being generated by various high-throughput methods. Analyzing these complex networks with the guidance of function-topology maps may help identify the underlying function of the networks or lead to testable functional hypotheses. Second, many biological systems that display a clear function (e.g., adaptation) have an unclear mechanism or incomplete network map. In these cases a function-topology map can provide important information about the possible network structure and its key components, thus helping to design experiments to fully elucidate the underlying network. Finally, there is growing interest in learning how to modify cellular networks to generate new behaviors or optimize existing ones. In medicine, an under-standing of how specific changes in architecture can shift a system from one behavior to another could greatly aid in developing more intelligent therapeutic strategies for treatment of complex diseases like cancer. In the emerging field of synthetic biology, this type of function-topology design table could serve as a manual providing different possible solutions to building a biological circuit with a target set of behaviors.

EXPERIMENTAL PROCEDURES

Enumeration of Three-Node Topologies

We considered all possible three-node network topologies (Figure 1B). There are a total of nine directed links among the three nodes. Each link has three possibilities: positive regulation, negative regulation, or no regulation. Thus there are $3^9=19,683$ possible topologies. We let the input act on node A and use as the output the active concentration of node C. There are 3,645 topologies that have no direct or indirect links from the input to the output. We use all the remaining 16,038 topologies in our study.

Equations of the Circuit

We assume that each node (labeled as A, B, C) has a fixed concentration (normalized to 1) but has two forms: active and inactive (here "A" represents the concentration of active state, and "$1-A$" is the concentration of the inactive state). The enzymatic regulation converts its target node between the two forms. For example, a positive regulation of node B by node A as denoted by a link A→B would mean that the active A converts B from its inactive to its active form and would be modeled by the rate $R(B_{\text{inactive}}\rightarrow B_{\text{active}})=k_{AB}A(1-B)/[(1-B)+K_{AB}]$, where A is the normalized concentration of the active form of node A and $1-B$ the normalized concentrations of the inactive form of node B. Likewise, A —| B implies that the active A catalyzes the reverse transition of node B from its active to its inactive form, with a rate $R(B_{\text{active}}\rightarrow B_{\text{inactive}})=k'_{AB}AB/(B+K'_{AB})$. When there are multiple regulations of the same sign on a node, the effect is additive. For example, if node C is positively regulated by node A and node B, $R(C_{\text{inactive}}\rightarrow C_{\text{active}})=k_{AC}A(1-C)/[(1-C)+K_{AC}]+k_{BC}B(1-C)/[(1-C)+K_{BC}]$. We assume that the interconversion between active and inactive forms of a node is reversible. Thus if a node i has only positive incoming links, it is assumed that there is a background (constitutive) deactivating enzyme F_i of a constant concentration (set to be 0.5) to catalyze the reverse reaction. Similarly, a background activating enzyme $E_i=0.5$ is added for the nodes that have only negative incoming links. The rate equation for a node (e.g., node B) takes the form:

$$\frac{\mathrm{d}B}{\mathrm{d}t}=\sum_i X_i\cdot k_{X_iB}\cdot\frac{(1-B)}{(1-B)+K_{X_iB}}-\sum_i Y_i\cdot k'_{Y_iB}\cdot\frac{B}{B+k'_{Y_iB}}\tag{7}$$

where $X_i=A$, B, C, E_A, E_B, or E_C are the activating enzymes (positive regulators) of B and $Y_i=A$, B, C, F_A, F_B, or F_C are the deactivating enzymes (negative regulators) of B. In the equation for node A, an input term is added to the right-hand-side of the equation: $Ik_{IA}(1-A)/((1-A)+K_{IA})$. The number of parameters in a network is $n_p = 2n_l+2$, where n_l is the number of links in the network (including links from the basal enzymes if present).

Functional Performance

For each network topology, 10,000 parameter sets were sampled uniformly in logarithmic scale in the n_p-dimensional parameter space, using the Latin hypercube sampling method (Iman et al., 1980). The sampling ranges of the parameters are $k \sim 0.1-10$ and $K \sim 0.001-100$. A circuit refers to a network topology with a particular choice of parameters. The typical output curve of an adaptive circuit has two steady-state values O_1 and O_2, corresponding to the two input values I_1 and I_2, respectively, and, in response to the input change, has a transient pulse with the peak value O_{peak} (Figure 1A). Ill-behaved circuits are excluded from further analysis. They can be circuits with too small steady-state values (<0.001) of the active or inactive enzymes, the ones spending too much time to approach a steady state, or those with persistent or too weakly underdamped oscillations (Supplemental Experimental Procedures, section 1). The remaining circuits were evaluated for their sensitivity to input change and adaptation precision.

(1) Precision: the inverse of the adaptation error. The error E is defined as the relative difference between the output steady states before and after the input change.

$$P = E^{-1} = \left(\frac{|O_2 - O_1|/O_1}{|I_2 - I_1|/I_1}\right) \tag{8}$$

(2) Sensitivity: the largest transient relative change of the output divided by the relative change of the input.

$$S = \frac{|O_{peak} - O_1|/O_1}{|I_2 - I_1|/I_1} \tag{9}$$

It is obvious that $S \geqslant E$ since $|O_{peak} - O_1| \geqslant |O_2 - O_1|$. This implies that $\log(S) + \log(P) \geqslant 0$.

The overall performance of a topology is measure by its Robustness or the Q value, defined here as the number of times the topology is mapped to the high-sensitivity/high-precision region of the functional space (the green rectangle in Figure 1D).

Clustering of Networks

There are nine possible links for a network. For every network, we assign a value to each of the nine links: 1 for positive regulation, −1 for negative regulation, and 0 for no regulation. Thus a network is represented by a sequence of length 9. We define the distance between two networks as the Hamming distance between their sequences, that is, the number of regulations that differ in the two networks. The distance matrix is then used for clustering, using the MATLAB function clustergram.

SUPPLEMENTAL DATA

Supplemental Data include Supplemental Experimental Procedures, fifteen figures, and a video summary and can be found with this article online at http://www.cell.com/supplemental/S0092-8674(09)00712-0.

ACKNOWLEDGEMENTS

We thank Caleb Bashor, Noah Helman, Morten Kloster, Ilya Nemenman, and Eduardo Sontag for helpful discussions, Angi Chau, Kai-Yeung Lau, Thomas Shimizu, and David Burkhardt for critical reading of the manuscript. W.M. acknowledges the support from the Li Foundation. A.T. acknowledges the support from the Sandler Family Supporting Foundation. This work was supported in part by the National Science Foundation (DMR-0804183) (C.T.), Ministry of Science and Technology of China (C.T.), the National Natural Science Foundation of China (C.T.), the Howard Hughes Medical Institute (W.A.L.), the Packard Foundation (W.A.L.), the NIH (W.A.L.), and the NIH Nanomedicine Development Centers (W.A.L.).

Received: December 9, 2008
Revised: March 29, 2009
Accepted: June 3, 2009
Published: August 20, 2009

REFERENCES

Alon, U. (2007). Network motifs: theory and experimental approaches. Nat. Rev. Genet. 8, 450-461.

Barkai, N., and Leibler, S. (1997). Robustness in simple biochemical networks. Nature 387, 913-917.

Behar, M., Hao, N., Dohlman, H.G., and Elston, T.C. (2007). Mathematical and computational analysis of adaptation via feedback inhibition in signal transduction pathways. Biophys. J. 93, 806-821.

Berg, H.C., and Brown, D.A. (1972). Chemotaxis in Escherichia coli analysed by three-dimensional tracking. Nature 239, 500-504.

Brandman, O., Ferrell, J.E., Jr., Li, R., and Meyer, T. (2005). Interlinked fast and slow positive feedback loops drive reliable cell decisions. Science 310, 496 - 498.

El-Samad, H., Goff, J. P., and Khammash, M. (2002). Calcium homeostasis and parturient hypocalcemia: an integral feedback perspective. J. Theor. Biol. 214, 17 - 29.

Endres, R.G., and Wingreen, N.S. (2006). Precise adaptation in bacterial chemotaxis through "assistance neighborhoods". Proc. Natl. Acad. Sci. USA 103, 13040 - 13044.

François, P., and Siggia, E.D. (2008). A case study of evolutionary computation of biochemical adaptation. Phys. Biol. 5, 026009.

Goldbeter, A., and Koshland, D.E., Jr. (1984). Ultrasensitivity in biochemical systems controlled by covalent modification. Interplay between zero-order and multistep effects. J. Biol. Chem. 259, 14441 - 14447.

Hornung, G., and Barkai, N. (2008). Noise propagation and signaling sensitivity in biological networks: a role for positive feedback. PLoS Comput. Biol. 4, e8. 10.1371/journal.pcbi.0040008.

Iman, R.L., Davenport, J.M., and Zeigler, D.K. (1980). Latin Hypercube Sampling (Program User's Guide) (Albuquerque, NM: Sandia Labs), pp. 77. Kirsch, M.L., Peters, P.D., Hanlon, D.W., Kirby, J.R., and Ordal, G.W. (1993).

Chemotactic methylesterase promotes adaptation to high concentrations of attractant in Bacillus subtilis. J. Biol. Chem. 268, 18610 - 18616.

Kollmann, M., Lovdok, L., Bartholome, K., Timmer, J., and Sourjik, V. (2005). Design principles of a bacterial signalling network. Nature 438, 504 - 507.

Levchenko, A., and Iglesias, P.A. (2002). Models of eukaryotic gradient sensing: application to chemotaxis of amoebae and neutrophils. Biophys. J. 82, 50 - 63.

Ma, W., Lai, L., Ouyang, Q., and Tang, C. (2006). Robustness and modular design of the Drosophila segment polarity network. Mol. Syst. Biol. 2, 70.

Macnab, R.M., and Koshland, D.E., Jr. (1972). The gradient-sensing mechanism in bacterial chemotaxis. Proc. Natl. Acad. Sci. USA 69, 2509 - 2512.

Matthews, H.R., and Reisert, J. (2003). Calcium, the two-faced messenger of olfactory transduction and adaptation. Curr. Opin. Neurobiol. 13, 469 - 475.

Mello, B.A., and Tu, Y. (2003). Quantitative modeling of sensitivity in bacterial chemotaxis: the role of coupling among different chemoreceptor species. Proc. Natl. Acad. Sci. USA 100, 8223 - 8228.

Mettetal, J.T., Muzzey, D., Gomez-Uribe, C., and van Oudenaarden, A. (2008). The frequency dependence of osmo-adaptation in Saccharomyces cerevisiae. Science 319, 482 - 484.

Milo, R., Shen-Orr, S., Itzkovitz, S., Kashtan, N., Chklovskii, D., and Alon, U. (2002). Network motifs: simple building blocks of complex networks. Science 298, 824 - 827.

Parent, C.A., and Devreotes, P.N. (1999). A cell's sense of direction. Science 284, 765 - 770.

Rao, C.V., Kirby, J.R., and Arkin, A.P. (2004). Design and diversity in bacterial chemotaxis: a comparative study in Escherichia coli and Bacillus subtilis. PLoS Biol. 2, E49. 10. 1371/journal. pbio.0020049.

Reisert, J., and Matthews, H.R. (2001). Response properties of isolated mouse olfactory receptor cells. J. Physiol. 530, 113 - 122.

Shen-Orr, S.S., Milo, R., Mangan, S., and Alon, U. (2002). Network motifs in the transcriptional regulation network of Escherichia coli. Nat. Genet. 31, 64 - 68.

Tsai, T.Y., Choi, Y.S., Ma, W., Pomerening, J.R., Tang, C., and Ferrell, J.E., Jr. (2008). Robust, tunable biological oscillations from interlinked positive and negative feedback loops. Science 321, 126 - 129.

Wagner, A. (2005). Circuit topology and the evolution of robustness in twogene circadian oscillators. Proc. Natl. Acad. Sci. USA 102, 11775-11780.

Yang, L., and Iglesias, P.A. (2006). Positive feedback may cause the biphasic response observed in the chemoattractant-induced response of Dictyostelium cells. Syst. Contr. Lett. 55, 329-337.

Yi, T.M., Huang, Y., Simon, M.I., and Doyle, J. (2000). Robust perfect adaptation in bacterial chemotaxis through integral feedback control. Proc. Natl. Acad. Sci. USA 97, 4649-4653.

附录六

Higher-order Interactions Stabilize Dynamics in Competitive Network Models*

Jacopo Grilli[1], György Barabás[1], Matthew J. Michalska-Smith[1] & Stefano Allesina[1,2,3]

[1] Ecology and Evolution, University of Chicago, 1101 East 57th Street, Chicago, Illinois 60637, USA.

[2] Computation Institute, University of Chicago, Chicago, Illinois, USA.

[3] Northwestern Institute on Complex Systems, Northwestern University, Evanston, Illinois, USA.

Ecologists have long sought a way to explain how the remarkable biodiversity observed in nature is maintained. On the one hand, simple models of interacting competitors cannot produce the stable persistence of very large ecological communities[1-5]. On the other hand, neutral models[6-9], in which species do not interact and diversity is maintained by immigration and speciation, yield unrealistically small fluctuations in population abundance[10], and a strong positive correlation between a species' abundance and its age[11], contrary to empirical evidence. Models allowing for the robust persistence of large communities of interacting competitors are lacking. Here we show that very diverse communities could persist thanks to the stabilizing role of higher-order interactions[12,13], in which the presence of a species influences the interaction between other species. Although higher-order interactions have been studied for decades[14-16], their role in shaping ecological communities is still unclear[5]. The inclusion of higher-order interactions in competitive network models stabilizes dynamics, making species coexistence robust to the perturbation of both population abundance and parameter values. We show that higher-order interactions have strong effects in models of closed ecological communities, as well as of open communities in which new species are constantly introduced. In our framework, higher-order interactions are completely defined by pairwise interactions, facilitating empirical parameterization and validation of our models.

We studied deterministic models describing communities in which the number of

* Reprinted from *Nature*, 2017, 548: 210 – 213.

individuals is large and the system is isolated (for example, bacterial strain competition in laboratory conditions[17]); in Supplementary Information section S4 we examine the case in which the dynamics are stochastic, which best describe communities in which the number of individuals is finite. Finally, we allow new species to be introduced at a given rate, allowing for a comparison with neutral models (Supplementary Information section S5).

Although our results hold for a wide class of systems, to exemplify our findings we consider the dynamics of a forest in which there is a fixed, large number of trees, so that we can simply track $x_i(t)$, the proportion of trees of species i at time t, with $\sum_i x_i(t)=1$. At each step, a randomly selected tree dies, opening a gap in the canopy (that is, we initially assume identical per capita death rates for all species). This event ignites competition among seedlings to fill the gap. Suppose that all individuals produce the same number of seedlings, and that we pick two seedlings at random, with the winner of the competition filling the gap (Supplementary Fig. 1). The matrix H encodes the dominance relationships among the species: H_{ij} is the probability that the first seedling, belonging to species i, wins against the second seedling, belonging to species j. Clearly, $H_{ii}=½$ for all i, and $H_{ij}+H_{ji}=1$ for all i and j. If all $H_{ij}=½$, we recover a neutral model. At the other extreme lies a model in which each pair (H_{ij}, H_{ji}) is either (1, 0) or (0, 1) (that is, species i always wins or always loses against j), in which case H is called a 'tournament matrix'[18]. A number of results have been derived for this case[19], showing that coexistence is possible when species form 'intransitive cycles' of competitive dominance, such as in the rock-paper-scissors game[20]. Here we extend these previous findings[19] to the most general case in which interactions range from neutral to complete dominance.

We can approximate the dynamics of the n species as (see Methods):

$$\frac{dx_i(t)}{dt}=x_i(t)2\sum_j H_{ij}x_j(t)-x_i(t) \tag{1}$$

Where $-x_i(t)$ models the death process, and $x_i(t)2H_{ij}x_j(t)$ is the probability of picking two seedlings of species i and j, with i winning the competition. The factor 2 arises from the fact that we could pick i first and j second, or vice versa, with the same outcome.

Simple manipulations (Supplementary Information section S1) show that these equations are equivalent to the system:

$$\frac{dx_i(t)}{dt}=x_i(t)\sum_j P_{ij}x_j(t) \tag{2}$$

which is the celebrated replicator equation [21, 22] for a zero-sum, symmetric matrix game with two players and payoffs encoded in the skew-symmetric matrix $P=H-H^t$. This equation is at the core of evolutionary game theory, with applications spanning multiple fields[23, 24].

Thanks to this equivalence, we are able to characterize the dynamics. Unless specified, we assume H to be of full rank, that is, all of its eigenvalues are non-zero. We show in the Supplementary Information that violations of this assumption are unbiological, amounting to degenerate cases in which slightly altering the parameters dramatically changes the outcome. Suppose that we start with n species and initial conditions $x_i(0)>0$, and that we let the dynamics unfold. Once the transient dynamics have elapsed, we find $k\leqslant n$ coexisting species, with k being odd. The $n-k$ species that go extinct do so irrespective of initial conditions, and the k coexisting species cycle neutrally around a unique equilibrium point x^* (Fig. 1, Supplementary Information section S1).

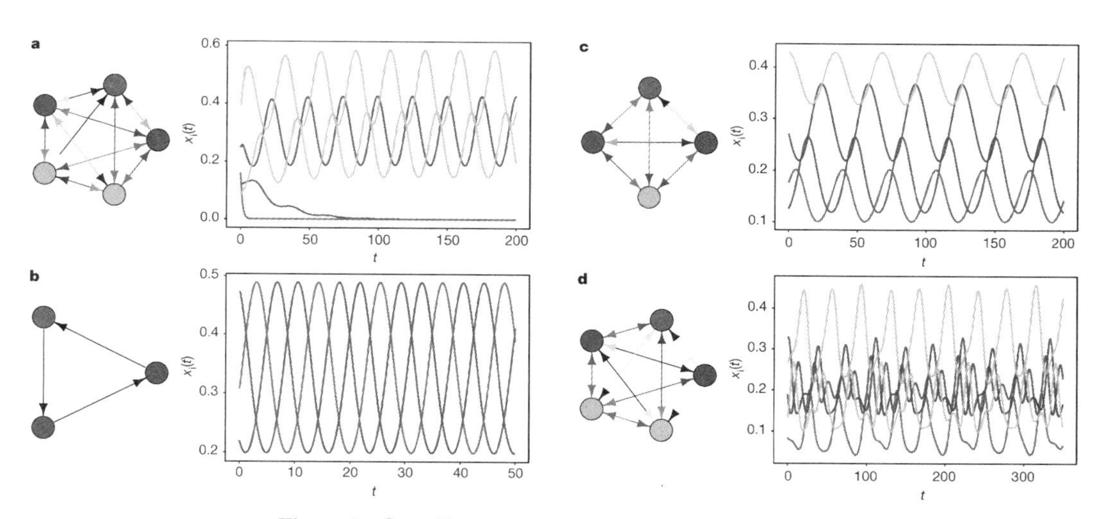

Figure 1 Sampling two seedlings leads to neutral cycles

Dynamics of a forest where two randomly sampled seedlings compete to fill the gap in the canopy opened by the death of a tree. We represent the competitive relationships between the species as a graph in which each coloured node corresponds to a species, and nodes i and j are connected by arrows representing the probability that i wins against j (H_{ij}, darker arrowheads correspond to higher probability), and that j wins against i (H_{ji}), respectively. For all pairs, $H_{ij}+H_{ji}=1$. For each system, we show a time series obtained by integrating the dynamics of equation (1). The y-axis represents $x_i(t)$, the relative abundance of species i at time t. **a**, When starting with n species, $n-k$ species go extinct, and k coexist. Given a matrix H, the identity of the species coexisting or going extinct is the same irrespective of initial conditions. The k species that coexist cycle neutrally around a single equilibrium point. **b**, The same result is found when dominance is complete, such as in the rock-paper-scissors game[19]. **c**, For any possible species-abundance distribution x^*, we can build a matrix H such that the species coexist and x^* is an equilibrium of equation (1) (Supplementary Information S1). This is true even when x^* contains an even number of species — though this case is not robust to small changes in parameters (Supplementary Fig. 4). **d**, The same holds for any number of species in the system.

How large is k when we build the matrix H at random? When drawing H_{ij} (with $i<j$) from the uniform distribution $U[0, 1]$ and setting the corresponding $H_{ji}=1-H_{ij}$, we find that the probability of having k species coexisting when starting with n species, $p(k \mid n)=0$ when k is even, and $p(k \mid n)=\binom{n}{k}2^{1-n}$ when k is odd[25] (Supplementary Fig. 2). This matches what is found for tournament games[18, 19, 26], in which dominance is complete: we expect half of the initial species to coexist, irrespective of the choice of n; moreover, monodominance is extremely rare, and about as rare as the coexistence of all species. Thus, this theory generates high biodiversity without the need to fine-tune parameters.

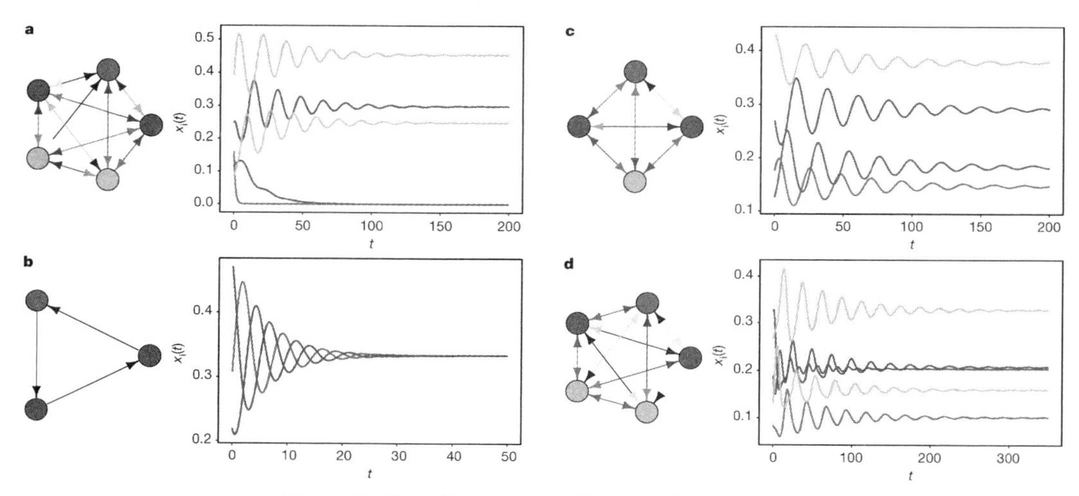

Figure 2　Sampling three seedlings produces stability

When we sample three seedlings at a time instead of two, and we compete the first with the second and the winner with the third, the equilibrium point is unchanged, but is now globally attractive. The four cases correspond to those in Fig. 1.

This model can generate any species-abundance distribution: for any choice of x^*, we can build infinitely many matrices H such that equations (1) and (2) have x^* as an equilibrium (Supplementary Information section S1). We note that this is true irrespective of the fact that x^* contains an even or odd number of species (Fig. 1) — but the case in which an even number of species coexist is degenerate: the system has infinitely many neutrally stable equilibria, and a slight change of H would result in the extinction of at least one species (Supplementary Information and Supplementary Fig. 4).

In summary, the model in equation (1) can lead to arbitrarily many species coexisting even when competitive abilities are drawn at random; moreover, it can generate any possible species-abundance distribution. Although the neutral cycling around the equilibrium is problematic (such cycles are not observed in nature, and would lead to monodominance in a noisy, stochastic world; see Supplementary Information section S4), the main issue with this model is that it is highly unrobust: any deviation from perfectly identical death rates and fecundities for all species destabilizes dynamics, leading to monodominance (Supplementary Information Section S2 and Supplementary Fig.4).

Following recent mathematical results[27], we explore a possible solution to this problem. So far, we have taken exactly two seedlings, competing with each other to fill the gap in the canopy. In nature, we would observe a much richer seedbank, potentially leading to competition among many seedlings. We therefore study a model in which we take three seedlings at random, compete the first with the second, and the winner with the third. The deterministic approximation of this model reads as follows (see Methods):

$$\frac{\mathrm{d}x_i(t)}{\mathrm{d}t} = x_i(t)\sum_{j,k}(2H_{ij}H_{ik} + H_{ij}H_{jk} + H_{ik}H_{kj})x_j(t)x_k(t) - x_i(t) \tag{3}$$

where $H_{ij}H_{ik}$ is the probability that i beats both j and k, $H_{ij}H_{jk}$ is the probability that j beats k, but ultimately is beaten by i, and $H_{ik}H_{k}$ is the probability that first k beats j, and then i beats k. Surprisingly, this small modification leads to a major change in the dynamics: though the equilibrium point is unchanged, it is now globally stable (Fig. 2 and Supplementary Information section S1). Increasing the number of seedlings that compete to fill each gap simply accelerates the dynamics, speeding up convergence to the equilibrium (Supplementary Fig. 3).

Whereas the model in which we sample two seedlings yields the replicator equation for a two-player, symmetric matrix game, equation (3) is equivalent to the replicator equation for a three-player game (Supplementary Information section S 1):

$$\frac{\mathrm{d}x_i(t)}{\mathrm{d}t} = x_i(t)\sum_{j,k}P_{ijk}x_j(t)x_k(t) \tag{4}$$

where P is a 3-index tensor encoding the payoff of player 1 playing strategy i when player 2 plays j and player 3 plays k. The payoffs can be calculated from the matrix H: $P_{ijk} = 2H_{ij}H_{ik} - H_{ji}H_{jk} - H_{ki}H_{kj}$ (where the first term includes the probability of i winning against both j and k, and the remaining two terms are the probabilities that either j or k dominate).

This latter formulation makes it clear that the stabilizing effect is due to higher-order interactions[5,12]. Suppose the matrix H is constructed as in a rock-paper-scissors game; then the presence of the rock-plant can reverse the outcome of the competition between the paper-plant and the scissors-plant. In our model, higher-order interactions do not alter equilibrium values, but have a dramatic stabilizing effect, leading to globally stable fixed points instead of neutral cycles. Including fourth- or higher-order terms simply accelerates the convergence to equilibrium (see Supplementary Fig. 3). As such, as long as there is a chance of competing more than two seedlings at a time, the dynamics will converge. Most importantly, results are qualitatively robust to the perturbations of the death rates and fecundities of the competitors (Supplementary Information and Supplementary Fig. 4).

One formidable challenge of estimating higher-order interactions empirically is that for n species we have $\binom{n}{2} = n(n-1)/2$ pairs of interactions, but the number of triplets is much higher $\left(\binom{n}{3} = n(n-1)(n-2)/6\right)$ — requiring many experiments. Instead of introducing new coefficients, here we have chosen the most 'natural' and conservative parameterization: higher-order interactions are fully determined by pairwise interactions, as shown by the fact that we can write all models in terms of the pairwise relationships encoded in H. This makes the models empirically testable by, for example, competing bacteria in laboratory conditions[17].

We have shown the equivalence of models in which competition happens in a sequence of bouts (equation (3)), using models in which interactions are simultaneous and involve more than two species at a time (equation (4)). Because of a separation of timescales (the filling of a gap is fast, compared to the lifespan of trees), the two types of models have the same deterministic form, blurring the traditionally held distinction between so-called interaction chains and 'proper' higher-order interactions[5,28]. Our results may have important implications for a variety of ecological systems; for example, in models in which reproduction is not instantaneously coupled with consumption, an animal could consume a resource, but be consumed before reproduction — yielding the same mechanism that stabilizes our competitive communities when we sample three seedlings at a time. Similarly, the stabilizing role of higher-order interactions in random replicator equations has been recently proposed[29], and our analytical results shed light on these findings.

Moving from deterministic to stochastic models, we find that the presence of higher-order interactions, which make equilibrium points attractive, dramatically increases[30] time to extinction in isolated systems, allowing for the prolonged coexistence of species (Supplementary Information section S4). When we open the system to the introduction of new species (Supplementary Information section S5), we recover many of the main results of neutral theory, but remove the artefactual relationship between a species age and its abundance — one of the main drawbacks of neutral models[11].

Our results strengthen the theory of coexistence in zero-sum competitive networks in several ways. First, we have widespread coexistence without having to invoke either of two extreme cases: perfect ecological equivalence (the neutral model) or complete dominance (coexistence through intransitive competition). In nature, the outcome of competition could be mediated by a number of factors (for example, soil chemistry, presence of consumers), so that competitive dominance could range from neutral to complete. Second, many species coexist even when we draw parameters at random, meaning that the results are highly robust. Third, in this formulation, the notion of intransitivity, which is central to coexistence in competitive networks in which dominance is complete[19], is no longer necessary for coexistence (Supplementary Information section S3). Fourth, the artefact of neutral cycling is due to the choice of only two competitors per bout — a choice dictated by mathematical convenience rather than by empirical evidence. Including more biological realism in the form of multiple competing species removes the artefact, leading to dynamics that are stable against perturbations of species abundances and robust against changing model parameters.

Online Content Methods, along with any additional Extended Data display items and Source Data, are available in the online version of the paper; references unique to these sections appear only in the online paper.

Received 8 November 2016; accepted 14 June 2017.
Published online 26 July 2017.

1. May, R. M. Will a large complex system be stable? *Nature* 238, 413 - 414 (1972).
2. Clark, J. S. *et al*. High-dimensional coexistence based on individual variation: a synthesis of evidence. *Ecol. Monogr*. 80, 569 - 608 (2010).
3. Barabás, G. J., Michalska-Smith, M. & Allesina, S. The effect of intra- and interspecific competition on coexistence in multispecies communities. *Am. Nat*. 188, E1 - E12 (2016).
4. D'Andrea, R. & Ostling, A. Challenges in linking trait patterns to niche differentiation. *Oikos* 125, 1369 - 1385 (2016).
5. Levine, J., Bascompte, J., Adler, P. & Allesina, S. Beyond pairwise coexistence: biodiversity maintenance in complex ecological communities. *Nature* 546, 56 - 64 (2017).
6. Hubbell, S. P. *The Unified Neutral Theory of Biodiversity and Biogeography* Vol. 32 (Princeton Univ. Press, 2001).
7. Volkov, I., Banavar, J. R., Hubbell, S. P. & Maritan, A. Neutral theory and relative species abundance in ecology. *Nature* 424, 1035 - 1037 (2003).
8. Alonso, D., Etienne, R. S. & McKane, A. J. The merits of neutral theory. *Trends Ecol. Evol*. 21, 451 - 457 (2006).
9. Azaele, S. *et al*. Statistical mechanics of ecological systems: neutral theory and beyond. *Rev*.

Mod. *Phys*. 88, 035003 (2016).

10. Chisholm, R. A. *et al*. Temporal variability of forest communities: empirical estimates of population change in 4000 tree species. *Ecol*. *Lett*. 17, 855 - 865 (2014).
11. Chisholm, R. A. & O'Dwyer, J. P. Species ages in neutral biodiversity models. *Theor*. *Popul*. *Biol*. 93, 85 - 94 (2014).
12. Billick, I. & Case, T. J. Higher order interactions in ecological communities: what are they and how can they be detected? *Ecology* 75, 1529 - 1543 (1994).
13. Werner, E. E. & Peacor, S. D. A review of trait-mediated indirect interactions in ecological communities. *Ecology* 84, 1083 - 1100 (2003).
14. Case, T. J. & Bender, E. A. Testing for higher order interactions. *Am*. *Nat*. 118, 920 - 929 (1981).
15. Abrams, P. A. Arguments in favor of higher order interactions. *Am*. *Nat*. 121, 887 - 891 (1983).
16. Kareiva, P. Higher order interactions as a foil to reductionist ecology. *Ecology* 75, 1527 - 1528 (1994).
17. Friedman, J., Higgins, L. M. & Gore, J. Community structure follows simple assembly rules in microbial microcosms. *Nature Ecol*. *Evol*. 1, 0109 (2017).
18. Fisher, D. C. & Ryan, J. Optimal strategies for a generalized "scissors, paper, and stone" game. *Am*. *Math*. *Mon*. 99, 935 - 942 (1992).
19. Allesina, S. & Levine, J. M. A competitive network theory of species diversity. *Proc*. *Natl Acad*. *Sci*. *USA* 108, 5638 - 5642 (2011).
20. Kerr, B., Riley, M. A., Feldman, M. W. & Bohannan, B. J. Local dispersal promotes biodiversity in a real-life game of rock-paper-scissors. *Nature* 418, 171 - 174 (2002).
21. Taylor, P. D. & Jonker, L. B. Evolutionary stable strategies and game dynamics. *Math*. *Biosci*. 40, 145 -156 (1978).
22. Hofbauer, J., Schuster, P. & Sigmund, K. A note on evolutionary stable strategies and game dynamics. *J*. *Theor*. *Biol*. 81, 609 - 612 (1979).
23. Hofbauer, J. & Sigmund, K. Evolutionary game dynamics. *Bull*. *Am*. *Math*. *Soc*. 40, 479 - 520 (2003).
24. Nowak, M. A. & Sigmund, K. Evolutionary dynamics of biological games. *Science* 303, 793 - 799 (2004).
25. Brandl, F. The distribution of optimal strategies in symmetric zero-sum games. Preprint at https://arxiv.org/abs/1611.06845 (2016).
26. Fisher, D. C. & Reeves, R. B. Optimal strategies for random tournament games. *Linear Algebra Appl*. 217, 83 - 85 (1995).
27. Laslier, B. & Laslier, J.-F. Reinforcement learning from comparisons: Three alternatives is enough, two is not. Preprint at https://arxiv.org/abs/1301.5734 (2013).
28. Wootton, J. T. Indirect effects and habitat use in an intertidal community: interaction chains and interaction modifications. *Am*. *Nat*. 141, 71 - 89 (1993).
29. Bairey, E., Kelsic, E. D. & Kishony, R. High-order species interactions shape ecosystem diversity. *Nat*. *Commun*. 7, 12285 (2016).
30. Reichenbach, T., Mobilia, M. & Frey, E. Coexistence versus extinction in the stochastic cyclic Lotka-Volterra model. *Phys*. *Rev*. *E* 74, 051907 (2006).

附录七
采访刘曾荣录音整理稿

今天我们有幸请到上海大学理学院刘曾荣教授接受我们的口述采访，刘教授是上海大学二级教授，是上海大学应用数学、系统生物两个方向的博士生导师，并担任上海大学系统生物技术研究所常务副所长。刘教授从事科研、教学工作30余年，硕果累累，桃李满天下。

张友菊（以下简称“张”）：请刘老师介绍下您的个人求学及科研经历。

刘曾荣（以下简称“刘”）：我是1949年开始上学的。小学在上海教诚小学，该校后来曾先后改名为上海市茂名南路第二小学和卢湾区第二中心小学。现在因为卢湾区并到了黄浦区，所以叫黄浦区卢湾第二中心小学。中学是1955年考的，那时考的时候还分公立学校和私立学校，我是通过考试进入上海市重点中学向明中学的，这个学校离我们家比较近，我在那儿求学6年，一直到高中毕业。1961年我考上了华东师范大学物理系本科，那时该校讲起来是5年学制的，但最后一年是搞“四清”运动了，就是按照当时的要求去搞“四清”运动，所以实际学了4年，学完所有基础课程。到1966年，“四清”运动快要结束的时候，又碰上了“文化大革命”，所以又耽误了分配，到1967年12月份才分配，最后分到了山西大同。在当时情况下就这样从事所谓的“教书”工作，一直教到1978年恢复研究生招生。然后我就考上了安徽大学数学系的研究生，1981年毕业以后留校工作。在以后的日子里先后在安徽大学、苏州大学、上海大学整整从事了高等院校的教学、科研工作35年，一直到2013年10月份从上海大学正式退休。这大概就是我的经历。那么我是接着讲下去吗？还是你问？

张：我看您之前学的是物理专业，本科是学物理专业，怎么到安徽大学学数学专业的？

刘：讲到我的求学经历，那是一段很曲折的经历。实际上，我1958年是要考高中的，嗯，当时由于家庭的变故，1958年的时候我家庭突发变故，家庭生活变得非常非常困难，我妈一个人要带我们7个孩子，我还是老大，所以说她为我们这一代是……花了很多很多心血，她做了许许多多女同志没有做过的事情，她曾经做过绣绒线花、绕线圈、送牛奶、看传呼电话。当时按我的情况我是不应该再考高中了，但是我妈看到我特别喜欢学习，她就鼓励我考，所以我这一辈子（哽咽着）能够有我现在这个情况，和我妈的支持实在是分不开的。每当想起冬天她4点起床挨家挨户送牛奶，我心里总是充满了愧疚。当然我自己也受了很多苦，我记得我在高中时候，我要念书，家里很穷，没有办法，当时我妈就接了许多手工活，其中有一项是绣毛衣的手工活。我是一个男孩子，每天学习结束后，都还要绣那么一件，为的是挣7毛多钱，帮妈一起维持生活。所以后来大学就考了师范大学，因为我家实在是没有这个能力再支持我念下去。那么，后来我到了山西工作时，我可以讲，我几乎没有带什么东西，就只有一件旧的棉大衣、一条长裤和一双从旧货店买来的翻毛皮鞋用来御寒，在这种情况下我还把我那宝贝的一箱书带去，这箱书里面就包括我大学上课的所有的书、笔记本和我做过的作业。如果没有这些东西我后来就根本不可能考上研究生，为什么？当时大同没有高等院校，也没有图书馆，我找不到任何资料。还好我就喜欢读书，去工作时我没有带什么衣服，那些东西对我都是次要的，我就带了这一箱书和笔记到了大同。在考研究生时候这些东西发挥了巨大作用。那么我为什么又考了数学系呢？因为我在中学念书的时候，我记得我比较欣赏一个张老师教我的平面几何和三角，在这些课程的学习中，我享受到这里面的逻辑推导，非常重要，也非常吸引人，我很欣赏这个逻辑推导过程。另外，从学习平面几何中，我发现一道题可以有一种证明方法，但是你可换一种思路给出另一种方法证明，三角也是这样，也就是对一个问题你没有必要死认准在一条路，你也可以用别的办法想想这个问题怎么解决。这种思维方式对我产生了极大影响，我喜欢逻辑思维，也喜欢从各种角度、多方面思考问题。我初二开始学平面几何，逐步对学习产生兴趣，想多找些书看看。到初三时我就符合进图书馆去的条件，当时我们家离上海市人民图书馆(就是现在的文化广场)很近，所以我几乎每天去，就成为那儿的常客，那儿的人都认得我的。从初三开始每天进去，看各种各样的各方面的东西，提高自己的科学素质，充实自己所认可的逻辑思维的能力。到了大学以后呢，因为当时对知识分子的政策有松动，实际上就是给在反右倾中受到错误批判的人摘帽，国家在1961年的时候召开了知识分子会议，于是大学中那些有名望的老教授都上讲台了。在这种形势下，我所在的华东师大的一些物理的基础课，都是那些当时学校认为最好的教授给我上的。他们给我们讲的那个思路我是深有体会，重点把本质的东西传授给我们。我发现学习东西最要紧的是科学的最基本的观点，然后又进一步抽象成为数学表达。所以说重点把科学观点和抽象为数学表达这两种思想上结合起来，就形成我喜欢处理客观事物的思路。但在具体处理中，我必须又强调用数学逻辑的方法来处理，这样也就比较完善了。大学阶段学完了以后，就工作了，在当时情况下也不可能去考虑解决如何提高数学逻辑、解决实践问题的能力。等到恢复研究生考试的时候，我发现有两个原因促使我考安徽大学的数学系，一个呢，也实事求是讲，当时我们夫妻分居两地，我夫人在安徽，那么为了解决我个人的生活困难，我选择考了安徽大学；另外一个呢，我考虑到我所喜欢的科学思维的基本的思想方法，在大学物理系，已经学到不少了，一些最基本的科学观点和科学思维方法我已基本掌握，但是我感到我的数学功底不行，而我又喜欢科学观点的逻辑推导，不喜欢想当然、不加逻辑认证的做法，所以对我来说学习逻辑推理是一项迫切任务，所以我想最主要是补一些数学方法。当时呢安徽大学恰好有一个许政范教授，他后来成为我的导师，他原本是复旦大学数学系的老师，因为爱人关系“文化大革命”中调到这里，他爸爸呢其实是华师大物理系的理论物理教授，名叫许国宝，他也是我在华师大钦佩的教师，所以他呢很希望有学生能够进行这种数学物理交叉的研究，而我恰恰又发现他考试的科目当中就有2门课选了和数学和物理交叉的课程，这正对了我的胃口。所以我呢就选择了考这个方向的研究生，然后就上了安徽大学。这样，我就自觉不自觉地走上了交叉研究的路，也许这是天意。现在看来这条道路颇为曲折，但我深感能为从事这种研究而自豪。

张：下面请刘老师介绍一下，您觉得您的家庭对您的成长道路有何影响？

刘：那刚才我已经讲过了。我妈，虽然她本人只有小学文化，但她对我的支持，我这辈子永远不会忘。她现在90多岁，对吧，前一段时间我为什么不能接待你、不能来，就是因为她要动手术，我当然要尽我的责任，尽我做儿子的责任。另外一个就是我爱人，她的确也花了很多的心血，我爱人在我上研究生的时候，那时候我们工资很低，而且我们全家三人是分居三地，小孩一个地方，我在大学，她在安徽农村里，后来才逐步调到一起的，生活是很艰苦的，尤其是我夫人要妥善安排全家生活更是辛苦。后来，就是调到一起也是她每天做饭和操持家务，我这个人因为喜欢搞科研，所以几乎从来不做任何家务，也不关心买什么菜，对穿什么衣服我都不关心的，所以有关生活方面的事都是她一手操办的。我的成果也有她的一半功劳，应该是这么讲的。另外一个我感到在我整个科研的成长道路上，中国有一批很好的老科学家，当时我很年轻，如果得不到他们的支持我简直就没有办法搞科研。安徽大学是学校档次相对来说比较低的大学，所以全靠那些老一辈科学家支持，才会有我的今天。在下面我可能会讲到一些对我的支持的具体情况。总之，他们的支持才能使我把学问逐步逐步做起来。

张：刘老师，请您介绍一下您说的给您这些支持的老先生。

刘：我讲这是个要凭良心讲的。当时我研究生刚毕业的时候，数学物理交叉最热门的可能是混沌研究，这一点黄德斌可能也曾经同你说到过的。当时我是国内最早的一批进入混沌研究的年轻人，我们毕业以后就阅读关于混沌的文献，发现我原来学的那个课题显得太古老了。我感到也必须要有新的课题，故我认定就做混沌研究，把我原来学的专业放弃了。做混沌研究，当时在国内呢，就只有北大、中科院等少数单位。主要代表人物有中科院理论物理所当时的所长郝柏林院士，北大是数学系的钱敏教授，还有北大的力学系的朱照宣教授，他们都主张搞这个交叉研究。我当时属于初出茅庐的年轻人，成绩也不大，但是却得到这些前辈支持。具体来说，在1985年召开全国第一次混沌会议上，他们组织有几个大会报告，那都是名家做的，同时也选了个年轻人——我做了个大会报告，一下子把我推到了前台，所以我非常感激他们。因为当时我毕竟成绩还不太大，对吧？这是一个我不会忘记的事。另外一个呢，就是我是从安徽大学调到苏州大学，怎么会调的呢？当时，我是1981年研究生毕业应该马上可以评上讲师，安徽大学不知怎么搞的，也许因为他们这个学校是小学校，过去没有招过研究生，领导没把此事放在心上，他们就说到明年再评吧。1982年离“文化大革命”结束以后不久，这个职称怎么搞法，国家也没有个具体新的政策。针对1982年当时的社会实际情况，决定1982年就开始停止评职称了，那就把我们这批人的职称评定就全部停掉了，一直停到1987年还没有再启动。后来启动了，考虑到我已经作为硕士生导师帮安大争取到了物理硕士点，所以我要求破格提升，结果没评上。当时我感到这样不公平，再考虑到我的导师又调回上海了。“文革”结束前他本来就是复旦大学教师，那就又要求调回上海了。那么这时候我怎么办呢？我如果要调到任何大学去，任何学校会认为我是一个没有职称的人，对方怎么可能调一个没有职称的人进去？你说你再有本事，学校的行政部门按规矩是不可能批准的。这时候恰好姜礼尚教授(原北大数学系教授)，是苏州人，他要调回江苏苏州大学，听说实际上打算让他做苏州大学校长。他知道了我的情况后，然后他做出调我的决定，并跟安徽大学说了“你们把这个人放了，到我这儿来，到评职称时由你们负责评他为副教授，我们苏大认可。”他这样做完全是凭良心，并没有看重我当时有没有职称，完全根据我的科研的成果、本人的刻苦程度，这些他都专门派人去考察过的。我当时因为什么职称也没有，我各方面工作条件是非常非常艰苦的，在我困难时他就这样支持了我！到了苏大后他同我谈要成立数学物理研究所，我说按当时情况还是成立非线性科学研究中心。后来他就一直非常支持我在这个非线性研究中心开展工作。我是评上副教授以后，后来是破格升正教授，就是5年都不到，他根据我工作实绩，专门报到省里去，把我破格提为正教授。然后，由于情况变动，姜礼尚教授调到同济，为了工作我产生了调动想法，此时我已经55岁，年龄应该很大了，一般学校应该不会要了，上海大学钱伟长校长和方明伦书记、张连生院长还是决定把我调过来。他们是从工作出发，因为当时他们上海大学的数学——计算数学和运筹学是比较强的，这两个方向有博士点，应用数学和基础数学比较差，所以把我作为应用数学的带头人调进来了。基础数学当时调了个科大的陆鸣皋教授。本来呢我也不好意思从苏州大学离开，因为那个老校长对我很好，但是恰好他也调到了上海同济大学，那么就利用这个机会呢，我也就过来了。所以说，这个一方面是个机遇，另一方面也是钱校长等人都支持了我，把我调进来了。调进上海大学的时候我是55岁。这个年龄已经到顶了。就是完全凭我的工作和学校发展需要引进了我。我特别感谢姜礼尚校长引进了我，他专门派人去安大考察过以后认为我是认真做学问的人，就破格把我引进来了，对吧？把我引进苏州大学，开创了我这时期的记录。而且去了以后他对我很好，他就是问我，“你认为当时要发展什么?”说为我专门成立数学物理研究所，我说当时的情况是非线性科学很热门，我就说：“成立，我们成立非线性研究中心吧!”然后就成立了非线性研究中心。然后国家就是，就是973项目的前期，国家叫攀登计划，攀登计划最早的就有非线性科学，参加的8个单位，其中唯一的一所非中央直属大学的就是苏州大学！后来我领了一帮人就做这个工作，为苏州大学争得了荣誉。

张：刘老师，想请问一下，您在求学的过程中最喜欢的课程是哪些?

刘：刚才我讲过了，我喜欢数学的逻辑推导的合理结果，我认为一个人研究问题，也许就是要有逻辑性，不能够想当然，科学性结果应有合理逻辑推导作为依据。我当时在中学里很感兴趣的一门课就是平面几何(我刚才讲了)，还有就是三角，它就是逻辑性很强，结果都由一步步推导，就是中间不能有不合逻辑的过程。当然逻辑推导过程可有多样方法，这个方法不行还可以换一个方法，进一步还应当思考你为什么这么做不行。我记得当时我们下课后几个同学就拿了个树枝呀在操场上画平面几何图，一道题怎么加辅助线，怎么一步步推演，最终如何才能把它证出来。这些过程不断地重现就帮我形成了思维方式，就是逻辑性一定要强。第二在大学，我刚才讲过，教我普通物理主要课程的教授(二级教授)姚启钧，他在华师大讲基础课是最好的，能把物理概念讲得很清楚。他能告诉你如何把一个很具体的物理问题抽象成一个非常简单的模型，然后使你能够用数学方法处理，否则你没法把逻辑思维用上去，你就做不下去的。这些对我影响是很大的，最后我在选研究生方向时就结合这两点来处理。我感到大学里学会了一些考虑问题最基本的科学思路,也就会有一些归结问题之类的能力。但是逻辑推导当时相对还比较差,因为我大学里学的是物理,偏重物理思想,对逻辑推导本领比较欠缺,所以我就考了应用数学,通过数学的学习加强进行逻辑的推导过程的能力,有了这两者,我以后就有能力做研究了。后来,事实证明这的确很有用。

张: 刘老师,还想问一下,我看您搞的是交叉方面的研究,那请问您如何培养这个交叉研究思路的? 我看您善于抓住这些时期的时机,请您介绍一下。

刘: 大家都知道"文化大革命"之前,中国所有好的高等院校、最高档的高等院校,数学都是和一些当时最重要的一些硬科学结合在一起的,譬如说北大有数学力学系,复旦也有数学力学系,都叫数学力学系,不仅光有数学而且一定要结合力学的。南大的特长是天文,就是数学天文系。"文化大革命"之前,南开的数学系里就专门有理论物理教研组。因为力学、天文、物理这些学科与数学关系太密切了,在数学发展中这些学科起了很大的推动作用! 但这些学科都是硬科学,当我刚进入这些学科的时候我对此也不太明白。在工作中我逐步知道数学与这些硬科学结合的重要性。没有科学思维提不出硬科学中的研究课题,硬科学问题的最终解决要依赖于数学,数学中许多新思想来源于硬科学,两者相互依存。于是我工作中自然开始注意两者交叉。这方面搞得多了以后,很坦率地说,就发现数学物理交叉中的一些重要的基础性的东西都已经比较成熟了,而且其他人也做得都比较好了。于是自然想到可以去找新的结合方向,但要做一些像样的工作。相对来说,这一点比较困难,开始的时候我也不太懂得这一点,所以就不管三七二十一先做了再说,刚毕业嘛,也没有经验,做做,做做,就逐步明白你如何才能要赶超和做先进的东西。但是从当时事实出发,就是我在 35 岁才当研究生,研究生毕业就 40 来岁了,还缺乏很硬的功夫。我们知道杨振宁、李政道他们做出重大工作都是 30 来岁,也就是在 30 岁多一点就完成大业了,这点需要有很硬的工夫,而且重大理论工作往往是在年轻时做出的。我虽然用功,但是毕竟由于"文化大革命"的影响,年龄又大了,不具备做这种需要很硬功夫的工作的基础。按这种客观情况,我感到就要注意科学发展动态,注意行情,这个就是一个人的科学敏感性啦! 我很坦率地讲这些话,我大学的物理老师教给我的怎么科学地想问题的思维,这个老师代表是姚启钧教授,这对我工作很有帮助。我就通过阅读文献资料以及与其他学者交流,不断地找,感到那个问题大概有希望,可能会成为国际热点啦! 然后就开始注意这方面,关心这方面并去做。当然,除了你要发现外,另一方面你对这个问题有关的基本的科学原理、涉及的基本的知识要懂。这个就需要不断学习,补充营养,这就成为我本人的学习习惯,也许与个人的喜欢有关系。实际上我在读研究生的时候已经 35 岁了,虽然读的是安徽大学数学系,安大只能教我点数学,但是它有个优点,就是学校离中国科技大学很近,那个学校里的许多物理教授、力学教授我都认得,所以利用机会就去多听各种课。所以我对现在的博士生的带法是有一点不同的看法: 我认为博士首先是要"博",一定要知识面广才能想得深。所以我当时就是各种各样的课都去听,有空嘛就去听,听了以后发觉对启发把各种各样的想法联系起来综合想问题之类都是非常有帮助的。这对我后来那个转轨、改变研究方向,科学地想问题都是很有好处的。

张: 在您求学的过程中,在您做科研的过程中,可能也遇到过很多的困难,请问您是如何克服这些困难的？

刘： 我认为实际上在这件事上讲困难每个人都有很多，在研究中没有困难是假话。我认为对你要问的问题的答案是：做学问最要紧的是爱好！这是第一位的，比什么都重要！自己爱好，真的有些东西不会就会去学，碰到困难你会去克服。你说个人利益不计较嘛也是假话。如果你爱好搞科研的话，等到你做科研时，这些东西就会暂时忘记了，不会加以考虑，就会全心扑在做学问上，就只关心那些与做学问有关系的东西！其他事情就会放在一边啦，对吧？放在一边啦！这个是我的最大体会。就我而言，困难当然很多，刚才我也讲了一些，但是我就是喜欢做科研。自己也不知道为什么会如此喜欢，我到现在也说不清楚，也许是从小开始逐步养成的，后来就这样下来，对不对？其实我也不知道为什么，就是喜欢做这件事情，就是说我喜欢去做逻辑推理的研究工作。刚才我说了我考研究生时候有一半的理由说起来是为我太太，但是等到我真的去读了，一读下来就变成现在这样，一天不看书、不看文献，好像生活缺少了什么。在我们当年那届研究生里，我是第一个答辩的。因为我喜欢，我就早早去接触各种各样的文献，有的人不看，但我就喜欢看，看文献会接触到各种各样的问题以及处理方法。就因为如此我就成为最早答辩的。所以我说做科研的人聪明是需要一点，但是中国人一般说来智力还是可以的，最要紧的还是喜欢。只有喜欢，才会去多看多做多学习，知识面广了也会自然把各种想法连起来，才有了创造能力。所以现在有些培养方式我是不太同意的，我念中学的时候下午三点钟就放学了，否则我没时间去帮我妈做绣绒线衣这件事情，也就解决不了吃饭问题。也就是不可能做绣绒线衣的活这个东西，不可能的。又要学习又要干活，我照样也学得很好，因为一旦我做喜欢的事情就会格外专心，效果也就特好。

郑老师（以下简称“郑”）：那老师，在求学路上教您平面几何的老师对您的影响也很大。

刘： 什么？

张： 就是郑老师说您中学时候，那个教您平面几何的老师对您的影响大吗？

刘： 对对对，是这样，因为几何证明逻辑性很强。证完题觉得是多完美的过程啊，其中一步一步都是有道理的，如果我能学会这件事有多好！

郑： 我觉得学生对老师的影响也非常的大。你喜欢这个老师就是喜欢这个学科。

张： 所以这些老师对您一生的影响都是特别大的哦。刘老师，还想问一下，就是刚才您讲到您在读研究生期间面临的困难也比较大，比如说爱人在一处，您在一处，孩子在一处；那还有当时您读书嘛又没有工资收入，对不对？那家里的重担主要就落在您爱人的身上。那么当时在那种情况下，您有没有想到过放弃或者怎么样？因为确实困难还蛮多的。

刘： 困难是有的。但当时我们念书是有工资的。我们这一代吃过苦，不怕这些。有工资相对来说好许多。

张： 哦，那时候是有工资的啊！

刘： 我那时是在职的。我们第一批七八届的研究生，几乎都是有工作的，所以当时基本工资是有的，勉强生活是可以过的。但是最重要的我感到我自己能坚持下去是因为我喜欢，我感到学习理性的逻辑特别有劲。当然，条件差，吃饭比较艰苦一点。那时候安徽大学中午最好的一个菜就是红烧小排骨，二毛五分钱一个。那因为我们研究生的课相对来说比较少一点，上午最后一节课常常是没有的。开饭时，我们就在宿舍窗口看着，食堂快开门了，就赶快跑到食堂去抢那个菜，那个菜便宜一点好吃一点，但数量少，所以就只能如此。

张：那老师，您觉得从事科学研究最重要的是什么？特别是那种高质量的科学研究您觉得最重要的是什么？

刘：我认为最主要是爱好，就是我刚才讲的。一个人能把这件事情做好的最基本最重要原因就是爱好，这是我 30 多年的体会。那么你讲到怎么样才能做高层次的文章，这个问题我早就想过了。我刚才给你那本书上，在最后有一篇文章叫《挑战》。在此文中，我就说我是怎么走过来的。我跟学生讲，我当时处于这样的一个年代，就是从基本上不懂得如何做有科学性的科研，到懂得了怎样做科研。随后发生的是，中国现在也变成了科研的大国。现在中国做科研的人很多，发表 SCI 文章也名列世界第二，但是我说还没有进入科技强国。强的工作最精华的是要有 new idea。中国现在的最大一个问题就是不太注重 new idea，有了好的 new idea，再推出全面论证科学性方案，当然可让学生去做全面论证的各项具体工作，就是我认为的了不起的工作的产生过程。但是真正一个重要的工作最最重要的是 idea。这个就需要知识面广，我为什么要说博士要“博”。只有博了，他才会喜欢会想问题，就会通过各种各样的思路去想，从中提炼出 new idea。什么叫作完成一项科研工作，我认为还要通过各种各样的办法去论证它，说明它在科学性上是正确的。应用数学就是论证工作中属于数学论证的部分，此外还有实验论证，现在还有计算机模拟论证。而这个论证怎么才是合理的，怎么才是符合逻辑的，这是非常关键的。可是你看中国学生对想法和论证计划不太关心，所以毕业后往往不会主动地、进一步地做好工作，只能做老师指导的研究方向的工作。所以我带学生，我很少让他们详细给我讲推导过程，我说这是你的基本功，你们底下去弄。美国老师上课为什么讲得很少，就是这些基本功的事情要你自己去做的。我主要培养你的想法产生和论证方式的组织。学生报告的每篇文章我一定要他们讲出这篇文章提出了什么想法，提出什么思想，这是最最重要的。如果你不把学生的这点培养出来，那他是不可能成为能做大工作的人，这是我的看法啊。

张：那刘老师，请问您到上海大学之后主要是上哪些课程？

刘：我是 1998 年调入上海大学的，当时按张连生老师的说法就是为了让我发展应用数学的。所以刚调过来的时候，上过一学期的动力系统课，是属于专业课。后来大概他们看我搞科研比较能干，就叫我基本上去搞科研。那么给上海大学做过哪些事情呢？大概做过这么些事情：我刚来的时候，上海大学数学系有两个博士点：一个叫计算数学，是郭本瑜教授创建的；另一个是运筹与控制，是郑权老师创建的，后由于郑权老师出国了，这个点没人管。所以这个点就受到教育部黄牌警告。当时系里能够上报材料的只有两个人，一个是张连生，一个是史定华。我照理是从事应用数学的，不是这个方向的，后来张连生看了我的材料，看到我搞了不少混沌控制工作，这与控制有关。这样我就与运筹与控制挂上了钩，可以算在控制上，所以就把我加上，以我们三个人的名义去要求教育部复查，最后复查通过把这个点保住了。我调进来时已经 55 岁了，这个博士点保住后已经五十七八岁了。然后，过了几年数学系要申请一级学科博士点了。申请一级学科博士点时，我恰好已经过 60 岁了，所以我不能作为学科带头人了。但是当时的整个申请队伍里面有我引进的周盛凡教授。周盛凡教授当时是作为申请的主要人物，傅新楚教授也是我引进的，还有你的先生黄德斌也是我的学生，黄德斌也是作为学科代表人物的，还有康丽英教授也是我引进的。总之，在申请团队中有一半左右的人是我利用自己的影响在几年内逐步引进的。一级学科博士点批准了以后，我当然就回到了应用数学，因为我一直是搞应用数学的。上述情况就是我在学科建设上主要做的一些事情吧。然后，我就建议学校，大概在我调来不久的时候，大约零几年的时候，具体我忘了，我给钱伟长校长写过一封信，我说根据非线性科学的发展趋势，我们从事应用数学研究的学者要关心生命科学，希望上大能开展这方面工作。后来在钱校长、周校长的支持下就成立了系统生物科学技术研究所，把这个方向的研究搞起来了。实际上我们曾经做出的许多成绩到现在应该在校内还保持着纪录吧。全校第一篇 *Nature* 系列文章是我们发的。国家基金委年度报道上海大学工作的，也是我们主持的。国际公认最高档的科学出版社 Springer，出版第一本由上海大学学者写的专著，也是出于我们所，是陈洛南在的时候出的。现在我又出第二本。最近学校报道的以上大名义发表的高级工作是发在 *PNAS* 上，这是很高级的杂志，但它的影响因子只有九点几，但我们发的 *Nature* 系列文章影响因子在三十三点几啊。我想这些都是事实，都在那放着。不少纪录尚未打破，这是我们开展与生命科学交叉取得的成果。我来上大后大概就做了那么一些事情，当然还培养了一些研究生，其中被上海大学破格提升为教授、上大首位获德国马普奖学金资助的学生也是我的博士生。

张：刘老师打断一下，就是刚才您讲到我们建设那个系统生物科学技术研究所，想请您具体介绍一下建设这个研究所的过程。

刘：是这样的，因为我是一个搞非线性动力系统的。通过文献，我是非常关心研究动态的。我的研究生涯初期，混沌研究是高潮，我立即投入。20 多年前这个高潮已经开始往下走了，也就是说对混沌现象能够研究的手段大概都用到了，目前就到此暂告一段落。这个趋势我看得很清楚，然后下面干什么这是应该关注的事情。我也曾经做过一些其他事情，但是摸索中我逐步发现这些事情都不能实现重大突破。从非线性动力系统来看，我认为真正要突破的可能大概会来自从生物概念上去找出新的动力学现象。有新的东西才能突破，我认为这是我必须要做的，所以当时我大胆地给钱伟长校长写了一封信。我把我的想法和我的建议写在信上，然后就通过刘晓明同志交给钱校长。好像当时刘晓明还在吧，刘晓明他应该知道这件事。他是钱先生的秘书，他把信转给钱伟长校长，然后他们又告诉我钱先生当天就做了批示。批文下来，学校就找我们，问怎么搞法。其中有人主张搞生物信息学有关的问题，但是我擅长的是动力系统，自然希望在原有基础上结合生物做交叉研究，也就是说是搞生物系统的动力学分析。以后几年中，我与文铁桥等几位教授进行了几年的磨合，时机成熟后再次向学校正式提出建所申请。同时我们又找了一个海归来领导此项工作，当时就是由陈洛南来领导这个所。建立所以后，我们在各方面卡的比较严，就这样经过一段创办阶段，有了一些起色。后来陈洛南就走掉了，学校就停发该所经费，以后也就靠我们自己的科研经费继续开展研究。所以，如果能给的资金支持力度再大一点，引进人才可能性大一些，我们的研究工作会做得更好一点，那我们可能上更多能在高级别杂志上发表的创新工作。当然这仅是客观原因，事实上我们阻止不了陈洛南的离去。因为他来了以后发现可以到更有名的单位去，我们没办法，海外回来的人选择自由是正确的，但对我们来说要考虑更全面一些为好，对不对？因而主要工作还是靠我们自己。所以我的结论还是这句话，找准新方向，一定要有前途的新方向。那么有没有海外人士参与创建不是必不可少的条件，我们自己也能闯出来，因为中国聪明人多。你只要方向对，只要时机对，我们依靠自己就能够做出来。总体来说，当时得到周校长的支持把所成立起来了。成立起来时花了学校的第一笔经费用于建立这个所的必要开支，比如装修、基本设备。后来就因为陈洛南走了就再没有用学校的钱。这就是成立初期的情况。

张：哦，就是那个陈洛南走后，就由您来负责这件事了。

刘：对，陈洛南走后就是我管了。所由我负责，我并没有过分地依赖海外人士引进，因为无经费就是要做也办不到，我更多的是在国内去找那些年轻有为的博士生。做出 *Nature* 序列那篇文章的人的身份，不过就是中国科学院的博士毕业生，他是第一作者，并不是什么海外高价引进来的。对不对？写 Springer 出版社第一本著作那个实际写作人实际上就是我们所里的副教授，现在当然是教授了。现在第二本他们主动来邀我的，也是我自己带了两个学生做出有开创意义的工作，引起同行高度关注。Springer 出版社就主动给我发的通知，不是我们找他们的，是出版社找上门来的，是由他们给我支付稿费的。欧洲总部的合同中写明给我 800 欧元啦，就是说出了一本书。所以我还是强调要找对方向，这是取得成绩的主要原因。

郑：刘老师，您能不能给我们讲一些小的花絮，一些我们不知道的有趣的事？因为刘老师您经历的事情多，比如说像校长啊，比如说很多(人)您都可能比较了解，在研究所成立中，他们怎么支持你的？具体细节是什么？

刘：当时我跟钱伟长先生说要搞这个方向，钱老很快批下来，表示同意，要学校支持。然后周校长他就把我和文铁桥教授找去，同我们俩讨论如何合作一起弄。这样的精神在周校长任职期间一直得到了贯彻。

郑：当时我们的生物口力量是不是比较弱呢？

刘：我校生命科学口的力量是很弱的，他们几乎只认实验的东西，对这种新的发展方向大致上是不认同的。

张：那请刘老师再给我们补充一下这个吧。

郑：刘老师，为什么数学这个现在就和生物这块紧密相连，我们因为是外行呢。

张：刘老师在做交叉学科，做物理数学。然后再把这个数学和生物连接起来。

彭：对，刘老师，这个好像和生物连接的很紧密的。

刘：这是现代生物科学发展必然结果，关键是要看准。当代生物学上一个根本性的进展就是分子生物学的建立和发展，就是发现双螺旋结构的 DNA 序列，DNA 序列中与生命遗传信息有关的片段为基因。在这个认识基础上，逐步建立了中心法则，这个法则是什么呢？就是告诉我们怎么把 DNA 的双螺旋结构打开，打开以后基因如何转录为 RNA，然后

RNA 又怎么翻译为蛋白质，产生的蛋白质一方面会发生相互作用产生生命活动，一方面又会调控基因。综合这个过程，就构成一张复杂的网络。中心法则把生物分子活动的整个过程描述清楚了。生物学家可以通过实验把具体生物分子之间的相互作用搞清了，这样也就是可用中心法则把反映某个生命过程的网络建立起来了。下一步就是网络如何开展活动，生物学家相对就缺乏这方面的本事，我们知道可利用数学来处理。因为这些生物分子作用实际上是代表各类化学反应。过去化学家也不太重视数学，结果使得有了网络也缺乏研究手段。事实上，在大规模化学工业建立之后，就有了化学动力学，也就是你给出化学反应方程式，我就能写出表示反应的数学方程式。那么只要对某个生命过程通过积累得到足够多资料后，它可以建立模型，不仅有网络结构还有相关的数学方程式，把整个过程的数学模型写出来，就可用来研究了。

郑：数学就是最后能把它们的逻辑关系理出来吗？

刘：对对对，理出来了，有了模型，搞数学就有了用武之地，可以讨论问题，从研究解中就可以知道哪些部分是在生物上要表达，哪些是不需要表达的。所谓表达就是通过解中的数的大小把它表示出来。

郑：数学家好伟大。

张：对啊，你看数学与很多(领域)都可以有关，比如经济啊。

郑：现在是精细化的分工了，数学也越走越细。不过数学和生物连接起来我觉得也蛮难的，因为生物也越来越精细化，我觉得要对这两块都熟悉的话要花大量的时间和精力啊。你花了很多时间，我看了你写的生物这块花了三年时间。

刘：基本上是这样的，当时发现这个方向有前途，就决心转向，恰好香港有一所大学邀请我去访问，我们彼此长期合作都很信赖对方。那么反正去访问之前我把要做的事基本做完，去了以后同香港合作方说明了实际情况，希望他们能支持。那么，我利用在那儿工作的一段时间集中精力静下心来学习生物学知识。在国内事多不能一本本书看，到那儿去就静下心来了，可以一本本读了。开始我根本不知道现代生物学是什么内容。我们那时候中学学的生物就是动物学和植物学，根本没有分子生物学内容。我们的学生他们就知道分子生物学概念，所以实际上现在的学生只要认真带，他们真的学得比我们快，他们是知道一些基本概念的。我根本一点没有。我先学了细胞学，然后再学分子生物学。学后心中就基本上有点数了，当然要很专业研究某一问题是不可能的。但看看一般性的文献是可以的，当然喽，就是要查字典，因为生物专业词汇太多，也很难。直到现在我不敢用英文来描述生物现象，因为生物的英文单词太复杂了，太难读了。那每一个生物分子的命名都不一样，我记不得那么多。但是只要人家告诉我，我查一下就知道你这个所要了解的是什么。

郑：那就是学习方法掌握得好，很多东西还是有学习方法的。

刘：我这个人呢从这一点上来讲还是有胆量的，我那时候已经五十八九岁了。55 岁进上大来的嘛，1998 年进来，五十八九岁都快 60 岁了，但我感到原来搞的也没有必要进行下去，我就去做新的方向，学生物知识就花了 2—3 年。在科研上我的胆子比较大，一般人刚毕业都不可能轻易放弃从老师那儿学来的研究方向，可我就当机立断把原来学的放弃了，选择了新的方向。

郑： 又红又专，那刘老师您还是很专的哦。

张： 很有胆识的。我觉得每次他都能把那个说不要就不要，去开始新的发现。

刘： 对，你去问我的学生就知道了，我基本上听完学生报告就能指出论文的关键要害以及处理方式，这就是我讲的思维敏锐。

郑： 就是学术的敏锐性特别强。就能根据国际上最新的潮流马上就有学术的敏锐性。可能跟外国的比我们也是聪明的，做前沿上工作我们也不比其他人差。

张： 就是把握得特别好。

刘： 这一点是绝对重要的，否则人家就看不起我们。我跟你说在十年前，当时我还不知道这个 DNA 序列当中有用的一段叫基因，基因这段是有生物功能的，这一点大家都知道。但是基因段之间还有一段非基因，称为 MicroRNA，这个是很短的一段，以前一直是认为这一段没有生物功能的。十年前实验发现了，*Science* 两次评论这是十年中最伟大科学成果，对这样的前沿当时没人敢用动力学方法去研究，我们几乎就是全世界第一了，用这样的方法开展研究，研究中把人家实验的结果解释了，所以 Springer 出版社就说了，我们的工作确实是领先的。可见找准方向有多么重要。当时学校如果能够设法配有自己的实验，也许我们的结果可以发表在世界上最好的杂志上。因为我们做的是逻辑证明，生物上论证需要实验。现在在 *Nature* 发文章没有数据也是比较难的，也需要计算机论证，这样从各方面论证这件事情确有科学意义了才能发。事实上我们也知道要对结论做实验，为此我也问过别人，可他们做不下来，我也就只能到此为止。

郑： 那一方面可能要有设备，另一方面要有人会做这个实验。

刘： 对对对，要会做。我认为现在国家越来越看得清楚，你要发好文章，一定要有个好团队。

郑： 理论物理和实验物理是要配合起来的。

刘： 对啊。你没有这种配合是不行的。我现在在国内时有时候别的单位叫我去讲课，我都是只讲 *Nature*、*Science* 上的那些文章，除了这些文章外，其他杂志文章我都不报告。我做报告的目的就是让大家体会一下国际顶级研究是怎么把动力系统与生物结合起来的，希望能给动力系统研究带来新的观点(有影响)。我跟他们这样讲，我确信我们这个方向的新的突破一定会在生物系统中出现，但是，什么时候出现我就不知道了。

郑： 刘教授，我想做科学研究也是很辛苦的，虽然有这个爱好啊，也是很辛苦的啊。

刘： 嗯，那就是。我有这种爱好，否则闲着没事做了。

张： 就是刘老师说他爱好这个事情，他说苦都不算什么了。

郑： 我觉得刘教授可能一生中是很艰辛的，他的韧性也很足。

刘： 我也帮学校培养了一些人才。最典型的是上海大学最年轻的博导黄德斌，对不对？上海大学最年轻的一个博导，也是上大第一个得到马普资助的人。马普资助是有规定的，要 35 岁以下，他们认为有前途的他们才会给支持。还有现在留校的周进。

郑： 康丽英他们也都是做出很大贡献的。

张：康丽英不是刘老师的学生，他是刘老师引进的。

刘：对。康丽英是引进的，她的先生单而芳是在我那里读的博士，现在在管理学院，周进在力学所，都是做交叉研究的。

张：那刘老师，刚才那个研究所的问题要不您再补充补充，我觉得那个研究所的建设您也花了很多精力和时间，也取得了很多成绩嘛。请刘老师再补充一下相关的一些细节啊，比如说建设的过程啊，还有就是领导的一些支持啊，还有团队建设啊，请刘老师补充一下。

刘：先是我给钱伟长校长写信的，写了信以后钱校长就批了。钱校长是支持这个方向的研究的，认为一定要搞，所以就给出批示。当批示下来以后，校方就有两种不同的观点：一种观点主张要搞生物信息学，就是搞数据处理；还有一种就是我的观点，要搞动态过程来研究生物功能。那时我认为上海大学还做不出创新的实验，因而做数据处理就没有自行数据的来源，在这种情况下只能处理别人的数据，这种做法对于一门已经发展多年的学科，创新的可能性不大。但当时生命科学学院的院长，他是主张搞生物信息学。然而由于他们是纯生物出身，统计懂得不多，所以实际上要深入地搞生物信息学也是有一定困难的。当时一批人就开始做数据处理，也就是从事生物信息学研究。当时我想实验做出来各种各样的数据很多，要变成我们研究的模型就要把数据处理好，所以做此事也可认为是好事。但我们后来了解到的事实是最基本的生物过程的数据都已经公开了，网上都有了，数据你把它拿下来就是了。如果你有什么新的你再补充进去就行了，没有必要再从头弄，除非你做别人没做过得到有新意的数据，否则不可能取得太多结果。后来事实证明的确也没有什么太多的新东西。这样，我又和周校长讲了，我说应该重视动态过程研究，这方面上大有一定基础，如果搞得好可形成有上大特色工作，周校长当时非常重视。接着我们又设法找到一个愿意海归的教授，我看了他的材料，他有些工作比较接近用动力系统方法处理生命现象的动态过程。他是原来在日本一个大学做正教授，我把这个情况向周校长汇报，我再次强调希望得到学校支持。当时国内的形势对要建立一个比较新的方向是需要有胆量、有事业心的人支持的。对于这位海外人士，据说周校长大概利用到日本出差的时候专门找了陈洛南，同他进行谈话，同时也进行了必要考察。他们怎么讲的我不知道，反正都是经过调查的，调查以后周校长认为他大概可以来，而且也有信心。在校长认同前提下，就由陈洛南提出个条件，他希望成立一个研究所让他从事这个工作。那么大概当时为了统一学校各方面的意见，就由学校出面召开一个评审大会，评审大会聘请了 5 位国际人士，5 位国内人士，因为这个方向当时国内还没人组织队伍搞过，现在我们提出来学校为慎重起见，当然就要经过评审。当时接受评审下来，有一份材料。这是我后来听到的消息啊，当然这份材料我也没有看过，这份材料是不会给我看的，但听说 5 位国际专家一致结论是认为应当给予支持，因为根据国际发展的潮流这是一个有希望的方向，所以应给予支持的，而国内的一些专家听说基本上认为还不到时候，这也是符合国内实际情况，即要稳。当时学校慎重地加以考虑。我又同校方讲了最后决定听学校的意见，但我个人认为既然学校要上一个台阶，上海大学就应该从新的学科入手，在老学科上人家是经过多年积累，你几十年都赶不过人家，这是我的观点。我这样讲得很清楚的，我说你要和复旦比基础数学上海大学门儿都没有，同样物理的技术科学你也比不上人家。你怎么办？你只能在新的方面找，在这些方向上大家起点差不多，才有可能赶上去，这就是我的观点。大概周校长接受了我的看法，最终学校同意成立了研究所。学校同意五年给2 000万元人民币资助。一开始我们就讨论决定了几个方向并着手开始研究。2年以后由于在基因调控网络上工作，Springer出版社就约陈洛南教授以上大名义写了关于基因调控网络的专著，就是用网络观点讨论基因调控的动态过程，出了第一本专著。3年后，陈洛南离开上大，据说当时有各种各样对研究所不利的信息，研究经费的支持基本中断，但无论在什么情况下周校长都支持我们，我们也坚持努力工作，用事实说话。以后上大图书馆统计的高影响论文，研究所在上大一直处于领先地位。经过努力，又成功地在*Nature*系列发表上大为第一作者单位的文章，该文发表于*Nature Nano Technology*，影响因子33多一些。研究所所主持的国家基金重点项目由基金会挑选编入年度研究报告的成果巡礼栏目。最近由于在microRNA的出色工作，Springer出版社又邀请我们出版专著。罗校长对本所工作进行了充分调研，充分肯定了我们在这样环境下所做的工作。写*Nature*文章的人是从中科院引进的。

张：他也是研究所里的人吗？被聘到研究所来了吗？

刘：中科院的博士生，他是博士毕业过来的，当时他做的事其实就是水分子在纳米尺度上的运动特性。这个事情我能讲一些，但可能讲不清楚。我认为生命过程是由生物分子运动来描述的，因而从这个角度上看在纳米尺度上研究分子运动是和生命有很大关系的，应当是走在前沿的，它把物理的最新思想融入进来了。所以我极力主张要引进这个人，当时陈洛南已离所，我就做主了，我说我要引进。为此周哲玮常务副校长找我去了，问我："你为什么要引进这个人？这个人是学物理的。"我说这个人搞的方向绝对是领先的。我相信生物分子的动态过程的研究现在可以如我们这样做，但最终也许要依靠这类新思想，因为分子毕竟是纳米尺度上的物质。进所后，他全心全意扑在科研上，奋斗了三年，最后做出这个好结果来。这个结果最后国外的评价是什么？这个工作是全世界第一篇证明用物理手段可以破坏细胞膜的(以前从来都是化学分子作用把细胞破了)。许多人都不知道这些结论的创新性，其实我知道。文章一发表国际相关组织打电话向我进行了调查，问我们你们是怎么做出来的。当时他先是从计算机模拟看出这个现象，以后就做两件事情，一个就是计算机模拟，要大量的算，他要求去计算，我就支持他，我说你算就是了，用多少钱咱们不管它，我设法解决。他当时来没有经费，一个普通博士生，刚来时出国半年都是用我的经费，我说我支持你去，这是接触国际顶级人物与他们进行交流，我绝对支持。由于陈洛南离开了，学校不能给所里经费，那就只能由我来支持他去。我说你去吧。然后第二步又要做什么呢？理论分析。因为你计算机模拟做出来了，就必须要由理论分析加以论证。这个理论分析最终也由他与他博士导师所在团队完成。最后杂志社还是要求要有个实验支持，那我们就傻了眼了，我们没有办法的，只好找美籍华人，所以那有什么办法呢，最后给人家挂了通讯作者，第一作者是上海大学。那有什么办法呢？否则就发不了。从这个工作发表过程也可见一个团队的重要性，我们只是在条件非常不成熟的情况下，做了极大努力，最后才成功地发表论文。

郑：那这个老师现在还在上海大学吗？

张： 就是那个老师还在生物研究所吗？已经离开了？

刘： 调走了，那是没有办法的事。文章发表后，我向罗校长汇报了，罗宏杰校长亲自找我的，说也要同他好好谈谈。罗宏杰校长建议破格提拔为正教授，并叫学校相关部门办，据说结果投票通不过。既然通不过就得让人家走，这是道理很简单的事情，人家不愁找不到地方，做这样工作的人你到哪里找去？他所有发表的文章都是最高级的，*PNAS* 也发表过他的文章。据说现在新所里引进的澳大利亚的院士也在 *PNAS* 发表文章。他的博士论文就是在 *PNAS* 上发表的，他只有 30 多岁，是个非常有前途的研究人才。我不想多说了，就这样吧。因为有些事情涉及内部的一些事情，就不好多说了。反正就我个人来说，我完全是看学问的，实事求是的，在我力所能及的范围内给予应有支持。刚才讲了在出国经费上我用自己的基金给予他支持，他希望解决他爱人工作，我也找过不少人，可惜由于他当时只是讲师(职称)，我能力不够，没办法。对不对？他的引进，都是我去同校长汇报。我能够做的都做了，我认为年轻人有前途的，特别要珍惜年轻人才，这种人才不容易找。现在在中国要发一篇 SCI 文章并不是一件困难的事，坦白讲，我哪个学生不在 SCI 发个几篇文章？哪个都可发，这个太简单了。我现在讲是强国，要真的原创性的文章，但在国内环境下能做出这样文章的人太少了。我刚才讲的这些情况是我的亲身经历。我希望上海大学尽早在我国实现成为科技强国的过程中做出自己的贡献。

张： 那刘老师，请您谈一下您所从事的学科在您刚进上海大学的时候它的一个状况，比如说当时它的专业设置啊，硕士点、博士点的一个情况。

刘： 我都讲过了，把这个问题都已经回答了。

张： 那比如说当时它在上海大学的一个情况？

刘： 那就讲讲我所在的应用数学吧！我没有别的资料。上海大学的应用数学的评价在 2009 年的时候学校委托汤森路透科技与医疗集团作的调查报告“上海大学科研成果全景分析：1984 年至今”中有过评价。调查报告给出了上海大学当时进了全球前百分之一的是三个学科，是什么物理、工程、材料，数学没进入此百分之一范畴，但是文中说发展前景最好领域，除上面三个方向外，当属应用数学，当时是这么说的，那个资料上面都有的。报告中提到的应用数学代表人物，是我与陈登远老师。当时 2009 年的时候我已经 66 岁了，陈老师已经 70 多岁了。而且我要说明，我与陈老师以及其他一些老师的许多文章发表于物理杂志，这些工作都既可以算应用数学也可算物理。这就是引进我作为应用数学带头人后发展的情况。这两年的情况我不知道。

张： 那刘老师，我们学校的应用数学在全国这样一个地位是怎样的？

刘： 我跟你讲我刚进来时候，应用数学是没有任何地位的，所以才需要引进啊！纯数学没有地位啊。当时纯数学引进陆鸣皋，应用数学引进我。做了几年以后，张连生就掌握情况马上就向上面汇报说：应用数学全国排下来 SCI 文章最多的就是我，这样才引起学校注意的。那么现在应用数学还是可以，反正我不知道别的，2009 年的时候调查结果表明我 66 岁还是领先的。后头的事情我不知道了，因为我越来越老了嘛，根本不关心了，对吧？现在应用数学反正听人讲也进了全球前百分之一了。我想现在应用数学统计出来的数字是应该包括我们的工作，当然再过几年就不会有了。

张：那刘老师，请您谈一下，就是说，您和一些相应的老师都为这个学科的发展做的一些努力和贡献。

刘：我不是刚才也和你讲过了，许多人都做出了贡献。应用数学有两种做法，一种强调数学方法，另一种更强调用数学方法解决实际科学问题，我的爱好是后一种。可以告诉你这种观点在数学界是不受重视的。但经过我们这批人的长期努力情况在发生变化，基金会数学口专门列了"实际问题的应用数学研究"，也强调了交叉研究。现在我的看法是强调高水平的，就要看 *Nature*、*Science* 这些世界上最高级别的杂志，看他们是怎么做的，他们关心的是什么，这是第一。第二，实际上学科的各个领域特点不同，对别的领域我不敢乱评价，这中间还涉及了人际关系，你说人家领域不重要，这个说法不妥当。但是从动力系统这个方向来看，我发现近年来 *Nature*、*Science* 能连续有文章发表，且都与生命系统有关，这些文章我都看了，所以我现在给人家作报告就讲这些文章内容。我想提倡一个观点，动力系统如果要兴起一个新高潮，一定是和生物结合找出新概念并发展新方法。我这次回来几个单位找我做报告，我就围绕着这个讲的，都是一些以 *Nature*、*Science* 上文章为依据的。告诉人家国际上是怎么说的，怎么做的，为什么有关的，就这样。我认为我们这个应用数学可能的突破就必须有一个新概念，这个概念不是你凭空想出来的，想当初混沌发现也是由生物学家提出的模型而发现出来的。现在同样新的发现也应该是在生物功能研究做出，这是我的看法。根据大量调查，我是坚持我的看法。所以说如果能沿着正确方法方向坚持下去，那么就有可能在新的发展阶段做出有影响的工作。当然具体如何办我现在不能干涉了，也就不好管了。

张：那刚才，也就是说，您觉得数学学科得到了更好的发展是跟生物学科很好地结合了起来？

刘：对，我再强调，不同学科有不同研究的方向，有不同的看法，我这个方向我认为肯定是这样。我可以比较肯定是这样的，比如说控制方向，2013 年的化学诺贝尔奖获得者成果是说生物细胞中胞囊可以对生物分子实现定点定时控制，结果是化学家做出来的，是实验结果。而这个想法的理论文章，我在 2001 年时就在 *PRL* 发表了，我就知道可能要定点控制，但是当时我不知道有什么背景。现在我知道了，如果我现在还继续做的话我肯定去抓住这个课题，改进原来模型，使其更适合现在情况，然后找出产生这个结果后面的机制，即为什么它能定时定点。但是问题是我现在不做了，对吧？我自己动手做已经不可能，这么大年纪做不动了。

张：那刘老师，您能评价一下您现在从事的学科领域的发展趋势吗？

刘：我想说实际上国家基金委也看到了，就是说应用数学的发展从目前来看最重要的方向是数学和信息科学结合。信息科学发展得多快啊，其中包括生物过程，它也属于此范围。因为科学家们也是认为，从科学的观点看，生物分子之间发生作用实际上是生物信息传递的过程。所以基金会数学口中专门列出一个数学和应用信息科学的交叉。这个问题涉及多样相互作用，也可通俗讲你中有我，我中有你，彼此作用来作用去的。处理这个问题的应用数学一个很重要的任务就是建模。模型，你过去建模是用方程，现在的模型就讲是网络，信息科学从数学上讲就是网络研究，这是我的看法。所以我想如果学校仍要坚持应用数学的方向，那就应该在这上面多做一点，那才可能在国际上站得住脚，这是我的看法。

张：那刘老师，您做了几十年的科学研究，您觉得这其中科研团队对科学研究的一个作用是什么？

刘：从我的经历来讲在早期的时候我认为个人可以做研究。事实教育了我，我逐步发现要做出色的工作，要做在国际上站得住的完全创新的工作，当然这儿的创新不是我们口头上随便说的“创新”，这时就需要团队，没有团队是不行的。这个团队的负责人必须是真正爱科学的，有多方面的知识，能用科学性把各方面知识串起来。在《挑战》一文中，我讲过一个关于创新工作的观点，你必须从各方面加以论证。第一，这些论证工作有计算机模拟，用数据处理这些结论都需要符合科学性。第二，理论上要解释得通，也就是逻辑上必须合理，那就要有一个好的科学素质，研究非数学问题时，在数学上也要尽可能给出合理证明。第三，必要的实验，生物实验、物理实验都是证明必需的。具体问题更是大量存在，比如你如何设计一个表格、设计一张图使得结论能得到充分说明，懂吗？要说明，使得人家心服口服。你可以看 *Nature*、*Science* 的文章，文章不长，粗看是高级科普，但着眼点是把这个新思想写得很清楚，以及通过什么手段论证结论的科学性。具体的证明过程、数学推导过程往往是都放在补充材料里面，你自己去读吧。我把这个论证的过程告诉你，你清楚是怎么回事情，从中你看到需要各个方面专业人才的协调配合，也就明白要有很强的团队。国际上好的团队的头儿为什么常常是诺贝尔奖获得者，他知识面比较广，能听取不同观点，并善于总结、提出从哪些角度去证明问题的科学性。这绝不是一件简单的事。好吧，这是我的看法。

张：刘老师，那您觉得团队建设它最关键的是什么？

刘：一个团队的负责人，我跟你讲了嘛，这个团队的负责人最好不要兼重要的行政领导工作，这我是实话实说，因为他没有多少精力用在科研上头。做负责人的真的要多看文献多了解动态，他要知道很多很多东西，要有提炼问题的能力。我就是这样跟学生讲，学生都比较佩服我，你可以去问我的学生，我听完学生报告的文献就知道什么是文献重点，就会责问学生这个地方你为什么不讲，这两者之间如何连起来；哪些事你要知道的，不知道不行；什么地方证明是不够的，离科学性还有一段距离。我们中国人现在写了许多文章，小文章基本上谁都能发，这类文章都没必要阅读了。真的，我现在的认识已经到了这个地步，但以前我也是很欣赏这种文章的。对吧，有个过程，我说这个是非常重要的。这个我也跟周哲玮校长讲过的，我说上海大学你也不要搞得多了，有两个三个能冲上去的研究方向就行了，就能在国际上站住了，任何一个学科也就是两三个就行了。你如果找不到这样的方向，跟着人家去弄弄那个常用的结果，由于这方面底子毕竟比别人差，你就不可能产生大的影响。考虑新的东西就要看每个人的思想，创新的以及科学敏感性，就有可能做出好的成绩。这就是我的看法。

张：那么刘老师，什么样的一个团队组成才是合理的？对做出科研成果有利？

刘：我刚才讲了，现在要认准一件事，所谓的创新，就是 new idea。这个 new idea 往往一般说应该是团队负责人想出来的。为什么人家团队负责人不做具体工作呢，但每篇文章都要把他写在后面成为通讯作者，就是因为他们懂得这个 new idea 是关键，如果没有这个想法别的啥也做不成，懂吗？这是第一位的。第二，考虑到 new idea 要从各方面论证其科学性，包括刚才讲的计算机论证，现在叫模拟论证，做这个要有计算机方面的人才。如果你研究的问题实际上是与实验有关的，那么你也必须要有理论，就要有数学物理的专长人才。罗校长一来上大就讲要有学数学和物理的人给他解释纳米材料的现象，就是这回事。你要在国际上高级杂志发文章，就必须老老实实地讲研究问题为什么重要，重要在什么地方，这个讲出来好让人家信服。讲的这些话必须符合科学逻辑，这个就需要数学物理专长的人才，在科学上是不能违背逻辑的。还有就是实验团队，我刚才讲的那篇 *Nature* 文章就说明这个问题，模型结果不等同于实践情况，所以要实验论证。光有 new idea 没有认证是得不到认可的，很可能就是要这三方面配合起来，才能做成创新性的科研工作。人家肯定要抢你的 new idea。因而团队需要这三部分在负责人领导下协调开展工作。

张：那刘老师请问在学术领域您都参加过哪些学术团体和学术机构？还担任了哪些职务？

刘：我这个人对做官没兴趣，加上我基本上是搞交叉研究的，需要参与各种学科组织的活动，一会儿这个学科，一会儿那个学科，所以很难在一个方面待得很深，但在中国数学、力学、物理、控制、生物各方面学科的人有不少都认得我，认同我的工作，这就够了。当然我也担任过一些职务，但都是不很重要的。我也无所谓的，大概就这个情况。

张：我看你之前也做过很多工作，也去过什么研究中心啊什么的，做过很多事情的。

刘：反正在上海大学我是做过非线性中心的副主任。我在科学院力学所做兼职，因为具体非线性研究，早期在中科院力学所很受重视，所以我就参加了。主要在力学口的动力系和控制专业委员会做过，我当过常务委员，但是我也没当作一回事。退休后我把这些证书全部给撕掉了。退休了，我已经不关心这个了。实在抱歉，回答不出你这个问题。

张：没关系。那刘老师请问您在教学科研上获得很多奖励、有很多成果吗？请您介绍一下，包括一些奖项证书、教材什么的。

刘：我最看重的是什么啊，我希望我的年轻人能够上去。我自己做了一辈子，我们生长在特定的历史时期，中国以前是完全封闭的。“文化大革命”以后，我是第一代研究生。我在那篇《挑战》里讲过我根本不知道怎么做科研。老实讲，我那个导师我要感谢他，他知道要搞交叉，因为他父亲也是搞物理的，他就鼓励我自己去闯，在这一点上我是要感谢他的。然后我就去闯了，但你具体怎么走法，确实不知道了。我很坦率地讲，中国许许多多学生并没有这种素质。我就发现一些博士生在一些小的问题上面去钻，有的老师基本上鼓励学生只做自己研究领域一个狭小的问题，不鼓励学生去突破。科学在不断的发展，如果年轻人局限于这种研究就成不了乔布斯，苹果也不可能创造出来，对不对？做创新的事情必须要敢于做别人没做过的事，所以我在培养我的学生的时候，就跟他们说过“你自己要不断地创新去找东西”，但这样的学生有，非常厉害的却不多。现在能够找一些，有的学生出去以后相对来说就不能有很大发展，从原有基础上发展出去，就是因为他只能围绕原来一点做做，然后就来找我“刘老师，这个就没有做下去的可能”，我说这是必然的嘛。所以说我在《挑战》里讲了由于我们那个时代的限制不知道如何做创新工作，后来我慢慢通过自己的摸索，逐步明白了怎么做出好的工作才能为把中国真正变成科技的强国做贡献，而不是停留在大国水平上。具体怎么做法我在该文中讲了一些，那我希望我的学生将来能够在这方面不要再像我们那样的走前头的那些摸索的路。但是这个的确不太容易，因为他们毕业之时地位不高，收入不高，没经费没合作者，的确是这样。但是我相信也许它能碰到像我曾经碰到过的那些好的合作者和好老师，这些人能帮助他们，使他们尽快成才。这是我最大的心愿吧！

张：请刘老师接着刚才的问题再讲讲，比如说您刚才说培养什么博士啊，应该注重培养他们哪些方面，您觉得应该怎样培养科研工作者的这个信心？

刘：我刚才大概就这个意思，我认为"博"是中国博士生现在所缺少的。要有科学敏感性就多看文献，多与各种方向的人交流，逐步把各种学科中所含的科学性思想融合起来。大概中国有一个很大的问题，学科分类太细。所以说他是学数学的，他就缺乏其他方面的科学素质。所以你想啊，创新啊，首先问题要提出来。这个科学问题怎么提炼，他没有这个科学的思想。而其他的人，他从事这个方面的具体的学科问题，他可能有这个方面的科学思想，但是他不知道这个东西如何用数学方法去加以论证。你可以看，人家国际上好的工科的文章除了提出问题也要给出合理的数学逻辑证明。我再讲个例子吧，可能就是周进现在在研究的，那个问题在初期发展阶段的时候被称为同步，同步发展下去就和生物上群体效应连起来了，比如说大雁走"八"字形，大雁为什么会走"八"字形？那么从信息观点来说，就是这个大雁和那个大雁之间是在传递信息的，一个大雁把它某种信息告诉另一个，那么另一个就知道怎么走了。那么听上去有道理，但你得拿出想法来，这个新想法就被称为大雁之间的"通信协议"。换句话说，雁群通过通信协议实现了一种同步行为——群体效应，这样就把数学动力系统与信息联系了起来。那么大雁到底是什么协议呢？谁也没测量过，谁也不知道。然后搞理论的人就随便设计各种通信协议。我说这个协议，你说那个协议，发了好多好多文章。这种用通信协议实现同步在科学上也叫一致性，但文章水平一直上不去。这为什么，在我看来很简单，我早就提醒过他们，我说你这么做下去是不行的。因为你提的协议可行不可行，得有其他论证。就像乔布斯要做苹果，这个苹果做得出来吗？你这个协议可能在现实上实现不了，得有实践的实证，所以你想象中理论是不是有科学根据的还得有证据，如果得不到论证，这些理论能有啥用？直到前两年人家外国普林斯顿大学的一个科研团队，就做10个机器人，它们之间依靠通信协议实现协同。这个通信协议，是能够实现的，是有科学意义的。就相当于要论证所建立的理论的合理性，结果这个文章就马上由*Nature*报道，就是讲群体可以通过通信协议实现可以达到同步的协调行为。你看，清楚吗？理论，想法，最后是要实现的。对不对？我们不知道搞了多少文章，就是没人想到用机器人群体来实现这一理论。做理论的人，才不管能否实现，也就是缺乏对一个科学问题科学性的完整思考，只考虑了一个方面。等到别人第一个就实现了论证，现在大家一哄而上抢着做，现在做机器人不知道有多少了，还有啥用？人家第一个就实现了，创新权是属于别人的。对不对？你发展到这个程度你就应该想到这个问题：最关键是什么？要实现可能吗？

郑：那刘老师，是不是因为我们这个实验基础相对比国外弱，所以要做出这个实验比较困难？

刘：我相信一定有这个因素，但是也不完全是这个因素。我们中国搞工科的在当时绝对不会很重视搞理论的。在外国，当一致性理论起来，实验者就想到这一点。他们彼此会联系对方，找到解决方案（也许就是通过头儿的沟通）。如果停留在我是搞一致性理论的人不会想到用实例来论证，而做机器人工作的人对这种理论没有兴趣，两者是脱节的，所以他们就做不出完整有创新的工作。现在搞应用数学最大的问题是什么，就是提炼不出来所研究问题的科学性，因而也就设计不出解决科学性问题的整套计划。他学习数学，就是学习数学这套逻辑，根本没有把别的问题中的科学与数学连接起来。然后具体问题的往往又不知道该怎么处理，他的数学工具又不行。所以说这个团队的领头的人要有权威，这个权威我跟你讲实话，在中国这个体制下必须是科技上真正令人信服的，搞科学的人最信服的是你有本事，并不是你官多大，这个我讲的是实话。你有本事他会崇敬你的，你只要说出来有道理，我就会去做。

张：有的人可能在学术方面也挺厉害的，然后在管理方面也很厉害。

刘：这个具体我就不好讲了，反正你问我这个问题我就告诉你这个问题就完了。我相信一般情况下，还是分离好，即使两者都有能力，也还是选一个好，正如现在说的要做官不要想赚钱那样，要搞科研就不要想到做官。

张：那刘老师您获得了很多奖励啊，您给我们介绍一下？

刘：简历上不都写了嘛，反正我就告诉你我那几个比较看重的，能够拿到两个方向的博士生导师，我知道在各个学校这种情况都是不多的，都是要学校学术部门批准，说明你在这两方面都有此能力。我是比较看重这个，我别的都不太重视的。说明你当这个两个方面的博士生导师，你应该是有这方面的能力，不是开玩笑的。当然咯，是否已经变味了我就不知道了。但是我知道的是在复旦大学最早第一个拿到两个方向的博士生导师的就是谷超豪教授，谷先生拿了数学和力学两方面。我最看重的还是这个，这是学校给我的，是对我能力的肯定，也真实反映了我的想法和研究，其他的这种荣誉有也可以，没有也照样要做。

张：你已经获得了很多的荣誉、成果了。

刘：嗯，什么一等奖二等奖你去问他们学生，有些也是为了配合学生申请的，我自己很少出面，我不想出面。

张：获得好几个呢，有江苏省的科技进步二等奖还是一等奖？还有上海市的。

刘：今年我不是配合周进去申请，又拿了一个教育部二等奖嘛，具体是周进在做，我没有这么多精力，我也无所谓，我看得不是很重，这么说吧。

郑：科学家是不能看得很重，看得很重就太功利了。

张：刘老师主要是看重他实际上的科研工作。

刘：对，学生对我的正面评价我高兴。这是最要紧的。

张：刘老师，您也出版了好些您参编或主编的一些自己的书籍啊教材什么的，能主要介绍一些吗？您看刚刚出版了这一本。

刘：刚出版的书中会有我写的《挑战》一文，这篇文章是我真实的想法，我也选择了 50

篇文章，特地把我以前水平不高的也选上一些。这样做的目的是让读者了解我的整个发展过程，让人家看我们当时做的，现在是什么水平，可以体会路是如何走过来的。有了此体会再去读《挑战》就能明白我的本意。我认为我退休以后做这件事情目的是鼓励更多的人为国家做科研强国而奋斗吧！别的这种专业文章可写写就写写。Springer 出版社约的专著是我在把关了，但具体工作都是学生在做，对不对？他们在写嘛，我把关就行了。出版社问作者是署我一个名还是几个名，我说不，就把我的学生都写上去，我不想把功劳据为己有。

张：刘老师，您就是一直在科研和教学的一线，然后就是又做科研又搞教学，您是怎么来处理这两者的关系的？因为您在研究生教育这方面做出了很多成绩，培养了很多硕士、博士研究生对吧，您能介绍一下您是如何平衡好科研和教学的关系的吗？

刘：实话实说，到后期呢，主要是我出思想，具体工作主要就是学生在做了，但我个人认为出 new idea 是最关键一步。当然早期是我自己动手的，后来逐步发现还是要抓关键。我也是十年前左右才认识到，我认为出想法是很重要的，这个是学生一下子做不到的，具体做法他们可通过学习学会。我认为我培养的学生最重要的一点是通过阅读文献能够发现问题，能够找到其中的科学思想，这是最最重要的。一些具体的过程不是最重要的，所以我是抓这一条的。要求每个学生都要报告，必须讲文献，而且强调要讲出文献的想法以及处理框架。我要求每次我提出问题学生要能够解答，往往出现都被我问住的情况，我认为这样对学生有好处，因为只有学会这些才能明白科学研究的真谛，这是我的看法啊。我并不强调一些什么细节上的推导，我并不太看重，这些是可以学得会的，而且往往都有现成教科书的。如果作为一个博士生，这点都学不会的话，那他就不配当了。

张：那比如说您在培养研究生的过程当中，就是他们在做一个科研方向的时候，您会给他们一些指导，是吧？

刘：对，主要通过文献啊，要读懂别人的文章为什么写，中心思想是什么，我要他们报告的：第一个是 abstract，把文章做什么、得到什么结果给我讲清楚。第二个是 introduction，要求把研究问题的来龙去脉讲清楚，已经做了什么，还有什么没做，如何提炼出一个科学思想。去做没解决的问题，你得给我讲清楚。最后一个是讨论，也就是文章结论。人家得出什么结论，然后还有什么问题。好文章人家不怕出丑的，自己做的什么就是什么，中间的过程大概是用什么数学方法去推导，学过最好，没有学过就回家去补。就这样，我的指导就是这样。重点是放在 abstract 上，它是交代这一篇文章的来龙去脉，做什么，得到什么结果。最最重要的是 introduction，它介绍了整个问题的提出，如何一步步来的，是谁的工作，怎么提出来一个想法，什么没做，这样我一看就知道。总结出来一个问题，留下的问题都是可思考的。一看人家那个东西，一看人家就写得清清楚楚，那就是个大问题，这都看得出来的。应该教育学生这个，然后有敏感性并能够反映出来，这是我的做法。通过文献学习，再逐步引导他们提炼出问题和提出解决问题的具体方案，当然具体操作由他们自己完成，碰到问题可问一下。

张：刘老师，那请问一下刚才您在说培养博士生的时候一定要培养他们“博”，要求他们学的东西和方面要比较多一些。那比如说您在实际的培养过程中，您会告诉他们这个学科有哪些方向的文章要了解吗?

刘:我都布置啦,也跟他们讲哪些是要自学的,像生物,根据我的经验,我要求他们一定要学细胞学、分子生物学。我不要他们学具体的化学,但要求他们学化学动力学。据我所知,有的学生是真的听了,学了,后来很快会进行文献学习,有的学生就不听,这也没有办法,研究生不应靠管,而要他们自觉。但是我是做到了,文献是布置的,每个礼拜总归有人要报告两次,那么学生们就报告,我要提出来的。当场就指出来问题。书已经作了介绍了,对一些动力系统不懂的人也指定了必读的数学教材,但我看有的人看,有的……现在的学生怎么说法呢,不好说啊,就这样。

张:那刘老师,请问您在从事教学工作中,有什么方法或特点,有什么效果,介绍一下?

刘:你去问我的学生,他们最清楚,但是据我所知,他们都认为我讲课第一有激情,第二讲出关键的内容,这样一听就明白。做出这点不容易,不少人讲文献都是泛泛而谈,讲不出重点和关键,听了半天也不知所云,如果能把关键讲清楚就好了。因为学生也可以从那里入手,真正掌握本质东西。我认为是这样,我别的没有本事,哈哈。做了几十年的教师就这点我是学会了,我不同意像本科生一样要教得细一点。教得很细我认为是中国教学的缺陷,你看外国大多研究生,老师讲几本书往往几个礼拜就解决了。老师只提一个重点,内容都自己看,老师重点提的学生要多关注,这样才能发挥学生的主观能动性。哪像中国还一步步推导给你,这种推导是你自己的事情,你既然考上了你就应有这个本事,你应该自己会去推的啊。如果这点本事都没有的话,那……好了,不说了。

张:您主要是教给学生一些方法和思路。

刘:对对对,我认为就是细节问题应该自己推,重点的关键的东西我给你指出来。你不会,我告诉你怎么提炼出来,这个是最要紧的,掌握重要科学思想。这就是搞科研的最关键之处。你看得多了就会掌握许多问题的科学性,以后碰到问题你就会联系,我并不是说你各方面都要非常精通,我所谓的“博”是说其他专业你不要很精通,你只要知道这门课的科学本质是什么,那么你就知道是什么东西,对不对?比如说,在力学上叫控制,在生物上叫调控,其科学本质是一样的,在什么地方叫什么,名字换来换去其背后的科学依据就是反馈。就是说你可用这个名字用那个名字,各个学科都不一样,因为发展的过程不一样。再比如说,我是做应用数学的,要用应用数学表达一个意思,比如非线性可以有各种说法,但你做到那种说法你都能明白,你可以叫相互作用代表非线性,你也可叫耦合作用,不管哪种叫法,反正写出来就是 $kX\times Y$,X 和 Y 两种单元,$X\times Y$ 就是它们作用,在数学上体现了非线性。就是还可以在别的领域给出新名字出来,你能看懂它。非线性在不同领域表达可能不同,只要能理解其意义,在数学上表达就可能是一回事情。我认为最简单的科学道理基本上是这样。学过大学本科的,学得好的人应该有好的科学素质,这是本科教学的主要目的,不要去强求很专的专业知识,对吧?这就是我的看法,所以我认为这个应该有的。就是你怎么会用,怎么会想,这个他不会你要教他。

张:那刘老师,您这些教学的方法和特点,您觉得效果怎么样?在您培养的那么多学生看来。

刘：反正他们都毕业了，对不对？还可以。现在大部分都是高校教授和副教授，许多都是博导了。

张：那您这个方法很奏效。

刘：有的可能毕业以后就从事行政工作了，大部分还从事科研工作。有一个博士生到IT行业去了，其他博士生都在大学里工作。据我所知，就是去年最后毕业的一个也很快要评副教授了，也够资格了。她基金也拿到了，文章也发了，那么就可以了。从这个角度讲方法奏效，是到了这个档次的，到了就上去了。对不啦？你说特别好嘛，也有些不多，有几个做得好，主要是学会我提出的思维方法。你的先生就是代表嘛，做得好。

张：您还有很多很好的学生，很优秀的学生。

刘：不过现在拿基金比较困难，我的学生大概许多都拿到基金了。这就能说明问题。

张：刘老师，我觉得您对学生的培养很有心得嘛，所以培养出来的学生他们在能力方面肯定都比较强，所以拿基金也不在话下。

刘：哪里哪里。

张：那刘老师最后想请您说说对我们高校科研机构的一些青年学者还有大学生们有些什么期望和希冀？

刘：这个就是我在《挑战》那篇文章写的，我为什么出这本书，我刚才讲了很重要的，我发现年轻人如果只满足于现有的这样的发文章的话，中国科研的前途将是很悲哀的。我们国家一定要走科技强国的道路，是不是啊，你大，还是不行的，清朝时候中国的GDP也是世界第二，强不强？这个是最本质的事情，我从自己的走过的路我发现这个问题，最后我才明白了什么叫作“强”。开始根本不知道什么叫作“科研”，找一些乱七八糟的东西做做，慢慢知道一些，把人家做过的东西冷饭炒一点，最后也知道，挖一点小东西出来做做，最终知道创新，是一步步走过来的。我自己很清楚，刚才我说过，并不是我的脑子笨，是时代就是这么个过程，当时真没有这个水平，根本不知道是什么东西。所以我希望年轻人在改革开放这么多年了能够跟上，不辜负国家和人民的希望吧。我写这本书的主要目的就是后头那篇文章，作为第三部分嘛，告诉年轻人的历史责任，也告诉他们我们有能力做到。希望他们能够成功，我祝愿上大的那些年轻的教师、博士能够做出优秀的工作，不要满足于发表一篇SCI文章，他们要明白自己的责任——做“强国”，科技强国，希望他们出力。

张：好的，那非常感谢刘老师接受了我们的采访，谢谢刘老师。

图书在版编目(CIP)数据

从事结合实际科学问题应用数学研究的体会 / 刘曾荣著. —上海：上海大学出版社，2021.3（2021.11重印）
ISBN 978-7-5671-4119-3

Ⅰ.①从… Ⅱ.①刘… Ⅲ.①应用数学—研究 Ⅳ.①O29

中国版本图书馆 CIP 数据核字(2021)第 039327 号

责任编辑　王悦生
封面设计　柯国富
技术编辑　金　鑫　钱宇坤

从事结合实际科学问题应用数学研究的体会

刘曾荣　著

上海大学出版社出版发行
（上海市上大路 99 号　邮政编码 200444）
（http://www.shupress.cn　发行热线 021-66135112）
出版人　戴骏豪

*

南京展望文化发展有限公司排版
上海华教印务有限公司印刷　各地新华书店经销
开本 787mm×1092mm　1/16　印张 13.25　字数 298 千
2021 年 3 月第 1 版　2021 年 11 月第 2 次印刷
ISBN 978-7-5671-4119-3/O·69　定价　80.00 元